水电能源系统最优调控的先进理论与方法

杨俊杰　安学利　刘　力　著

中国水利水电出版社
www.waterpub.com.cn

内 容 提 要

本书从流域径流特性分析及预报、水电能源系统优化调度决策和水电机组动力学特性及运行状态评估等内容出发，对复杂水电能源系统最优调控的理论和方法进行系统深入研究。全书内容分为三篇，第一篇为流域径流特性分析及预报的理论与方法研究；第二篇为水电能源系统优化调度决策的理论与方法研究；第三篇为水电机组动力学特性及运行状态评估的理论与方法研究。

本书适用于从事水电能源系统规划调度与管理工作的科技工作者、研究人员、工程技术人员和大专院校相关的教师和研究生。

图书在版编目（CIP）数据

水电能源系统最优调控的先进理论与方法 / 杨俊杰，安学利，刘力著. -- 北京：中国水利水电出版社，2014.12（2022.9重印）
ISBN 978-7-5170-2771-3

Ⅰ．①水… Ⅱ．①杨… ②安… ③刘… Ⅲ．①水利水电工程—最佳化—调控 Ⅳ．①TV

中国版本图书馆CIP数据核字（2014）第311490号

策划编辑：陈宏华　　责任编辑：张玉玲　　加工编辑：孙 丹　　封面设计：李 佳

书　　名	水电能源系统最优调控的先进理论与方法
作　　者	杨俊杰　安学利　刘 力 著
出版发行	中国水利水电出版社 （北京市海淀区玉渊潭南路 1 号 D 座　100038） 网址：www.waterpub.com.cn E-mail：mchannel@263.net（万水） 　　　　sales@mwr.gov.cn 电话：(010)68545888(营销中心)、82562819（万水）
经　　售	北京科水图书销售有限公司 电话：(010)63202643、68545874 全国各地新华书店和相关出版物销售网点
排　　版	北京万水电子信息有限公司
印　　刷	天津光之彩印刷有限公司
规　　格	170mm×240mm　16 开本　17.25 印张　311 千字
版　　次	2015年4月第1版　2022年9月第2次印刷
定　　价	48.00 元

凡购买我社图书，如有缺页、倒页、脱页的，本社发行部负责调换

前　　言

　　水电能源不仅是洁净、廉价、可再生的绿色环保能源，同时也是电力系统理想的调峰、调频、事故备用电源，对电网的安全稳定运行具有重要作用。水电能源系统优化调控是水力发电企业生产技术管理和电力营销中的一项重要工作，是发挥电站潜力、充分利用水电多发洁净电能、减少其他能源消耗的有效措施。水电能源系统水力、电力联系复杂，电站之间具有补偿和协调能力，使得其运行方式灵活多变，在电力系统的经济运行中发挥着非常重要的作用。水电能源系统的优化调度不仅能够为水电企业带来巨大的经济效益，而且还对缓解电网丰枯、峰谷矛盾，提高电网的调峰、调频和事故备用等安全稳定运行能力以及防洪、生态环境有重大的影响。水电能源系统的优化调控涉及到水文循环、发电控制等诸多方面，国内外众多学者一直致力于研究能有效解决上述问题的各种方法。

　　水文系统具有非线性、多时间尺度性和混沌等特性，而受流域水文过程观测资料的限制以及对水文过程认识程度的局限，目前还难以完全用数学和物理方法来准确地描述和刻画其完整的演化过程，因此需要不断引入新的理论和方法，通过各种方法的有机结合，从流域可变时空尺度的角度来对系统进行分析和研究。因此，国内外的学者们在努力把握各种特性分析方法的特点和使用范围的基础上，通过取舍耦合，将合适的理论和方法引入到水文水资源的特性分析中，以推动水文特性分析研究的发展，为水资源规划与管理提供了科学的决策依据。

　　流域梯级联合调度决策是在水文循环、发电控制、电网安全、电能需求、市场交易规则、用电行为等约束条件下的大型、动态、非凸、非线性的多目标不确定性决策问题，较传统水电能源优化调度复杂得多，国内外众多学者一直致力于研究能有效解决上述问题的各种方法。然而，流域梯级水电能源系统中复杂目标的相互冲突和约束条件的耦合作用，使得问题的描述和模型的求解极为困难，至今几乎没有令人满意的解决方法，亟待进一步发展新的理论并探索其技术实现方法。

　　水电能源系统是一个水机电耦合的复杂非线性动力系统，其运行过程中，水电机组故障的产生和发展包含大量的不确定性因素，难以用数学模型对其进行精确描述。同时，随着水力发电机组日趋大型化、复杂化、自动化，转子系统的非线性振动现象异常突出，由此引发的非线性动力学行为引起学术和工程界的广泛关注。因此，深入研究水电机组的动力学行为，获得机组故障征兆描述的有力证据，解析机组故障的成因及其演化机理，实现水电机组的安全、可靠和高效运行，具有十分重要的理论意义和工程应用价值。

本书从水电能源系统的流域径流特性分析及预报、水电能源系统优化调度决策、水电机组动力学特性及运行状态评估等方面出发，采用先进的信息科学技术方法与手段，全面深入地研究水电能源系统最优调控的先进理论和方法，为复杂水电能源系统优化调控问题的解决提供一条有效的途径，并试图建立一种水电能源系统优化调控的新模式，为电力系统的运行管理决策提供科学的参考依据。

本书的出版得到了岭南师范学院计算机应用技术特色学科建设经费以及国家自然科学基金项目（编号 51309258）、广东省自然科学基金项目（编号：S2013040014926，S2012010009759）等资助。

本书的有些内容可能还不成熟，有待进一步研究和完善。限于作者水平，书中存在的不当之处，恳请读者批评指正。

编　者
2014 年 8 月

目　　录

第一篇　流域径流特性分析及预报的先进理论与方法

水文系统是一个复杂的高度非线性系统，其中，径流的变化对整个系统的演化起主导作用，并会对资源环境和区域经济产生重大影响。由于受气象、自然地理、流域特性等多因素的综合影响，流域径流的变化具有多种不确定性，表现出非线性、多时间尺度性和混沌等特性，而受流域水文过程观测资料的限制以及对水文过程认识程度的局限，目前还难以完全用数学和物理方法来准确地描述和刻画其完整的演化过程。以前主要用传统研究方法和手段，或基于单个水文站对流域径流的演化规律进行分析和预测，从线性角度或近似为线性问题去研究本质上是非线性的水文时空变化问题，这必将引发许多无法妥善解决的困难。为了摆脱这种困境，需要不断将新的理论和方法引入到水科学研究中，通过各种方法的有机结合，从流域可变时空尺度的角度来对系统进行分析和研究。

近年来，随着计算机技术的进一步完善和普及，使得复杂理论和方法的实现成为现实，这大大加速了各种特性分析方法在水文领域中的应用。在此基础上，大量新颖的理论和方法被不断引入到水科学中，促进了特性分析研究的迅猛发展。考虑到水文水资源具有多方面的特性，对其进行全面系统的分析和研究是相当复杂的。因此，国内外的学者们在努力把握各种特性分析方法的特点和使用范围的基础上，通过取舍耦合，将合适的理论和方法引入到水文水资源的特性分析中，以推动水文特性分析研究的发展，为水资源规划与管理提供了科学的决策依据。

本篇在总结吸收前人研究成果的基础上，运用小波、混沌、支持向量机等现代分析及预测理论，并结合传统的理论分析方法，对流域径流的周期、趋势和混沌性等演化特性进行了深入研究，在此基础上建立了基于小波分析和支持向量回归的径流多尺度耦合预测模型，构建了一种中长期径流区间预测的混沌时间序列方法，以便为今后水资源管理的政策制定者、研究人员以及公众提供未来径流变化的背景。

第 1 章　径流演化过程复杂特性分析方法

1.1　径流过程多尺度特性分析

受气象、地理、人类活动等多种因素的综合影响，径流的变化过程通常具有一定的不确定性，且往往包含有多种时间尺度变化和局部运动，是一个复杂的非线性系统。因此，要深入了解流域径流过程变化的特点，就必须考虑在不同的时间尺度下，从局部变化的特性上来对其进行分析。

小波分析（Wavelet Analysis）是由傅立叶（Fourier）分析、样条理论、数值分析等多个学科相互交叉而发展起来的一门新兴的数学理论和方法，被认为是调和分析这一学科分支在近半个世纪以来工作的结晶。作为一种强有力的信号分析工具，小波分析在时频两域都具有良好的局部性质，克服了 Fourier 方法只考虑时频域间一一映射的缺陷。另外，小波分析不是在时频平面上来描述函数，而是在时间—尺度平面上，能从不同的时间尺度上来观察问题，通过平移和伸缩等功能对问题进行多尺度细化分析，能有效地从函数或序列中提取信息，适合于探测正常信号中夹带的瞬态反常现象并充分突出其特征，所以被誉为信号分析的显微镜。

考虑到水科学的独特性，结合现代科学理论和技术，将小波方法分析应用于水文水资源领域以深入挖掘水文过程的内在规律，不仅可以进一步拓展小波分析的应用领域，还能为全面揭示水文系统的演变过程开辟一条新的途径。

1.1.1　小波分析方法

定义 1.1.1　设存在函数 $\psi(t) \in L^2(R)$，且满足条件

$$C_\psi = \int_R \frac{|\hat{\psi}(\omega)|^2}{|\omega|} \mathrm{d}\omega < +\infty \qquad (1\text{-}1\text{-}1)$$

则称 $\psi(t)$ 为允许小波，称式（1-1-1）为"允许条件"。式中，$\hat{\psi}(\omega)$ 为 $\psi(t)$ 的傅立叶变换，$L^2(R)$ 由 R 上平方可积函数构成，即 $f(t) \in L^2(R) \Leftrightarrow \int_R |f(t)|^2 \mathrm{d}t < +\infty$。

定义 1.1.2 设函数 $\psi(t) \in L^2(R)$，满足允许条件，且 $\hat{\psi}(0) = 0$，即 $\int_R \psi(t)\mathrm{d}t = 0$，则称 $\psi(t)$ 为一个基本小波或母小波。将母小波 $\psi(t)$ 经伸缩和平移后得

$$\psi_{a,b}(t) = \frac{1}{\sqrt{|a|}}\psi\left(\frac{t-b}{a}\right) \qquad (1\text{-}1\text{-}2)$$

则称 $\psi_{a,b}(t)$ 为小波函数。式中 a 为收缩因子，以反映函数的尺度，b 为平移因子，以检测小波函数在 t 轴上的平移位置，$a, b \in R$ 且 $a \neq 0$。

由上述定义可以看出，小波函数不仅要求具有一定的局部性，还要求具有一定的震荡性，即其包含某种频率特征，在一个区间上会很快地收敛于 0 或恒等于 0，因此称 $\psi(t)$ 为"小"波。

（1）小波变换

类似于 Fourier 变换，小波变换的基本思想就是在一簇基函数张成的空间上将信号进行投影来表征该信号，下面介绍几种常见的小波变换：

1）连续小波变换

计算连续小波变换的基本方法是数值近似计算方法，首先计算出每一尺度下各个离散位置的小波变换，然后将结果显示出来。从频域看，用不同的 a 值做处理相当于不同中心频率的带通滤波器做处理；从时域看，表现为信号在各局部时段的处理结果。两者结合起来，就有可能在某一尺度下的一定范围内将信号特性加以突出。因此，对于任意的函数 $f(t) \in L^2(R)$，其连续小波变换定义为：

$$W_f(a,b) = \langle f, \psi_{a,b} \rangle = \frac{1}{\sqrt{|a|}}\int_R f(t)\overline{\psi\left(\frac{t-b}{a}\right)}\mathrm{d}t \qquad (1\text{-}1\text{-}3)$$

式中，a, b, t 均为连续变量，$\psi(t)$ 是基本小波，$\overline{\psi(t)}$ 表示其复共轭，$\langle\ ,\ \rangle$ 表示内积运算。简单地说，$W_f(a,b)$ 是连续小波在尺度 a 和位移 b 上与信号的内积，表示信号与该点所代表的小波的相似程度。

如果母小波满足式（1-1-1），则可以通过连续小波变换系数来反演得到原信号 $f(t)$，即对任意 f 上连续的点 $x \in R$，其重构公式（逆变换）为

$$f(t) = \frac{1}{C_\psi}\int_{-\infty}^{\infty}\int_{-\infty}^{\infty}\frac{1}{a^2}W_f(a,b)\psi_{a,b}(t)\mathrm{d}a\mathrm{d}b \qquad (1\text{-}1\text{-}4)$$

连续小波变换是线性变换，具有以下重要性质：

- **线性**：一个多分量信号的小波变换等于各个分量的小波变换之和；
- **平移不变性**：若 $f(t)$ 的小波变换为 $W_f(a,b)$，则 $f(t-\tau)$ 的小波变换为 $W_f(a, b-\tau)$；

- **伸缩共变性**：若 $f(t)$ 的小波变换为 $W_f(a,b)$，则 $f(ct)$ 的小波变换为 $\dfrac{1}{\sqrt{c}} W_f(ca, cb)$，$c > 0$；

- **自相似性**：对应不同尺度参数 a 和平移参数 b 的连续小波变换之间是相似的；

- **冗余性**：小波变换的冗余性事实上是自相似性的直接反映，而小波变换在不同的 (a,b) 之间的相关性增加了分析和解释小波变换结果的困难。因此，小波变换的冗余度应尽可能减小，这也是小波分析中的主要问题之一。

2）离散小波变换

由于小波变换 $W_f(a,b)$ 是在时间－尺度平面上的连续函数，它们之间的相关性很大。因此，人们希望能够在一些离散位移和离散尺度下也能计算小波变换，使得在小波变换相关性降低的同时，又不会丢失信息，即通过这些小波变换仍然可以重构原信号 $f(t)$。因此，有必要讨论连续小波 $\psi_{a,b}(t)$ 和连续小波变换 $W_f(a,b)$ 的离散化。

对于任意一个信号，离散小波变换第一步运算是将信号分为低频部分（近似部分）和离散部分（细节部分），其中，近似部分代表了信号的主要特征；第二步对低频部分再进行相似运算，依次进行到所需要的尺度。

通常，把连续小波变换中尺度参数 a 和平移参数 b 的离散公式分别取作 $a = a_0^j$，$b = k a_0^j b_0$，这里 $j, k \in Z$，扩展步长 $a_0 \neq 1$ 是固定值。所以，对应的离散小波函数 $\psi_{j,k}(t)$ 可写作

$$\psi_{j,k}(t) = \frac{1}{\sqrt{a_0^j}} \psi\left(\frac{t - k a_0^j b_0}{a_0^j} \right) \tag{1-1-5}$$

而离散化小波变换系数则可表示为

$$C_{j,k} = \langle f, \psi_{j,k} \rangle = \int_{-\infty}^{\infty} f(t) \overline{\psi_{j,k}(t)} \, \mathrm{d}t \tag{1-1-6}$$

其重构公式为

$$f(t) = C \sum_{-\infty}^{\infty} \sum_{-\infty}^{\infty} C_{j,k} \psi_{j,k}(t) \tag{1-1-7}$$

式中，C 是一个与信号无关的常数。由式（1-1-6）可以看出，通过调整 j 值，可以使离散小波变换实现时频局部化功能，但是与连续小波变换不同的是，离散小波变换不具有平移不变性。

3）二进小波变换

在离散小波变换中，伸缩和平移系数是可数的，重构过程用求和的形式给出。如果伸缩和平移能够满足一定的对应关系，则称为二进小波变换。

在连续小波变换中，如果参数 $a = 2^j$，$j \in Z$，而参数 b 为连续值，则可以得到二进小波：

$$\psi_{2^j, b}(t) = \frac{1}{\sqrt{2^j}} \psi\left(\frac{t-b}{2^j}\right) \tag{1-1-8}$$

此时，$f(t) \in L^2(R)$ 的二进小波变换的定义为

$$W_f(2^j, b) = \frac{1}{\sqrt{2^j}} \int_{-\infty}^{+\infty} f(t) \overline{\psi\left(\frac{t-b}{2^j}\right)} \mathrm{d}t \tag{1-1-9}$$

介于离散小波和连续小波之间的二进小波只是对尺度参数 a 进行了离散化，在时域上它仍然保持平移量连续变化。因此，二进小波变换具有连续小波变换的平移不变性，这是它与离散小波变换之间最大的区别。

（2）常用小波函数

同傅立叶分析不同，小波函数不是唯一存在的，且决定了小波变换的效率和效果，所以小波函数的选取就成了十分重要的问题。目前广泛使用的有 Haar 小波、Daubechies 小波、Mexican Hat 小波、Morlet 小波等。

1）Haar 小波

Haar 函数是一组互相正交归一的函数集。Haar 小波由它衍生而得，其定义如下：

$$\psi_H(t) = \begin{cases} 1 & 0 \leqslant x \leqslant 1/2 \\ -1 & 1/2 \leqslant x < 1 \\ 0 & x \notin [0,1) \end{cases} \tag{1-1-10}$$

Haar 小波是所有已知小波中最简单的。显然，Haar 小波不是连续可微函数。

2）Daubechies 小波系

法国学者 Daubechies 对尺度取 2 的整幂条件下的小波变换进行了较深入的研究，从两尺度差分方程的系数 $\{h_k\}$ 出发提出了 Daubechies 小波，一般简写为 db$N$，N 为小波阶数。除了 db1（即 Haar 小波）外，其余的 db 系列小波函数不具有对称性（即非线性相位），且没有显式表达式，但其 $\{h_k\}$ 可以用很简单的解析形式表达。

db$N$ 函数是紧支撑标准正交小波，它提供了比 Haar 更有效的分析和综合，并具有以下特点：

- 假设

$$P(y) = \sum_{k=0}^{N-1} C_k^{N-1+k} y^k \tag{1-1-11}$$

式中，C_k^{N-1+k} 为二项式的系数，则有

$$\left| m_0(\omega) \right|^2 = \left(\cos^2 \frac{\omega}{2} \right)^N P\left(\sin^2 \frac{\omega}{2} \right) \tag{1-1-12}$$

式中，$m_0(\omega) = \dfrac{1}{\sqrt{2}} \sum_{k=0}^{2N-1} h_k e^{-ik\omega}$ 。

- 小波函数和尺度函数的有效支撑长度为 $2N-1$，小波函数的消失矩阶数为 N；
- db$N$ 大多数不具有对称性，对于有些小波函数，不对称性是非常明显的；
- 正则性随着序号 N 的增加而增加；
- 函数具有正交性。

3）Mexican Hat 小波

Mexican Hat 小波是 Gauss 平滑函数的二阶导数，由于波形与墨西哥草帽轮廓线相似而得名，其函数形式为：

$$\psi(t) = \frac{2}{\sqrt{3}} \pi^{-1/4} (1-t^2) e^{-t^2/2} \tag{1-1-13}$$

式中，系数 $\dfrac{2}{\sqrt{3}} \pi^{-\frac{1}{4}}$ 主要是保证 $\psi(t)$ 的归一化，即 $\|\psi\|^2 = 1$。

Mexican Hat 函数在时间域与频率域都有很好的局部化，并且满足

$$\int_{-\infty}^{\infty} \psi(t) \mathrm{d}t = 0 \tag{1-1-14}$$

由于它的尺度函数不存在，所以不具有正交性。

4）Morlet 小波

Morlet 小波是单频率复正弦函数，具有较好的时、频域局部性，其函数的定义为：

$$\psi(t) = e^{i\omega_0 t} e^{-t^2/2} \tag{1-1-15}$$

式中，ω_0 表示常数；i 为虚数。其傅立叶变换为：

$$\psi(\omega) = \sqrt{2\pi} e^{-(\omega-\omega_0)^2/2} \tag{1-1-16}$$

Morlet 小波的时间尺度 a 与周期 T 有如下关系：

$$T = \frac{4a\pi}{\omega_0 + \sqrt{2 + \omega_0^2}} \tag{1-1-17}$$

（3）小波方差图

将域中所有时间尺度下的小波系数进行平方取值，再对其做积分，所得值即为小波方差：

$$Var(a) = \int_{-\infty}^{+\infty} \left| W_f(a,b) \right|^2 \mathrm{d}b \qquad (1\text{-}1\text{-}18)$$

小波方差的一个重要意义在于它能够根据时间尺度来分解序列的样本方差，可以视为在单一尺度下随机信号序列的平均能量。因此，通过描述小波方差随尺度变化的过程，小波方差图能够完整地反映出时间序列中各尺度的能量强弱随尺度变化的特性，进而可以方便地找出时间序列中的主周期。

1.1.2　实例分析

根据三峡流域宜昌站的多年年平均径流量（1882～2006 年）资料，其年径流变化过程曲线如图 1-1-1 所示。对流量时间序列进行距平处理，可以使距平值比原信号更接近于零，这样做出的小波系数图的振幅不会太大，从而能更好地反映出系数波动的细节。整理后的年径流距平序列见图 1-1-2。

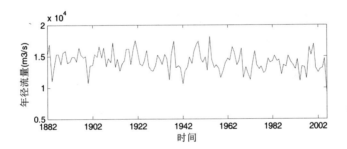

图 1-1-1　宜昌站天然年径流过程曲线（1882～2006 年）

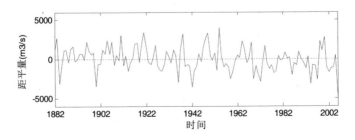

图 1-1-2　宜昌站年径流距平序列（1882～2006 年）

（1）径流时间序列的小波变换

由小波变换理论可以知道，复数小波的虚部和实部之间有 $\frac{\pi}{2}$ 的位相差，在小波变化域中，其小波变换系数 $W_f(a,b)$ 的模平方值与函数 $f(t)$ 的能量大小是成正比的，可用于分析径流在不同尺度下的波动强弱和能量中心。如果以径流的多年平均值为基准面，$W_f(a,b)$ 的实部在以时移 b 为横坐标、尺度 a 为纵坐标的 $(a-b)$ 平面等值线上的正负值能较好地描述径流围绕基准面上下波动的情形，进而可以反映出径流的丰、枯变化特征。因此，本章选用在时域和频域都有较好局部性的 Morlet 复数小波，将其与上述年径流序列的距平过程代入到小波变换公式中，用不同的 a,b 来计算 $W_f(a,b)$，可以得到关于 $W_f(a,b)$ 的二维等值线图。通过分析此图，就可以得到径流时间序列随 a、b 变化的特征信息，从而为径流时频分析提供理论基础。

（2）径流距平序列的时频分析

1）小波变换的模平方时频特性分析

在小波变化域中以等值线的形式将反映年径流波动的能量曲面投影到 $(a-b)$ 平面上，曲面上能量集中的顶点在 $(a-b)$ 平面上的投影即为能量中心点。图 1-1-3 展示了三峡流域宜昌站年径流的小波系数模平方在 $(a-b)$ 平面上变化的强弱情况。图中，年径流在小波变化域中能量最集中的点为（15,1948），该点的主要影响时域范围贯穿到了整个时域，而波动能量在时域上的强集中影响范围是 1933～1963 年，在尺度上的强集中影响范围是 12～20 年。这表明在近百余年里，三峡流域宜昌站的天然年径流存在以 15 年左右为主周期的变化特征。

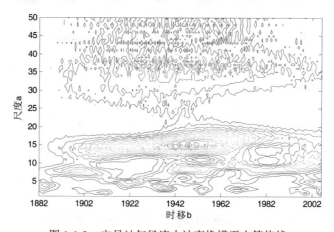

图 1-1-3   宜昌站年径流小波变换模平方等值线

2）小波变换的实部时频特性分析

类似上面提到的分析方法，在小波变化域中，以等值线的形式将反映年径流波动的能量曲面投影到$(a-b)$平面上，波动曲面上的点值与等值线上的点值将一一对应，可以用小波变换系数$W_f(a,b)$实部的值来反映其大小，波动曲面上凹凸顶点在$(a-b)$平面上的投影即为波动极值点。图1-1-4展示了在小波变化域中，小波变换系数$W_f(a,b)$的实部围绕基准面上下波动的变化情形，也反映了在不同尺度下小波系数所表征的年径流随时间丰、枯交替的变化特性以及突变点的具体位置。

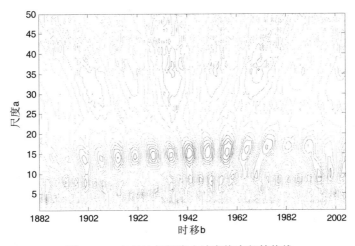

图 1-1-4　宜昌站年径流小波变换实部等值线

从图1-1-4中可以看出，三峡流域宜昌站年径流存在明显的周期变化规律，其中以9年、15年和35年左右的丰、枯交替过程较为清晰，有较明显的波动极值点分布规律，而小于5年左右尺度的年径流波动十分频繁，且波动极值点的分布没有太多的规律可言，这说明小尺度年径流的振荡行为比较突出。

为了详细说明宜昌站年径流丰、枯交替变化的波动特性，通过在图1-1-4上固定尺度a（$a=9$，$a=15$，$a=35$）的值，作小波变换系数$W_f(a,b)$的实部随时移b变化的过程线，如图1-1-5、图1-1-6和图1-1-7所示。

图1-1-5～图1-1-7从$a=9$、$a=9$和$a=35$这3个不同的时间尺度下，均显示目前宜昌站年平均径流量处于枯水高峰时段的后期，不同的是进入枯水期的时间分别为2002年、2004年和1997年。

（3）径流变化的主周期提取

虽然径流时间序列的变化表现出多时间尺度的特性，但实际上各尺度的作用是不相同的。因此，在径流的特性分析时，准确地找出影响径流时间序列波动的主周期十分重要。本章通过分析小波方差图来提取三峡流域宜昌站年径流时间序列的主周期。宜昌站年径流距平序列的小波方差图 1-1-8 所示。

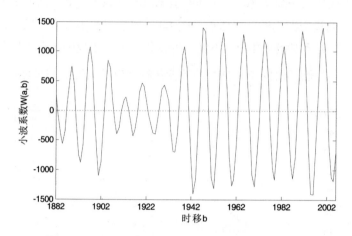

图 1-1-5　宜昌站年径流小波变换实部过程线（a=9）

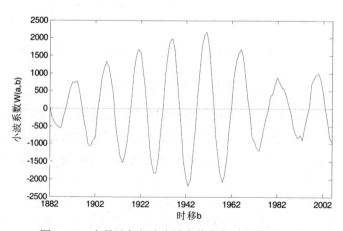

图 1-1-6　宜昌站年径流小波变换实部过程线（a=15）

由图 1-1-8 可以看出，三峡流域宜昌站年径流序列在尺度为 3 年、5 年、9 年、15 年和 35 年左右时的小波方差值最为显著，说明该站年径流过程存在以这 5 个周期为主周期变化的特征，特别是 9 年和 15 年这两个周期，决定了三峡流域宜昌站年径流在整个时间域内变化的特性和丰枯变化趋势。

（4）径流过程趋势分析

径流时间序列通常是趋势项、周期项和随机项这三者的线性叠加，其中趋势项对应于小波分解后最大尺度的低频重构序列,而随机项对应其高频部分。因此,小波分析在信号的趋势分析中很有应用前景。

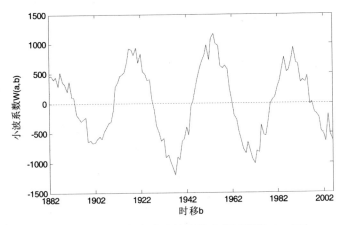

图 1-1-7   宜昌站年径流小波变换实部过程线（$a=35$）

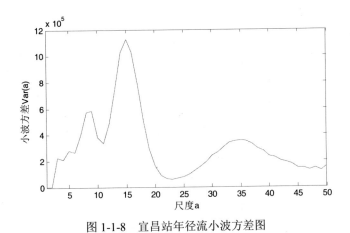

图 1-1-8   宜昌站年径流小波方差图

1）小波函数选择

如何合理选择小波函数一直是小波应用的难点之一。目前常用的小波函数选择方法有两种:一种是通过经验或不断地试验来选择小波函数;另一种是以目标的分布形态为依据,尽量选择与其形态相似的小波函数。考虑到径流序列是一个随时间变化而波动的过程,其波峰波谷与丰枯变化分别对应,本章采用第二种方法,选用与径流时间序列形态相近的 db4 小波函数作为径流趋势分析的基本小波。

2）分解尺度与低频重构

根据待分析序列的样本容量,一般最多可以把序列分解到 $\log_2 N$ 个频率级。

通常经过两次以上的分解后，信号中随机成分就会被分离出去，此时，分解后的低频系数重构序列就可以用来代表该径流序列的变化趋势。三峡流域宜昌站有1882~2006 年共 125 年的年平均径流时间序列，因此可以分解至第 6 层。本章采用 db4 小波函数对宜昌站的年平均径流时间序列进行分辨率为 5、6 的快速小波分解，得到序列在不同尺度下的尺度系数，然后对其低频系数进行单支重构，即可得到其趋势成分，如图 1-1-9 所示。

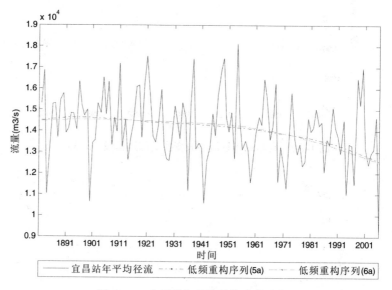

图 1-1-9　宜昌站年径流趋势成分重构

从图 1-1-9 可以看出，宜昌站在尺度 5a 和尺度 6a 下，径流总体均呈逐渐加快的下降趋势。其中在 5a 尺度下，低频重构序列在 1894 年出现转折，之前径流趋势呈缓慢增长，之后径流呈减少趋势，但仍然缓慢；在 6a 尺度下，低频重构序列在 1899 年出现转折，之前径流呈缓慢增长趋势，之后径流变化呈现非常缓慢的减少趋势，近似直线，直到 1952 年之后，径流减少趋势开始明显。

根据图 1-1-9 可以得出以下结论：宜昌站年平均径流总体呈减少趋势，而且径流的减少趋势在 1952 年后越来越明显。这与近年来长江上游地区降水量减少和北半球气候变暖的趋势相一致，应当引起人们的注意。

1.2　径流时间序列混沌特性分析

由于受气象、自然地理、流域特性等多因素的综合影响，径流的变化具有随机性、模糊性、灰色性等多种不确定性，致使传统的确定性数学模型对其过程进行模拟遇到了很大的困难，而混沌理论能从貌似无序的现象中提取出确定性的规律，为这类非线性动力系统的研究开创了新途径。混沌理论认为，除了定常、周期和准周期运动外，客观事物还存在一种更具有普遍意义的运动形式——混沌运动，这是一种由确定性系统产生、对初始条件具有敏感依赖性且永不重复的非周期运动。

混沌的提出对于面临复杂水文现象的研究人员来说，无疑是一种巨大的鼓舞，因为水文系统不但是一个开放的巨系统，而且还是一个动态的非线性耦合系统。一方面，它是大气圈环境内相互影响和相互依赖的若干水文要素所组成的具有循环与演化功能的整体；另一方面，它又受地球自身和宇宙间不可抗拒的自然力的作用，以及不同程度的人类生产活动的影响，从而形成了复杂的演化规律。然而，由于受哲学观和科学技术方法论的限制，人们在很长一段时间里都是用传统的随机性方法或确定性方法，或二者结合的方法来描述水文过程，以揭示水文系统的随机性规律和确定性规律。混沌理论与水文科学的结合将能打破过去传统分析中单一的随机性分析或确定性分析，建立将两者统一起来的混沌分析法，以进一步丰富水文学研究的内容，进而推动水文科学的发展。

要应用混沌理论于水文水资源领域，首先就需要对水文时间序列的性质进行鉴别，以判断系统运动形式是否具有混沌特征，然后才可对其相空间进行重构，并应用混沌的分析方法，在重构的相空间中分析水文系统的运动规律，最后再作进一步诸如混沌时间序列预测等的研究。

1.2.1 相空间重构理论与方法

相空间重构是分析混沌动力学系统的第一步，是混沌时间序列处理的基础。相空间重构的基本思想认为，系统中任一分量的演化与系统中其他许多分量相关并能由它们所确定，且在该分量的发展过程中就隐含了这些相关分量的信息。因此通过研究系统中的任意一个分量，并将在某些固定时延点上的观测值当作新维来处理，就可以重新构造出一个与原系统相空间微分同胚的相空间，以从中恢复出原有的动力学系统，进而可以研究混沌吸引子的性质等。

（1）相空间重构

定义 1.1.3 令 (N, ρ)、(N_1, ρ_1) 表示两个度量空间，如果存在一个映射 $\varphi : N \to N_1$ 满足如下条件：

1）φ 为满射；

2）$\rho(x, y) = \rho_1(\varphi(x), \varphi(y))$ （$\forall x, y \in N$），
则认为空间 (N, ρ) 和空间 (N_1, ρ_1) 是等距同构的。

定义 1.1.4 如果度量空间 (N_2, ρ_2) 的子空间 (N_0, ρ_2) 与另一个度量空间 (N_1, ρ_1) 是等距同构的，则认为空间 (N_1, ρ_1) 可以嵌入到空间 (N_2, ρ_2)。

定理 1.1.1（嵌入定理） 令 M 为一个 d 维空间，如果存在光滑的微分同胚 $\varphi: M \to M$ 和有二阶连续导数的 $y: M \to R$，有 $\phi(\varphi, y): M \to R^{2d+1}$，其中 $\phi(\varphi, y) = (y(x), y(\varphi(x)), y(\varphi^2(x)), \cdots, y(\varphi^{2d}(x)))$，则 $\phi(\varphi, y)$ 是 M 到 R^{2d+1} 的一个嵌入。

对于时间序列 $\{x_i, i = 1, 2, \cdots, n\}$，经过延迟时间 τ 嵌入到 m 维相空间中，可以表示为：

$$X_t = \{x_t, x_{t+\tau}, \cdots, x_{t+(m-1)\tau}\} \tag{1-1-19}$$

式中 $\{X_t, t = 1, 2, \cdots, n-(m-1)\tau\}$ 是 m 维相空间中的点。由定理 1.1.1 可知，当嵌入维数 m 大小合适时，原动力系统的吸引子就可以在高维的重构相空间中完全展开，也就是说，此时原系统的相空间将和重构的相空间微分同胚，它们的动力学特性在定性意义上完全相同。因此可以通过对原系统进行相空间重构，通过将现有的数据纳入到某种可以描述的框架下，来找出混沌吸引子中隐藏着的演化规律，进而揭示出传统方法无法展示的运动特征。

（2）重构参数选择

延迟时间 τ 和嵌入维数 m 的合理选取是相空间重构成功的关键，因为它们决定了吸引子的大小和重构空间的相似程度，并与描述奇异吸引子特征的不变量的准确度有着直接的关系。

1）延迟时间

延迟时间 τ 的选择从理论上来说是没有任何限制的，但大量的实验研究均表明，延迟时间 τ 的大小与重构后相空间所包含的信息量有很大的关系。太小的延迟时间将会使重建的动力系统具有较强的相关性，进而导致相轨道挤压在对角线方向上而无法完全展示系统特征；而太大的延迟时间会使得系统前后时刻的状态在因果关系上没有太多相关，进而导致简单轨道复杂化，并使得能使用的有效数据点个数极大地减少。为此，学者们提出了许多方法来确定延迟时间，目前常用的自相关函数法就是其中非常成熟的一种方法。

自相关函数法是基于两个变量的线性依赖性构造出的算法。一般地，对于一个混沌时间序列 $\{x_i, i = 1, 2, \cdots, n\}$，其自相关函数表达式如下：

$$C(\tau) = \frac{\sum_{i=1}^{n-\tau}(x_i - \overline{x})(x_{i+\tau} - \overline{x})}{\sum_{i=1}^{n}(x_i - \overline{x})^2} \qquad (1\text{-}1\text{-}20)$$

式中，$\overline{x}$ 为序列均值。随着时间的推移，如果自相关函数的衰减较明显，则取其首次经过零点时所对应的时间为延迟时间 τ；如果衰减不明显，重构相空间的延迟时间 τ 就应该取自相关函数下降到初始值的 $1-1/e$ 时所对应的时间，以保证嵌入坐标间的相关性较小。

2）嵌入维数

同延迟时间的选取类似，嵌入维数 m 选取同样不宜过小和过大。目前确定嵌入维数的方法有很多，下面简单介绍几种常用方法。

● 伪邻近点法

伪邻近点法是一种比较简单方便的求取嵌入维数 m 的方法，其基本思想认为在嵌入维数较低时，由于轨道未充分展开，使得一些本来相距很远的相点折叠在一起（称作伪邻近点），但随着嵌入维数的增加，挤压在一起的伪邻近点将逐渐分开并趋于稳定，从而可以得到最小嵌入维数。

设在 m 维空间任一点 $X_t = \left\{ x_t, x_{t+\tau}, \cdots, x_{t+(m-1)\tau} \right\}$，其第 r 个邻近点记为 $X_t(r)$，点 X_t 与 $X_t(r)$ 的距离平方为

$$R_m^2(t, r) = \sum_{k=0}^{m-1} \left[x_{t+k\tau} - x_{t+k\tau}(r) \right]^2 \qquad (1\text{-}1\text{-}21)$$

当嵌入维数从 m 增加到 $m+1$，点 X_t 与 $X_t(r)$ 的距离平方为

$$R_{m+1}^2(t, r) = R_m^2(t, r) + \left[x_{t+m\tau} - x_{t+m\tau}(r) \right]^2 \qquad (1\text{-}1\text{-}22)$$

判断伪邻近点的依据如下：

$$\left[\frac{R_{m+1}^2(t, r) - R_m^2(t, r)}{R_m^2(t, r)} \right]^{1/2} > R_{tol} \qquad (1\text{-}1\text{-}23)$$

式中，R_{tol} 为事先设定的阈值，一般在 [10, 50] 之间取值。

实验表明，当伪邻近点的比例小于 5% 或伪邻近点数目不再随着嵌入维数 m 增加而减少时，就可以认为系统的几何结构已经完全打开，此时的 m 便为最佳嵌入维数。

● Cao 方法

在伪近邻点法基础上发展起来的 Cao 方法具有很多伪近邻点法的优良性质，

其主要计算过程如下：

将序列 $\{x_i, i=1,2,\cdots,n\}$ 构造的 m 维相空间矢量记为 $X_t(m)$ ，构造的 $m+1$ 维相空间矢量记为 $X_t(m+1)$ 。定义

$$a(t,m) = \frac{\left\| X_{n(t,m)}(m+1) - X_t(m+1) \right\|}{\left\| X_{n(t,m)}(m) - X_t(m) \right\|} \tag{1-1-24}$$

式中，$t=1,2,\cdots,n-m\tau$ ，$X_{n(t,m)}(m)$ 是 $X_t(m)$ 的最邻近点，$n(t,m)$ 是区间 $[1,n-m\tau]$ 的正整数，$\|\bullet\|$ 表示欧式距离下的最大值范数。

计算 $a(t,m)$ 的平均值可得：

$$E(m) = \frac{1}{n-m\tau} \sum_{t=1}^{n-m\tau} a(t,m) \tag{1-1-25}$$

式中，$E(m)$ 表示在嵌入维数为 m 的情况下，时间序列上各点与其邻近点之间距离的平均统计。随着 m 的增大，$E(m)$ 会趋于一个稳定值。为了找到从 m 到 $m+1$ 变化的最佳嵌入维数，定义

$$E1(m) = \frac{E(m+1)}{E(m)} \tag{1-1-26}$$

当 $E1(m)$ 自某个 m_0 开始停止变化，则 m_0+1 即为所寻找的最佳嵌入维数。

实际上，随机序列的 $E1(m)$ 也有可能会随着嵌入维数 m 的增加而达到饱和，为了解决这个问题，Cao 方法定义另一个参数 $E2(m)$ 来区分随机信号和混沌信号，其定义如下：

$$E^*(m) = \frac{1}{n-m\tau} \sum_{t=1}^{n-m\tau} \left| X_{t+m\tau} - X_{n(t,m)+m\tau} \right| \tag{1-1-27}$$

$$E2(m) = \frac{E^*(m+1)}{E^*(m)} \tag{1-1-28}$$

由以上定义可以发现，随机序列的 $E2(m)$ 无论嵌入维数 m 为多少，其值都会在 1 左右，然而混沌序列的 $E2(m)$ 是与 m 相关的，因此不可能对所有的 m 都保持恒定，即混沌序列一定会有一些值使得 $E2(m) \neq 1$ 。

- 饱和关联维数法

关联维数既可以用来度量相空间中吸引子的复杂度，又可以用于辨别系统的混沌特征。目前常用的关联维数计算方法是饱和关联维数算法，简称 G-P 算法。该方法根据式（1-1-19）得到一组 m 维空间向量 $X_t = \{x_t, x_{t+\tau}, \cdots, x_{t+(m-1)\tau}\}$ ，$t=1,2,\cdots,M$ ，其中 $M = n-(m-1)\tau$ 。关联积分即为相空间中与该 M 个点有关联的向量对数在所有可能的 M^2 种配对中所占的比例，其公式如下：

$$C(r) = \frac{1}{M^2} \sum_{i,j=1}^{M} \theta(r - \|X(i) - X(j)\|) \qquad (1\text{-}1\text{-}29)$$

式中，r 为临界距离，$\theta(\bullet)$ 为 Heaviside 单位函数，表达式如下：

$$\theta(x) = \begin{cases} 0, & x \leqslant 0 \\ 1, & x > 0 \end{cases} \qquad (1\text{-}1\text{-}30)$$

当 $r \to 0$ 时，关联积分 $C(r)$ 与 r 存在以下关系：

$$\lim_{r \to 0} C(r) \propto r^D \qquad (1\text{-}1\text{-}31)$$

由上式可得：

$$D = \lim_{r \to 0} \frac{\log C(r)}{\log r} \qquad (1\text{-}1\text{-}32)$$

式中，D 为关联维数。

随着嵌入维数的升高，随机序列的关联维数会沿对角线不断增大，而混沌序列的关联维数会出现饱和现象，因而通常可以根据一个序列的关联维数是否具有饱和现象来判断该序列是否具有混沌特征。

在实际的计算当中，一般的做法是让嵌入维数 m 由小到大逐渐增加，然后取每个嵌入维数 $\log C(r) - \log r$ 关系中的直线段，通过最小二乘法对其进行拟合，得到一条最佳的拟合直线，称其斜率为关联指数。随着嵌入维数的不断增加，关联指数会逐步增大直到饱和，此时对应的值就是饱和关联维数，而对应的嵌入维数即为最佳嵌入维数。

1.2.2　最大 Lyapunov 指数

目前混沌还没有一个严格的科学定义，所以混沌信号辨识只是从某一个方面判别一个序列是否具有混沌特征的必要条件，判别方法主要包括定性、定量以及两者结合这三种，而其中最常用的是最大 Lyapunov 指数法。

相空间中，两条相邻相轨迹线会随着时间的推移而离合，其按指数分离或聚合的平均发散率即为 Lyapunov 指数，它常被用以刻画系统随时间演化对初值的敏感性。根据相轨迹有无扩散运动特征，Lyapunov 指数可有效地判别系统的混沌特性，其值与系统运动特性间的关系见表 1-1-1。

表 1-1-1 中，L_{E_i} 代表系统的 i 维增长速率的 Lyapunov 指数，单位为比特/时间。

表 1-1-1　Lyapunov 指数与系统运动特性的关系

项目	Lyapunov 指数
定常运动	$L_{E_i} < 0\ (i = 1, 2, \cdots, n)$
周期运动	$L_{E_1} = 0$ ，$L_{E_i} < 0\ (i = 2, 3, \cdots, n)$
准周期运动	$L_{E_1} = L_{E_2} = 0$ ，$L_{E_i} < 0\ (i = 3, 4, \cdots, n)$
混沌运动	$L_{E_1} > 0$
随机运动	$L_{E_1} \to \infty$

（1）计算方法

Lyapunov 指数的计算方法有两大类：雅可比方法和直接方法。由于雅可比方法通常需要建立一个模型来适应具体的观测数据，因此在实际计算 Lyapunov 指数时应用不多，目前应用较为广泛的是以 Wolf 法及其改进方法为代表的直接方法。

1）Wolf 方法

1985 年，Wolf 等人提出了直接基于相轨线等演化来估计 Lyapunov 指数的 Wolf 方法。该方法适用于无噪声的时间序列，能较可靠地估计出最大 Lyapunov 指数，在混沌的研究中应用十分广泛。

设混沌时间序列 $\{x_j, j = 1, 2, \cdots, n\}$ ，m 为嵌入维数，τ 为时间延迟，则重构相空间

$$y(t_i) = (x(t_i), x(t_i + \tau), \cdots, x(t_i + (m-1)\tau))\quad i = 1, 2, \cdots$$

取初始点 $y(t_0)$ ，根据 $L_0 = \min\limits_{i \neq 0}\left[\|y(t_0) - y(t_i)\|\right]$ 求取其最近的邻点 $y_0(t_0)$ 。一直追踪这两个点的时间演化，直至某 t_1 时刻，$y(t_0)$ 演化为 $y(t_1)$ ，求取 $y(t_1)$ 的最近邻点 $y_1(t_1)$ ，使得 $L_1 = |y(t_1) - y_1(t_1)|$ 最小，并且使得 $y_0(t_1) - y(t_1)$ 与 $y_1(t_1) - y(t_1)$ 之间的夹角最小。重复以上过程，一直到 y_t 达到时间序列所构成的相空间终点，则最大 Lyapunov 指数为：

$$L_E = \frac{1}{t_M - t_0}\sum_{i=0}^{M}\ln\frac{L_i^{'}}{L_i} \tag{1-1-33}$$

式中，M 是追踪演化过程总的迭代步数。

Wolf 方法的原理如图 1-1-10 所示。

2）Rosenstein 改进算法

由于 Wolf 算法要求时间序列无噪声，对数据的要求比较高，而且系统的特征参数需要较长的演化时间进行跟踪才能求出，因此，Rosenstein 在 Wolf 算法的基

础上做出了改进，改进后的算法计算量小且易于实现，可用于有噪声的小样本情况，所以又称为小数据量方法。

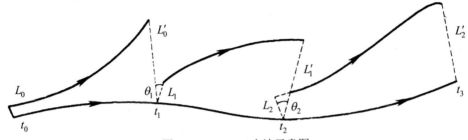

图 1-1-10　Wolf 方法示意图

假设第 j $(j=1, 2, ..., n-(m-1)\tau)$ 对最近邻点的平均发散率为最大 Lyapunov 指数，有：

$$d_j(i) = C_j e^{\lambda_1(i\Delta t)} \tag{1-1-34}$$

式中，C_j 表示初始的分离量；Δt 表示样本的周期；$d_j(i)$ 表示经过 i 个离散时间步长后轨道上第 j 对最近邻点对的距离。对上式两边取对数：

$$\ln d_j(i) = \ln C_j + \lambda_1(i\Delta t) \tag{1-1-35}$$

上式表示的是一系列大致平行的线，其中每条线的斜率都与最大 Lyapunov 指数成比例。所以，通过拟合这些线的"平均线"

$$y(i) = \frac{1}{\Delta t}\left\langle \ln d_j(i) \right\rangle \tag{1-1-36}$$

计算"平均线"线性区域的斜率，便可求出最大 Lyapunov 指数。

（2）最大可预测时间

如果一个系统的误差随时间不断增长，那么显然这个系统的长期行为是不可预测的；反之，则是可预测的。

混沌的基本特点决定了混沌系统不具备长期可预测性，即混沌系统具有最大可预测时间，只有在该时间范围内，对系统的运动轨迹进行预测才是有意义的。

最大 Lyapunov 指数表征的是初始时刻两个无限靠近的点随时间的演变，其轨道按指数速度分离的情况，即从初始时刻起，两个无限靠近的点的信息量损失情况。从预测的角度讲，最大 Lyapunov 指数反映了系统失去预测能力的平均速度。所以，最大 Lyapunov 指数可以用来反映系统的最大可预测时间。

设两相邻轨道距离在初始时刻为 $\delta x(0)$，其距离的最大分量在经过时间 t 后为：

$$\delta x(t) = \delta x(0)e^{L_E t} \tag{1-1-37}$$

设当 $\dfrac{\delta x(t)}{\delta x(0)}$ 超过临界值 c 时，就认为轨道已经发散到使系统的运动不可预测了，此时所经历的时间即为临界时间 t_0。故有：

$$c = \frac{\delta x(t)}{\delta x(0)} = e^{L_E t_0} \tag{1-1-38}$$

对上式进行变换可得：

$$t_0 = \frac{1}{L_E} \ln c \tag{1-1-39}$$

通常认为当相轨线分离达到原间距的数倍，即当 $\ln c \approx 1$ 时，轨道的发展趋势就不再确定了。此时，系统运动轨迹的最大预测时间可以表示为：

$$t_0 \approx \frac{1}{L_E} \tag{1-1-40}$$

上式所表示的时间 t_0 为 Lyapunov 时间，即最大可预测时间，它表示系统状态误差增加一倍所需要的最长时间。L_E 越大，则最大可预测时间 t_0 就越短，表明系统的可预测性越差。

1.2.3 实例分析

（1）延迟时间

三峡流域宜昌水文站月平均径流时间序列的自相关函数随延迟时间的变化情况如图 1-1-11 所示。根据数值试验结果，取自相关函数曲线第一次过零点时所对应的时间作为最佳延迟时间。从图上可以得出，宜昌站月平均径流时间序列重构相空间的最佳延迟时间 $\tau = 3$。

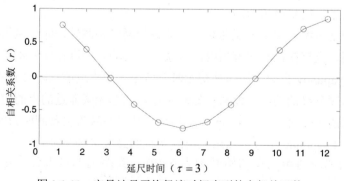

图 1-1-11 宜昌站月平均径流时间序列的自相关函数

（2）嵌入维数

根据三峡流域宜昌水文站月平均径流时间序列的延迟时间 τ，采用 Cao 方法计算嵌入维数 m，得到 $E1(m)$ 和 $E2(m)$ 与嵌入维数 m 的关系曲线如图 1-1-12 所示。

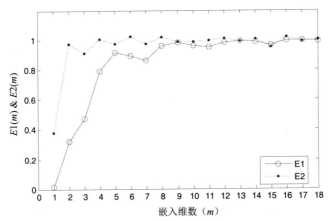

图 1-1-12　宜昌站月平均径流时间序列的嵌入维数曲线图

图 1-1-12 表明，实线 $E1(m)$ 随着嵌入维数 m 的增加趋于饱和，并在 $m=12$ 时 $E1(m)$ 变化较小，这时取 $m=13$ 即为宜昌站月平均径流时间序列相空间重构的嵌入维数。另外，从仿真结果来看，$E2(m)$ 在 1 上下波动，因此，可以判定宜昌站月平均径流时间序列为混沌时间序列。

（3）关联维数

根据三峡流域宜昌水文站月平均径流时间序列的延迟时间 τ，采用 G-P 算法得到不同嵌入维数 m 下 $\ln C(r) - \ln r$ 曲线（图 1-1-13）和关联维数 D 与不同嵌入维数 m 之间的变化关系（图 1-1-14）。

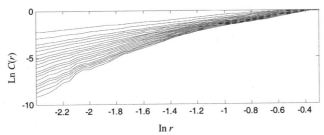

图 1-1-13　宜昌站月平均径流时间序列 $\ln C(r) - \ln r$ 关系图

从图 1-1-13 中看出，不同嵌入维数 m 下，$\ln C(r) - \ln r$ 关系图中每条曲线都有一个直线段部分，该部分的斜率就是各嵌入维数 m 所对应的关联维数 D。将此过程描点于图 1-1-14 得到嵌入维数 m 与关联维数 D 之间的变化关系。通过图 1-1-14 可以发现，关联维数在嵌入维数 $m=13$ 时达到一个饱和值 $D_2=5.4558$。这表示当宜昌站月平均径流时间序列的嵌入相空间达到 13 维后，系统将具有稳定的吸引子维数。因此，宜昌站月平均径流序列具有混沌特性。

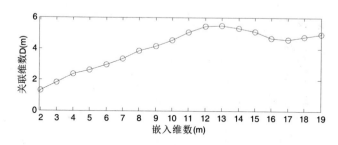

图 1-1-14　宜昌站月平均径流时间序列 $D(m)-m$ 关系图

（4）最大 Lyapunov 指数

为了进一步验证宜昌站月平均径流序列的混沌特征，在确定延迟时间 $\tau=3$ 的情况下，采用最大 Lyapunov 指数法对宜昌站月平均径流序列进行混沌特征辨识，得到不同嵌入维数下的最大 Lyapunov 指数，如表 1-1-2 所示。

表 1-1-2　宜昌站月径流时间序列嵌入维数与最大 Lyapunov 指数对照表

嵌入维数	8	9	10	11	12	13	14	15
最大 Lyapunov 指数	0.1092	0.0878	0.0764	0.0658	0.0560	0.0478	0.0453	0.0423

由上表可知，当嵌入维数增大到 13 时，最大 Lyapunov 指数不再随 m 值的增加而有较大变化，有 $L_E=0.0478$。此时可得最大可预报尺度为 20.92。其实际物理意义是，利用宜昌站月平均径流时间序列的实际数据进行预测时，在精度损失不太严重的情况下，最大预测时间至多是 21 个月。

此外，$L_E>0$ 说明宜昌站月平均径流序列具有混沌性质。结合 Cao 方法和饱和关联维数的结果，可以确认三峡流域宜昌站月平均径流时间序列具有混沌特性。

第 2 章 中长期径流过程预测先进理论与方法

2.1 基于支持向量机的径流多尺度耦合预测

受水文资料的制约，中长期径流预测多采用时间序列预测模式，通过对径流序列建立一个描述该现象发展变化趋势的动态模型，并利用该模型在时间上进行外推，从而预测径流未来的发展趋势。然而，受气象、自然地理、流域特性等多种因素的综合影响，径流的变化具有随机性、灰色性、模糊性等多种不确定性，是一个开放、复杂的高度非线性系统，对其未来的精确描述非常困难，径流预测的结果往往难以达到人们需要的精度。因此，近年来具有时频局部化能力的小波分析被引入到径流预测的研究中。小波变换能将各种频率交织在一起所组成的混合信号分解成为不同频带上的块信号，对作为研究对象的径流序列进行小波变换可以将径流序列分别映射到不同的时间尺度上，而各个尺度可以近似地视为各个不同的"频带"，这样各尺度上的子序列分别代表了原序列在不同"频率"的分量，它们清楚地展示了各序列的特性。

小波分析能充分地展示时间序列的精细结构，包括趋势变化、周期变化和随机变化等，帮助研究人员发现其主要成分和演化过程，但未对分解后的序列进行处理。因此，小波分析与预测算法相结合，建立多尺度耦合模型成为了径流预测的新方向。

支持向量机（Support Vector Machine，SVM）是 20 世纪 90 年代由 Vapnik 提出的一种智能学习算法，基于统计学习理论（Statistical Learning Theory，SLT）并采用结构风险最小化（Structural Risk Minimization，SRM）为评价准则，不过分依赖样本的质量和数量，通过有限的训练样本集来得到最小的误差，从而实现了容量控制，提高了泛化推广能力。与传统的神经网络学习方法相比，支持向量机以最小结构风险代替了传统的最小经验风险（Empirical Risk Minimization，ERM），求解的是一个二次型寻优问题。从理论上说，得到的将是全局最优点，较好地解决了小样本、非线性、高维数等实际问题，避免了在神经网络方法中可能出现的局部极小值问题；另外，支持向量机的拓扑结构由支持向量（Support Vector，SV）决定，避免了传统神经网络拓扑结构需要经验试凑的缺点。同时，支持向量机也能以任意的精度逼近任意函数，具有较好的泛化性能，因此成为了继神经网络之后机器学习领域新的研究热点。

根据统计学习理论的基本思想，采用支持向量机为核心算法，建立基于小波分析和支持向量机的径流多尺度耦合预测模型。首先从时频分析角度出发，把径流时间序列分解成不同频带上的块信号，并以此作为预测模型的输入，然后分别采用支持向量回归对其进行预测。支持向量回归的求解可以归结为一个受等式约束和线性约束的凸二次规划问题，对其求解是比较困难的，本章引入了通用型损失函数，并调整了最优化问题的公式，以降低计算的复杂性，加快求解速度，增强抗干扰能力。另外，考虑到支持向量方法对参数的敏感依赖性，而标准支持向量机并没有提供一种有效的模型参数选取方法，因此本章采用差分进化算法来对模型参数进行自适应调整，以配合支持向量回归在径流预测中的应用。

2.1.1 统计学习理论

作为众多机器学习规律研究理论中的一种，统计学习理论的特点是其专门研究有限样本的机器学习问题，并且为解决该问题提供了一个统一的框架，能够将很多现有成熟理论和方法纳入到它的体系当中，因此有望妥善处理诸如神经网络的拓扑结构选择、算法早熟等以前难以解决的问题。从二十世纪六七十年代 Vapnik 等人开始致力于统计学习理论方面研究以来，统计学习理论得到了不断发展完善并开始逐渐成熟，受到了人们越来越广泛的重视。下面本章就对统计学习理论的这些主要内容进行一下简单介绍。

（1）学习问题的数学表示

机器学习理论以数理统计为基础，是现代人工智能研究的一个重要方面。令 x 为输入向量，y 为输出值，根据联合分布 $P(x, y) = P(x)P(y \mid x)$ 抽取出 n 个独立同分布的观测样本 $(x_1, y_1) \cdots (x_n, y_n)$，组成训练集来训练学习机器，同时从决策函数集 $\{f(x, \alpha), \alpha \in \Lambda\}$ 中选择能够更好地逼近训练器响应的决策函数 $f^*(x, \alpha)$，使训练器的输出结果最接近实际情况，进而对未知输出做出尽可能准确的预测，以上就是机器学习问题的实质。其模型如图 1-2-1 所示。

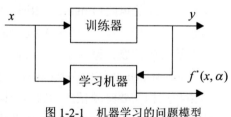

图 1-2-1　机器学习的问题模型

但是，真实的规律与学习机器反映的规律总是存在一定的偏差，这种偏差通常用风险函数 $R(\alpha)$ 来表示，其形式如公式（1-2-1）所示：

$$R(\alpha) = \int L(y, f(x, \alpha)) \mathrm{d}P(x, y) \tag{1-2-1}$$

其中，$L(y, f(x, \alpha))$ 为损失函数，表示在给定输入的 x 下，学习机器输出的 $f(x, \alpha)$ 与训练器给出的 y 之间损失的期望。

（2）经验风险最小化

机器学习的目标就是在所有信息都包含在训练样本中且联合分布 $P(x, y)$ 未知的情况下，最小化风险函数的值。但是，在实际的机器学习问题中，式（1-2-1）的期望风险无法直接计算。因此，根据概率论中大数定理的思想，可以采用算术平均代替式（1-2-1）中的数学期望，定义了

$$R_{emp}(\alpha) = \frac{1}{n} \sum_{i=1}^{n} L(y_i, f(x_i, \alpha)) \tag{1-2-2}$$

来对式（1-2-1）进行估计，然后通过设计学习算法来使其最小化，以达到风险最小的目的。由于 $R_{emp}(\alpha)$ 是由已知的训练样本定义的，而这些训练样本都是经验数据，因此该风险被称为经验风险。通过求取经验风险 $R_{emp}(\alpha)$ 的最小值来代替期望风险 $R(\alpha)$ 的最小值，这就是经验风险最小化原则。

然而，有限样本情况下的经验风险最小与期望风险最小并不一定等价。实验证明，机器学习的复杂性与所研究目标系统的特征和系统所提供样本的数目都有一定的关系。因此，需要一种能够在有限样本情况下指导并建立有效学习和推广方法的理论。

（3）VC 维

统计学习理论为了研究机器学习过程的收敛速度和推广性而定义了一系列有关学习性能的指标，VC 维（Vapnik-Chervonenkis Dimension）就是其中最重要的一个，其定义如下：

定义 1.2.1 对于决策函数集 $\{f(x, \alpha), \alpha \in \Lambda\}$，如果存在 h 个样本能够按所有可能的 2^h 种形式被函数集中的函数分开，则称函数集能够把 h 个样本打散，它能打散的最大样本数目 h 就是函数集的 VC 维。如果对任意数量的样本都有函数能将它们打散，则认为函数集的 VC 维无穷大。

由此可知，VC 维能够定量地反映出函数集的学习能力，而学习机器的容量和结构将随着 VC 维的增大而变得越来越大，越来越复杂。但是，目前的研究还没有给出完整计算 VC 维的理论。如何确定决策函数集的 VC 维仍是当前机器学习领域中一个值得探索的问题。

（4）推广性的界

推广性的界是指统计学习理论通过系统地研究各种类型的函数集而得出的经验风险和实际风险之间的关系。Vapnik 证明：任取 η 满足 $0 \leqslant \eta < 1$，实际风险 $R(\alpha)$ 和经验风险 $R_{emp}(\alpha)$ 之间的如下关系至少以概率 $1 - \eta$ 成立：

$$R(\alpha) \leqslant R_{emp}(\alpha) + \sqrt{\frac{h(\ln(2n/h)+1) - \ln(\eta/4)}{n}} \qquad (1\text{-}2\text{-}3)$$

式中，n 为样本数；h 为函数集 $\{f(x, \alpha), \alpha \in \Lambda\}$ 的 VC 维，用以表示学习机器结构的复杂程度。

式（1-2-3）表明，学习机器的实际风险由经验风险和置信范围两部分组成，其中置信范围与函数集的 VC 维和训练样本数有关，也就是说，它与学习机器结构的复杂程度有关，可以将其简单表示为：

$$R(w) \leqslant R_{emp}(w) + \Phi\left(\frac{h}{n}\right) \qquad (1\text{-}2\text{-}4)$$

式（1-2-4）表明，在有限样本的情况下，学习机器结构的 VC 维增加会引起置信范围的扩大，进而导致经验风险与真实风险间的差别进一步增加。

（5）结构风险最小化

从上文可以看出，机器学习过程要取得较小的实际风险，必须同时最小化经验风险和 VC 维，而 ERM 准则在样本有限时是不合理的。因此，统计学习理论提出把函数集 $S = \{f(x, \alpha), \alpha \in \Lambda\}$ 构造为一个函数子集序列 $S_1 \subset S_2 \subset \cdots \subset S$，然后按照 VC 维的大小对各个子集进行排列，并在每个子集中寻找各自的最小经验风险，通过选择最小经验风险与置信范围之和最小的子集来取得最小实际风险，如图 1-2-2 所示。这种思想被称作结构风险最小化（Structural Risk Minimization，SRM）准则，其具体实现就是支持向量机方法。

2.1.2 支持向量机

（1）最优分类面

最优分类就是要求分类线不但能将不同类型的样本正确分开，以确保经验风险最小，而且能使各分类之间的间隔最大来最小化推广性的界中置信范围，从而最小化真实风险。

给定一个线性可分的样本集 $\{(x_1, y_1), (x_2, y_2), \cdots, (x_n, y_n)\}$，其中，$x_i \in R^d$，$y_i \in \{-1, 1\}$ 或者 $y_i \in \{1, 2, \cdots, k\}$ 或者 $y_i \in R$，$i = 1, 2, \cdots, n$。通过训练和学习以寻求模式 $f(x)$，使得其不但对于训练样本集满足 $y_i = f(x_i)$，而且对于预测数据集

$\{x_{n+1}, x_{n+2}, \cdots, x_m\}$ 同样也能得到满意的对应预测值 y_i，则称 $f(x)$ 为支持向量机。当 $y_i \in \{-1, 1\}$ 时为最简单的两类分类，$y_i \in \{1, 2, \cdots, k\}$ 时为 k 类分类，$y_i \in R$ 时为函数估计，即回归分析。

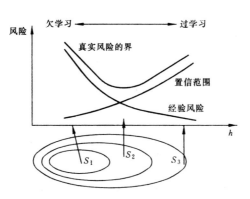

图 1-2-2　结构风险最小化示意图

支持向量机的提出开始于对分类问题的研究。本章通过研究线性可分情况下的两分类问题来详细阐述支持向量机的基本原理。d 维线性空间中线判别函数的一般形式为 $g(x) = w \cdot x + b$。若 $g(x)$ 能将训练样本分开，则有

$$\begin{cases} w \cdot x_i + b > 0, & y_i = 1 \\ w \cdot x_i + b < 0, & y_i = -1 \end{cases} \tag{1-2-5}$$

适当调整 w 和 b，使得样本集满足 $g(x) \geq 1$，这意味着离最优分类面最近样本的线判别函数值 $|g(x)| = 1$，因此，可将式（1-2-5）改写成

$$\begin{cases} w \cdot x_i + b \geq 1, & y_i = 1 \\ w \cdot x_i + b \leq -1, & y_i = -1 \end{cases} \tag{1-2-6}$$

$g(x)$ 的分类间隔为

$$d(w, b) = \min_{\{x_i | y_i = 1\}} \frac{w \cdot x_i + b}{\|w\|} - \max_{\{x_i | y_i = -1\}} \frac{w \cdot x_i + b}{\|w\|} \tag{1-2-7}$$

由式（1-2-7）可得

$$d(w, b) = \frac{1}{\|w\|} - \frac{-1}{\|w\|} = \frac{2}{\|w\|} \tag{1-2-8}$$

这样类与类之间的间隔就等于 $2/\|w\|$，只要使 $\|w\|$（或 $\|w\|^2$）最小，就可以保证类间的间隔最大。

而要求所有样本都被正确分类，只需满足

$$y_i(w \cdot x_i + b) \geqslant 1 , \quad \forall i \in \{1, 2, \cdots, n\} \tag{1-2-9}$$

由此可知，最优分类面就是满足上述条件且使 $\|w\|^2$ 最小的分类面。如图 1-2-3 所示，H 为最优分类面，H_1 为正类边界，H_2 为负类边界，分别表示过各类中距分界面最近的样本且平行于分界面的面，它们之间的距离即为分类间隔 $2/\|w\|$。

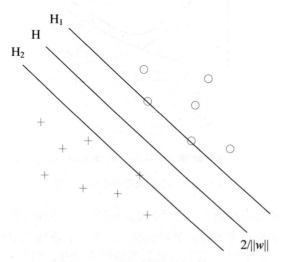

图 1-2-3　最优分类超平面图

具体而言，可以通过求解一个有约束的非线性规划问题来求解最优分类面，如式（1-2-10）所示：

$$\min \quad \left(\frac{1}{2}\|w\|^2\right)$$
$$s.t. \quad y_i(w \cdot x_i + b) \geqslant 1 \tag{1-2-10}$$

式（1-2-10）的约束函数是一个下凹函数，而目标函数是一个严格上凹的二次型函数，因此这个非线性规划是一个严格的凸规划。通过引入拉格朗日函数，可以将该问题转变为求取 $L(w,b)$ 最小值的问题。

$$\min \quad L(w,b) = \frac{1}{2}\|w\|^2 - \sum_{i=1}^{n}\alpha_i y_i(x_i \cdot w + b) + \sum_{i=1}^{n}\alpha_i \tag{1-2-11}$$

式中，α_i 表示每个样本所对应的拉格朗日乘子，且 $\alpha_i \geqslant 0$。

对 w 和 b 求取拉格朗日函数的偏微分：

$$\frac{\partial L(w,b)}{\partial w} = w - \sum_{i=1}^{n}\alpha_i y_i x_i = 0 \tag{1-2-12}$$

$$\frac{\partial L(w,b)}{\partial w} = -\sum_{i=1}^{n} y_i \alpha_i = 0 \qquad (1\text{-}2\text{-}13)$$

由式（1-2-12）可以发现，支持向量机的权系数 w 实际上是拉格朗日乘子 α_i 的线性组合。将式（1-2-12）代入到式（1-2-10）中，并以式（1-2-13）和 $\alpha_i \geqslant 0$ 为约束条件，则可将式（1-2-10）的寻优问题转化为简单的对偶问题如下：

$$\max \; Q(\alpha) = \sum_{i=1}^{n} \alpha_i - \frac{1}{2} \sum_{i,j=1}^{n} \alpha_i \alpha_j y_i y_j (x_i \cdot x_j)$$

$$s.t. \quad \sum_{i=1}^{n} y_i \alpha_i = 0 \qquad (1\text{-}2\text{-}14)$$

式（1-2-14）是一个有不等式约束的二次寻优问题，由最优性条件可知，这个寻优问题的解必须满足：

$$\alpha_i \left[y_i (w \cdot x_i + b) - 1 \right] = 0 \qquad (1\text{-}2\text{-}15)$$

其中，当 α_i 不为 0 时，由上式所求出的 x_i 即为支持向量。

求解式（1-2-14），可以得到拉格朗日乘子 $\alpha_i^* > 0$，进而获得支持向量机的权系数

$$w^* = \sum_{i=1}^{n} \alpha_i^* \cdot y_i \cdot x_i \qquad (1\text{-}2\text{-}16)$$

将权系数 w^* 代入到式（1-2-15），可以得到支持向量机的阈值：

$$b_i^* = 1 - y_i \cdot x_i \cdot w^* \qquad (1\text{-}2\text{-}17)$$

求解式（1-2-10）的寻优问题，可以得到最优分类函数：

$$f(x) = \mathrm{sgn}\{(w^* \cdot x) + b^*\} = \mathrm{sgn}\left\{ \sum_{i=1}^{n} \alpha_i^* y_i (x_i \cdot x) + b^* \right\} \qquad (1\text{-}2\text{-}18)$$

上述推导过程建立在线性可分情况下。为了使 SVM 算法在线性不可分的情况下同样能够得以应用，模型引入了松弛变量 $\xi_i \geqslant 0$，以将约束条件放宽为：

$$y_i (w \cdot x_i + b) - 1 + \xi_i \geqslant 0 \qquad (1\text{-}2\text{-}19)$$

通过使 $\sum_{i=1}^{n} \xi_i$ 最小就可以实现错分样本的最小化，因此可以将优化问题改为：

$$\min \quad \frac{1}{2} \| w \|^2 + C \sum_{i=1}^{n} \xi_i$$

$$s.t. \quad y_i \left(w \cdot x_i + b \right) - 1 + \xi_i \geqslant 0 \quad (i = 1, 2, \ldots, n) \qquad (1\text{-}2\text{-}20)$$

$$\xi_i \geqslant 0$$

其中，C 为惩罚因子，以实现在算法复杂度和错分样本的比例间的折中。

类似于线性可分情况的求解过程，可以将寻优问题转化为简单的对偶优化问题：

$$\max \quad Q(\alpha) = \sum_{i=1}^{n} \alpha_i - \frac{1}{2} \sum_{i,j=1}^{n} \alpha_i \alpha_j y_i y_j x_i \cdot x_j$$

$$s.t. \quad \sum_{i=1}^{n} \alpha_i y_i = 0 \qquad\qquad\qquad (1\text{-}2\text{-}21)$$

$$0 \leqslant \alpha_i \leqslant C \quad (i = 1, 2, \cdots, n)$$

（2）核函数

通过对最优分类面在线性可分和非线性可分情况下的讨论可以发现，最优分类判别函数中只包含支持向量和待预测样本之间的内积。由于在定义的特征空间中，大多数的分类问题并不一定线性可分，因此有必要考虑将输入向量 x 通过一个适当的非线性映射 T，将其转换到高维线性特征空间中来寻找最优分类面。但是，在将输入向量从输入空间向特征空间映射的过程中，维数有可能急剧增长，使得在大多数情况下无法直接在特征空间中计算最优分类面。通过定义核函数，支持向量机巧妙地将这一工作转移到了输入空间中进行。根据泛函理论，满足 Mercer 条件的核函数 $K(x_i, x_j)$ 具有内积形式：

$$K(x_i, x_j) = \left\langle \Phi(x_i), \Phi(x_j) \right\rangle$$

该方法的优点在于只需定义高维特征空间中的核函数 $K(x_i, x_j)$，而没有必要知道映射 T 的具体形式。这样，其计算的复杂度不会随着变换后空间维数的增加而有太大的变化。

将核函数 $K(x_i, x_j)$ 代替最优分类面中的点积，此时式（1-2-9）的优化问题变为：

$$\max \quad Q(\alpha) = \sum_{i=1}^{n} \alpha_i - \frac{1}{2} \sum_{i,j=1}^{n} \alpha_i \alpha_j y_i y_j K(x_i, x_j)$$

$$s.t. \quad \sum_{i=1}^{n} \alpha_i y_i = 0 \qquad\qquad\qquad (1\text{-}2\text{-}22)$$

$$0 \leqslant \alpha_i \leqslant C \quad (i = 1, 2, \cdots, n)$$

相应的判别函数（1-2-18）变为：

$$f(x) = \text{sgn} \left\{ \sum_{i=1}^{n} \alpha_i^* y_i K(x_i, x) + b^* \right\} \qquad (1\text{-}2\text{-}23)$$

这里 α_i^* 为一个正数，表示第 i 个支持向量的概率分布，b^* 为阈值。

由式（1-2-23）可知，在支持向量机的决策函数中只包含了支持向量的求和运算和内积运算，所以支持向量的个数完全决定了其计算的复杂度。

根据实际需要，不同的支持向量机算法可以通过采用不同的核函数来产生，目前应用较为广泛的几种核函数如表 1-2-1 所示。

表 1-2-1　常用核函数

函数名称	函数形式
线性函数	$K(x, y) = x \cdot y$
多项式函数	$K(x, y) = (1 + (x \cdot y))^m$
高斯径向基函数	$K(x, y) = \exp\left(-\dfrac{\|x - y\|^2}{2\delta^2} \right)$
傅立叶函数	$K(x, y) = \dfrac{\sin\left(d + \dfrac{1}{2}\right)(x - y)}{\sin\left(\dfrac{x - y}{2}\right)}$
Bspline 函数	$K(x, y) = d(x - y)$
Spline 函数	$K(x, y) = 1 + \langle x \cdot y \rangle + \dfrac{\langle x \cdot y \rangle \min(x, y)}{2} - \dfrac{\min(x, y)^3}{6}$
Sigmoid 函数	$K(x, y) = \tanh\left[k(x \cdot y) + \theta\right]$

（3）网络结构

支持向量机的决策函数在形式上类似于神经网络，其拓扑结构如图 1-2-4 所示，每个支持向量对应一个中间层节点，其输出是输入样本与一个支持向量的核函数的线性组合。

2.1.3　支持向量回归

（1）标准支持向量回归

支持向量回归的基本思想是将数据通过一个非线性映射 T 转换到高维特征空间，然后在高维特征空间对其进行线性回归。对于给定的训练样本 $\{(x_1, y_1), (x_2, y_2), \cdots, (x_n, y_n)\}$，$x_i \in R^d$，$y_i \in R$，$i = 1, 2, \cdots, n$，回归的目标就是要找到一个函数 f，使得该函数在训练样本 x 的期望值 y 与该样本的估计值 $f(x)$ 之间的误差不大于给定的偏差 ε。假设所取函数集的形式如下：

$$f(x) = w \cdot x + b \qquad (1\text{-}2\text{-}24)$$

其中，权值 $w \in R^d$ ， $b \in R$ 表示阈值。

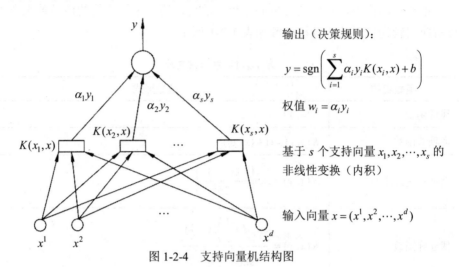

输出（决策规则）：

$$y = \text{sgn}\left(\sum_{i=1}^{s} \alpha_i y_i K(x_i, x) + b\right)$$

权值 $w_i = \alpha_i y_i$

基于 s 个支持向量 $x_1, x_2, \cdots, x_s$ 的
非线性变换（内积）

输入向量 $x = (x^1, x^2, \cdots, x^d)$

图 1-2-4　支持向量机结构图

对任意的损失函数 $J(\xi_i)$ ，支持向量回归可表示为如下规划问题：

$$\min \quad \frac{1}{2}\|w\|^2 + C\sum_{i=1}^{n}(J(\xi_i) + J(\xi_i^*))$$

$$s.t. \quad (w \cdot x_i + b) - y_i \leqslant \xi_i \qquad (1\text{-}2\text{-}25)$$

$$y_i - (w \cdot x_i + b) \leqslant \xi_i^* \quad (i = 1, 2, \cdots, n)$$

$$\xi_i \geqslant 0, \xi_i^* \geqslant 0$$

其中， $C > 0$ 为惩罚因子。

引入拉格朗日函数来求解这个规划问题可得：

$$L = \frac{1}{2}\|w\|^2 + C\sum_{i=1}^{n}(J(\xi_i) + J(\xi_i^*)) - \sum_{i=1}^{n}\alpha_i[y_i - w \cdot x_i - b + \xi_i]$$

$$- \sum_{i=1}^{n}\alpha_i^*[w \cdot x_i + b - y_i + \xi_i^*] - \sum_{i=1}^{n}(\gamma_i \xi_i + \gamma_i' \xi_i^*) \qquad (1\text{-}2\text{-}26)$$

对式（1-2-26）求解最优解有：

$$\frac{\partial L}{\partial w} = w - \sum_{i=1}^{n} (\alpha_i^* - \alpha_i) x_i = 0$$

$$\frac{\partial L}{\partial b} = \sum_{i=1}^{n} (\alpha_i - \alpha_i^*) = 0$$

$$\frac{\partial L}{\partial \zeta_i} = C \frac{dJ(\zeta_i)}{d\zeta_i} - \alpha_i - \gamma_i = 0 \qquad (1\text{-}2\text{-}27)$$

$$\frac{\partial L}{\partial \zeta_i^*} = C \frac{dJ(\zeta_i^*)}{d\zeta_i^*} - \alpha_i^* - \gamma_i' = 0$$

将式（1-2-27）求解得到的相应参数带入到式（1-2-26），得到其较为简单的对偶优化问题，然后通过引进核函数，可以将其转化为如下多约束优化问题：

$$\max \quad Q(\alpha, \alpha^*) = \sum_{i=1}^{n} y_i (\alpha_i^* - \alpha_i) - \frac{1}{2} \sum_{i,j=1}^{n} (\alpha_i^* - \alpha_i)(\alpha_j^* - \alpha_j) K(x_i, x_j)$$

$$+ C \sum_{i=1}^{n} \left[J(\xi_i) - \xi_i \frac{dJ(\xi_i)}{d\xi_i} + J(\xi_i^*) - \xi_i^* \frac{dJ(\xi_i^*)}{d\xi_i^*} \right]$$

$$s.t. \quad \sum_{i=1}^{n} (\alpha_i - \alpha_i^*) = 0 \qquad (1\text{-}2\text{-}28)$$

$$0 \leqslant \alpha_i \leqslant C \frac{dJ(\xi_i)}{d\xi_i}, \ 0 \leqslant \alpha_i^* \leqslant C \frac{dJ(\xi_i^*)}{d\xi_i^*} \quad (i = 1, 2, \cdots, n)$$

$$\xi_i, \xi_i^* \geqslant 0$$

求解此优化问题，将所求得的 α_i 和 α_i^* 代入到式（1-2-24），并引入核函数，得到目标的回归方程：

$$f(x) = \sum_{i=1}^{n} (\alpha_i^* - \alpha_i) K(x, x_i) + b \qquad (1\text{-}2\text{-}29)$$

考虑到算法的稳定性，式中 b 的值通常取所有支持向量的平均值。

（2）损失函数

类似于支持向量分类，支持向量回归同样基于结构风险最小化来求解式（1-2-29），其核心思想认为实际风险包括置信范围和经验风险两部分，而损失函数一般会直接影响最小化经验风险的效果，它决定了回归结果与样本偏差 $|y - f(x)|$ 将被如何惩罚。不同的损失函数会形成不同的经验风险，进而得到不同的支持向量机。常用的损失函数如下：

1）线性 ε 不敏感损失函数

$$J(y, f(x)) = \begin{cases} |y - f(x)| - \varepsilon, & |y - f(x)| > \varepsilon \\ 0, & |y - f(x)| \leqslant \varepsilon \end{cases} \quad (1\text{-}2\text{-}30)$$

2）二次 ε 不敏感损失函数

$$J(y, f(x)) = \begin{cases} |y - f(x)|^2 - \varepsilon, & |y - f(x)|^2 > \varepsilon \\ 0, & |y - f(x)|^2 \leqslant \varepsilon \end{cases} \quad (1\text{-}2\text{-}31)$$

3）Huber 损失函数

$$J(y, f(x)) = \begin{cases} c|y - f(x)| - \dfrac{c^2}{2}, & |y - f(x)| > c \\ \dfrac{|y - f(x)|^2}{2}, & |y - f(x)| \leqslant c \end{cases} \quad (1\text{-}2\text{-}32)$$

为了提高算法的鲁棒性，应该根据数据的分布特性来设计损失函数。本章引入的损失函数，其具体形式如式（1-2-33）所示：

$$J(y, f(x)) = \begin{cases} 0, & |y - f(x)| \leqslant \varepsilon \\ \dfrac{(|y - f(x)| - \varepsilon)^2}{2\lambda}, & \varepsilon \leqslant |y - f(x)| \leqslant e_c \\ c(|y - f(x)| - \varepsilon) - \dfrac{\lambda c^2}{2}, & |y - f(x)| \geqslant e_c \end{cases} \quad (1\text{-}2\text{-}33)$$

式中，$e_c = \varepsilon + \lambda c$。其中，$\varepsilon$ 为不敏感系数，用于提升支持向量回归的泛化能力，λ 和 c 用于提升算法的稳健能力，其近似误差和与之相对应的代价如图 1-2-5 所示。

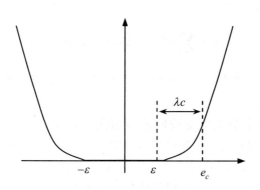

图 1-2-5 损失函数

由式（1-2-33）和图 1-2-5 可知，此损失函数分为 3 个区域：当 $|y - f(x)| < \varepsilon$ 时，

损失函数取值 0，即不惩罚小于 ε 的偏差，使估计值具有稀疏性，以提高支持向量回归的泛化性能；当 $\varepsilon \leqslant |y-f(x)| \leqslant e_c$ 时，损失函数采用二次函数来抑制符合高斯分布的量测噪音，以提高对高斯噪声的抗干扰能力；当 $|y-f(x)| > e_c$ 时，损失函数采用线性函数来抑制幅值较大的噪音和异常点，以提高对诸如脉冲噪声、长尾噪声等的抗干扰能力。因此，它综合了线性 ε 不敏感损失函数、二次 ε 不敏感损失函数和 Huber 损失函数的优点，能使学习机具有较好的鲁棒性。

（3）算法改进

如前所述，支持向量回归的求解可以归结为一个受等式约束和线性约束的凸二次规划问题，对其求解是比较困难的。因此，有学者提出通过修正标准支持向量回归的最优化问题来降低其对偶问题的求解难度。基于这个思路启发，在支持向量回归算法最优化问题的优化式中加入 $b^2/2$ 项，得到了一种改进的支持向量回归估计模型。

本章采用式（1-2-33）的损失函数，根据结构风险最小化原则，改进后的最优化问题可表示为：

$$\min \quad \frac{1}{2}\|w\|^2 + \frac{1}{2}b^2 + C\left[\sum_{i \in I_1} \frac{1}{2\lambda}\left((\xi_i)^2 + (\xi_i^*)^2\right) + \sum_{i \in I_2} c(\xi_i + \xi_i^*)\right]$$

$$s.t. \quad (w \cdot x_i + b) - y_i \leqslant \xi_i + \varepsilon \tag{1-2-34}$$

$$y_i - (w \cdot x_i + b) \leqslant \xi_i^* + \varepsilon \quad (i = 1, 2, \cdots, n)$$

$$\xi_i \geqslant 0, \xi_i^* \geqslant 0$$

式中，I_1 表示由松弛变量落在 $\varepsilon \leqslant \xi_i \leqslant e_c$ 或者 $\varepsilon \leqslant \xi_i^* \leqslant e_c$ 区间的采样点所组成的集合，I_2 表示由松弛变量落在 $e_c \leqslant \xi_i$ 或者 $e_c \leqslant \xi_i^*$ 区间的采样点所组成的集合。

式（1-2-34）优化问题的拉格朗日函数可表示为：

$$L = \frac{1}{2}\|w\|^2 + \frac{1}{2}b^2 + C\left[\sum_{i \in I_1} \frac{1}{2\lambda}\left((\xi_i)^2 + (\xi_i^*)^2\right) + \sum_{i \in I_2} c(\xi_i + \xi_i^*)\right]$$

$$- \sum_{i=1}^n \alpha_i\left[y_i - w \cdot x_i - b + \xi_i + \varepsilon\right] - \sum_{i=1}^n \alpha_i^*\left[w \cdot x_i + b - y_i + \xi_i^* + \varepsilon\right] \tag{1-2-35}$$

$$- \sum_{i=1}^n (\gamma_i \xi_i + \gamma_i' \xi_i^*)$$

对 w、b、ξ_i、ξ_i^* 求取拉格朗日函数的极小值：

$$\frac{\partial L}{\partial w} = w - \sum_{i=1}^{n}(\alpha_i^* - \alpha_i)x_i = 0$$

$$\frac{\partial L}{\partial b} = b - \sum_{i=1}^{n}(\alpha_i^* - \alpha_i) = 0$$

$$\frac{\partial L}{\partial \zeta_i} = \begin{cases} C\dfrac{\zeta_i}{\lambda} - \alpha_i - \gamma_i = 0, & i \in I_1 \\ Cc - \alpha_i - \gamma_i = 0, & i \in I_2 \end{cases} \quad (1\text{-}2\text{-}36)$$

$$\frac{\partial L}{\partial \zeta_i^*} = \begin{cases} C\dfrac{\zeta_i^*}{\lambda} - \alpha_i^* - \gamma_i' = 0, & i \in I_1 \\ Cc - \alpha_i^* - \gamma_i' = 0, & i \in I_2 \end{cases}$$

将式（1-2-36）求解的相应参数带入到式（1-2-35），得到其较为简单的对偶优化问题，然后通过引进核函数，可以将其转化为如下多约束优化问题：

$$\max \quad Q = \sum_{i=1}^{n} y_i(\alpha_i^* - \alpha_i) - \sum_{i=1}^{n}\varepsilon(\alpha_i^* + \alpha_i) + \frac{\lambda}{2C}\sum_{i\in I_1}((\alpha_i)^2 + (\alpha_i^*)^2)$$

$$- \frac{1}{2}\sum_{i,j=1}^{n}(\alpha_i^* - \alpha_i)(\alpha_j^* - \alpha_j)(K(x_i, x_j) + 1) \quad (1\text{-}2\text{-}37)$$

$$s.t. \quad 0 \leqslant \alpha_i, \alpha_i^* \leqslant Cc \quad (i = 1, 2, \cdots, n)$$

$$\xi_i, \xi_i^* \geqslant 0$$

研究表明，将 $b^2/2$ 加入到调整项中对支持向量机的解影响不大。由以上推导可知，相比标准支持向量回归的优化问题，虽然式（1-2-37）的目标函数相对复杂一些，但是同时减少了一个约束条件，因此能在一定程度上提高学习速度。

由式（1-2-36）可求出估计函数中参数 b 的值为：

$$b = \sum_{i=1}^{n}(\alpha_i^* - \alpha_i) \quad (1\text{-}2\text{-}38)$$

最后，通过学习训练得到的回归估计函数为：

$$f(x) = \sum_{i=1}^{n}(\alpha_i^* - \alpha_i)(K(x, x_i) + 1) \quad (1\text{-}2\text{-}39)$$

（4）性能分析实验

通过上述分析发现，调整后的损失函数在保证估计值具有稀疏性的同时，能极大地消除异常值的影响，提高对噪声的抗干扰能力，增强了算法的稳健性。而改进后的最优化问题能减化约束条件，降低计算的复杂度，进而加快求解速度，提高学习效率。本章通过性能分析实验对此进行验证。

样本数据由函数 $f(x)=\cos e^x$ 生成，这是一个常用于回归性能测试的经典函数。取 $x\in[0,5]$ 等距分布，如图 1-2-6 所示。

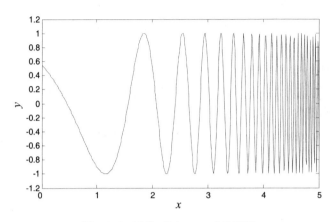

图 1-2-6 函数 $f(x)=\cos e^x$ 的图像

为了对改进的支持向量回归和标准支持向量回归的估计效果进行比较，本章利用相关系数 R 来反映回归估计性能的优劣。相关系数 R 值越接近 1，说明回归估计的精度就越高。

1）学习速度

实验首先比较了改进支持向量回归与标准支持向量回归的学习速度。以径向基函数为核函数，并取核函数参数 $\delta=0.1$，不敏感参数 $\varepsilon=0.1$，当惩罚因子 C 在 $[10^0,10^9]$ 变化时，用上述两种方法对测试函数进行回归估计，耗时如图 1-2-7 所示。

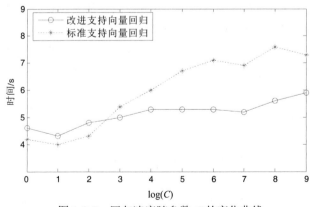

图 1-2-7 回归速度随参数 C 的变化曲线

由于式（1-2-37）比式（1-2-28）复杂，惩罚因子 C 的取值将在一定程度上影响支持向量回归的精度，由图 1-2-7 可以看出，当惩罚因子 C 取值较小时，此时用标准支持向量回归进行估计所需的学习时间比改进支持向量回归少，但相差不大。当惩罚因子 C 的取值大于 10^3 时，标准支持向量回归进行估计所需的学习时间将远远多于改进支持向量回归，其平均学习时间为 6.7 秒左右，而改进支持向量回归进行估计的平均学习时间只有 5.4 秒左右。由此可以得出，改进支持向量回归在学习速度上比标准支持向量回归具有一定的优势。

为了进一步证实以上结论，实验取惩罚因子 C 为较大值，核函数参数在 $\delta = [0.1, 1]$ 之间变化时，对改进支持向量回归与标准支持向量回归的学习速度进行了比较，两种方法对测试函数进行回归估计的学习速度随核函数参数 δ 变化曲线如图 1-2-8 所示。

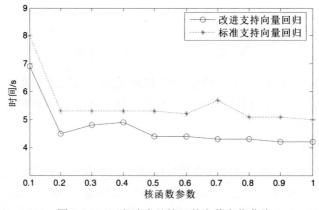

图 1-2-8　回归速度随核函数参数变化曲线

由图 1-2-8 可以看出，在这种情况下进行回归估计，标准支持向量回归的学习时间始终比改进支持向量回归的学习时间要多。

由图 1-2-7 和图 1-2-8 可以得出：改进支持向量回归与标准支持向量回归相比在学习速度上具有一定的优势，而且当惩罚因子 C 逐步增大时，这种速度上的优势体现得越来越明显。

2）回归估计精度

前面通过实验证明了改进支持向量回归在学习速度上较标准支持向量回归具有一定的优势。为了进一步挖掘改进支持向量回归的优越性，本章对两者的回归估计精度进行了比较。

仍然以径向基核函数为核函数，并取不敏感参数 $\varepsilon = 0.1$。当核函数参数 δ 和惩罚因子 C 取值不同时，用上述两种方法对测试函数进行回归估计，比较结果如表 1-2-2 所示。

表 1-2-2　两种回归算法的 R 值比较

	$\delta = 0.1$		$\delta = 0.5$		$\delta = 1$	
	改进算法	标准算法	改进算法	标准算法	改进算法	标准算法
$C = 1$	0.7395	0.6259	0.5354	0.4833	0.3753	0.4083
$C = 10$	0.7416	0.6631	0.5593	0.5230	0.4283	0.4543
$C = 10^3$	0.6848	0.6944	0.5645	0.5718	0.4561	0.5107
$C = 10^6$	0.6812	0.3205	0.5999	0.6025	0.4704	0.5507
$C = 10^9$	0.6201	0.3291	0.6262	0.2392	0.5387	0.1900

从表 1-2-2可以看出，不同的核函数参数 δ 值对回归效果的影响很大。随着核函数参数 δ 的减小，相关系数 R 值会逐步增大，表明回归精度有所提高，估计值更接近原函数的曲线。而不同的惩罚因子 C 值会改变回归性能，但若惩罚因子 C 值过高，支持向量回归的性能反而有可能会降低。因此，选取一个合适的惩罚因子对回归分析过程同样是非常重要的。

此外，当惩罚因子 C 取较小值时，虽然在学习速度上，标准支持向量回归的耗时相比改进支持向量回归要略少一些，但两种算法的精度基本上是相当的。然而在惩罚因子 C 取值较大时，显然此时改进支持向量回归的回归精度比标准支持向量回归高得多。

2.1.4　基于差分进化的模型参数优选

前面的研究中发现，误差惩罚因子 C 和核函数的参数是影响支持向量回归性能的关键因素。核函数参数 δ 反映了支持向量之间的相关程度，其值大小与样本数据在高维特征空间中分布的复杂程度有密切关系，核函数参数 δ 过大，则支持向量间的相互影响较强，回归模型将难以达到要求的精度；核函数参数 δ 过小则会导致学习机器相对复杂，推广能力将无法得到保证。而误差惩罚因子 C 的作用是在确定的特征空间中调节学习机器的经验风险和置信范围的比例，它反映了算法对样本误差的惩罚程度，其值会影响模型的复杂性和稳定性。惩罚因子 C 越小则惩罚越小，训练误差将会变大；惩罚因子 C 越大则对数据的拟合程度越高，但模型的泛化能力将会降低。因此要想使支持向量回归函数具有良好泛化能力，首先要通过选择合适的核函数参数 δ 来将样本数据映射到一个确定的高维特征空间中，然后再针对该特征空间的特点来寻找大小恰当的惩罚因子 C，以使学习机器的经验风险和置信范围具有最佳比例。

差分进化（Differential Evolution，DE）算法是一种基于群体差异的启发式随机搜索算法，具有原理简单、受控参数少、鲁棒性强等优点，能实施随机、并行、直接的全局搜索且易于编程实现，其流程如图 1-2-9 所示，目前已成为求解非线性、不可微、多极值和高维复杂函数的有效方法。

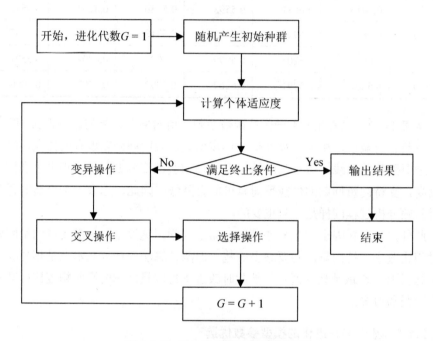

图 1-2-9 差分进化算法基本流程图

从图 1-2-9 可以看出，差分进化算法的整体结构与遗传算法十分类似。两者的主要区别在于变异操作，差分进化算法在变异操作方面使用差分策略，即利用种群中个体间的差分向量对个体进行扰动，以实现个体变异。这种变异方式能有效地利用群体分布特性，提高算法的搜索能力，进而避免遗传算法中变异方式的不足。许多学者从理论和实验角度也验证了差分进化算法在寻优计算中，能比遗传算法更有效地跳出局部最优值，克服了遗传算法的早熟现象。

为了使支持向量回归模型具有最佳的预测性能以得到目标最优值，本章利用差分进化算法对 δ 和 C 进行优化。构造模型参数优化的差分进化算法步骤以下：

Step 1 确定各变量取值范围。

Step 2 设定种群数目 n，一般取为 20～50 个。

Step 3 种群初始化。将核函数参数 δ 和惩罚因子 C 映射到差分进化算法的染色体串，令 $X_i(t)$ 为第 t 代的第 i 个染色体，则 $X_i(t) = \left\{ x_{i,1}(t), x_{i,2}(t) \right\}$。初始种群中

个体 $x_{i,j}(0)$ 的设计变量取其上下边界内随机分布的值来生成初始群体。

Step 4 变异操作。设当前的演化个体为 $X_i(t)$，从该代种群中随机选取 3 个染色体 $X_{p1}(t)$、$X_{p2}(t)$ 和 $X_{p3}(t)$，且 $i \neq p1 \neq p2 \neq p3$，然后将后两个个体向量的差值经过缩放后选加到第一个个体向量上，得到变异后的个体 $U_i(t+1)$ 如下所示：

$$u_{i,j}(t+1) = x_{p1,j}(t) + \eta\left[x_{p2,j}(t) - x_{p3,j}(t)\right] \tag{1-2-40}$$

其中，η 为缩放因子，通常取值范围为[0,2]。这种变异方法既能保证变异后染色体的可行性，又有利于算法跳出局部最优值。

Step 5 交叉操作。将变异后的个体 $U_i(t+1)$ 与种群中的个体 $X_i(t)$ 以离散交叉方式进行操作，生成交叉个体 $C_i(t+1)$ 以增加种群的多样性，该个体的第 j 个分量为：

$$c_{i,j}(t+1) = \begin{cases} u_{i,j}(t+1), & rand_{i,j}(0,1) \leqslant CR \quad 或者 \quad j = rand(i) \\ x_{i,j}(t), & 其他 \end{cases} \tag{1-2-41}$$

其中，$rand_{i,j}(0,1)$ 为[0,1]区间的随机数，CR 为交叉概率，一般取值范围为[0,1]，大小一般需要预先确定。$rand(i)$ 在本章中为[1,2]区间的随机整数，以保证 $C_i(t+1)$ 至少有一维变量由 $U_i(t+1)$ 贡献，否则 $C_i(t+1)$ 有可能与 $X_i(t)$ 相同而无法生成新个体。如此操作既保证了优良基因的遗传，同时也增加了种群跳出局部最优值的概率。

Step 6 适应度函数的确定。在实际应用中，通常采用平均相对变动值（Average Relative Variance，ARV）来衡量预测值与实测值的差别，其定义为：

$$ARV = \frac{\displaystyle\sum_{i=1}^{n}\left[x(i) - \hat{x}(i)\right]^2}{\displaystyle\sum_{i=1}^{n}\left[x(i) - \bar{x}(i)\right]^2} \tag{1-2-42}$$

式中，n 表示比较数据个数；$x(i)$ 表示实测数据值；$\bar{x}$ 表示实测数据平均值；$\hat{x}(i)$ 表示预测值。显然，ARV 越小就表明预测效果越好，所以可以将适应度函数定义如下：

$$f = \frac{1}{ARV} \tag{1-2-43}$$

Step 7 选择操作。差分进化采用"贪婪"算法为搜索策略，经过变异与交叉操作后生成的个体 $C_i(t+1)$ 与 $X_i(t)$ 进行竞争，只有当 $C_i(t+1)$ 的适应度比 $X_i(t)$ 更优时才会被选作子代；否则，直接以 $X_i(t)$ 为子代。本章选择操作的方程为

$$x_{i,j}(t+1) = \begin{cases} c_{i,j}(t+1), & f(c_{i,j}(t+1)) \geqslant f(x_{i,j}(t)) \\ x_{i,j}(t), & 其他 \end{cases} \tag{1-2-44}$$

反复执行步骤 Step4~Step7，直到满足终止条件。

2.1.5 实例分析

（1）小波分解

根据支持向量回归和长江宜昌站多年月径流资料，建立长江月径流耦合预测模型。分析序列采用长江宜昌站 53 年（1951~2003 年）月径流资料。本次建模样本长度为 50 年（1951~2000 年），其余作为检验样本，具体过程如下：

1）原始时间序列小波分解

针对以上径流序列，本章采用 db4 为母小波，取尺度数为 3，用 Mallat 快速算法对径流序列作一维小波分解，然后分别提取一维小波变换低频和高频系数，再对一维小波系数进行单支重构，得小波分解序列。

2）分解序列的支持向量回归预测

借鉴自回归模型的定阶方法，本章引入 AIC 准则来选定回归预测模型的阶数。另外，根据经验分析，模型的阶数一般可在 $[n/10, n/4]$ 内取值（n 为样本容量），当 $n \leqslant 50$ 时，常取 $n/4$ 左右。因此，本章选择样本回归阶数为 12，然后对序列建立学习样本。

对学习样本进行支持向量回归预测模型的训练和预测。以低频部分为例，选择高斯径向基函数，并取不敏感系数 $\varepsilon = 0.01$，惩罚系数 $C \in [1, 1000]$，核函数参数 $\delta = [0.1, 10]$。采用差分进化对模型参数进行优选，设定种群规模为 30，交叉概率 $CR = 0.4$，缩放因子 $\eta = 0.7$，进化代数 $G = 1000$ 得到 $C \approx 198$，$\delta \approx 2.26$。

3）重构原始序列实现耦合预测

根据低频项和高频项的预测结果，利用小波重构公式得到原始序列的预测部分。

（2）实验结果

为了体现耦合预测算法的优势，本章还选择标准支持向量回归和 BP 神经网络对相同样本进行了预测比较，结果见图 1-2-10。

由图 1-2-10 可以看出，耦合预测模型的预测合格率为 91.7%；标准支持向量回归的预测效果次之，为 86.1%；BP 神经网络的预测合格率最低，仅为 63.9%。相对误差方面，耦合预测模型表现最佳，平均相对误差（绝对值）为 10.7%；其次是标准支持向量回归，其平均相对误差（绝对值）为 15.3%；而 BP 神经网络预测结果的平均相对误差（绝对值）达到 29.8%。

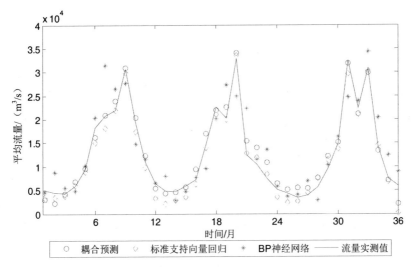

图 1-2-10　宜昌站 2000～2003 年各月平均流量预测结果

2.2　径流时间序列的混沌区间预测

　　近年来，随着人工智能的进一步发展，模糊集、专家系统、进化算法和人工神经网络等智能算法被广泛应用于水文预测，一些学者尝试着对水文时间序列的混沌特性及其非线性预测进行研究，以局域映射函数或全局映射函数来模拟确定性的混沌规则，进而推测下一点的水文要素值。但这些方法所得到的预测结果都是确定性的，属于点预测范畴，其缺点是局部邻域大小的确定具有任意性，且必须模拟确定性的混沌规则而无法控制其误差。实际上，由于预测的超前性，进行区间预测更加符合客观需求。

　　本章根据径流的混沌动力特性，结合相空间重构方法和聚类算法，提出了一种混沌水文时间序列区间预测模型，其基本思想如下：首先利用自相关函数法求取时间延迟，用 Cao 方法计算嵌入维数，以重构径流时间序列的相空间；然后根据 PBMF 聚类有效性指标确定聚类数目，并采用密度函数法选择初始聚类中心，通过聚类算法确定当前时刻相点的相似状态；最后根据混沌局域预测方法，动态得到未来某一时刻流量的取值区间，并给出相应的区间风险度。这样可以避免混沌预测方法中，相空间重构参数选取和相似相点判断方法等不确定性因素的影响。

2.2.1　混沌区间预测可行性

设混沌时间序列为 $\{x(t), t=1, 2, \cdots, n\}$，选择合适的时间延迟 τ 和嵌入维数 m 对其进行相空间重构，得到重构后的相空间向量如下：

$$X(t)=\{x(t), x(t+\tau), \cdots, x(t+(m-1)\tau)\} \quad t=1, 2, \cdots, n-(m-1)\tau \quad （1\text{-}2\text{-}45）$$

由嵌入定理可知，只要时间延迟 τ 和嵌入维数 m 选择合适，重构后的相空间将和原系统相空间微分同胚，它们的动力学特性在定性意义上完全相同。因此我们可以认为存在映射 $F: R^m \rightarrow R$，使得：

$$X(t+\lambda)=F\{X(t)\} \quad （1\text{-}2\text{-}46）$$

式中，λ 表示所需要的预测步长。

假设通过聚类方法将相空间中的相点聚类成多个集合，当前时刻相点 $X(t)$ 所在类的状态矢量记为 $X(t_i)$（$i=1, 2, \cdots, K$），K 为最邻近点数，$X(t_i)$ 称为 $X(t)$ 的相似状态，取

$$X_{\max}=\max_{1<i\leqslant K} X(t_i+\lambda)，\quad X_{\min}=\min_{1<i\leqslant K} X(t_i+\lambda) \quad （1\text{-}2\text{-}47）$$

$[X_{\min}, X_{\max}]$ 即为初始预测区间。

定义 1.2.2　设 G 为聚类得到的一个集合，如果对任意的 $X(t), X(t') \in G$，有 $d_{t,t'}=\|X(t)-X(t')\|<\delta$，则称 δ 为聚类阈值。

定义 1.2.3　假设 $[X_{\min}, X_{\max}]=[a, b]$，如果子区间 $[c, d] \subset [a, b]$，且落在区间 $[c, d]$ 内的状态点有 l 个，则将来状态 $X(t+\lambda)$ 落在预测区间 $[c, d]$ 内的可能性为 l/K，落在预测区间 $[c, d]$ 外的可能性为 $1-l/K$，$1-l/K$ 即为预测区间 $[c, d]$ 的区间风险度。

实际应用中，可根据工程实际需要，通过事先给定预测区间的区间风险度逐渐缩小区间范围，最终得到与给定区间风险度相对应的预测区间。

以下两个定理将证明当映射 F 满足一定条件且最小聚类阈值较小时，有较低的区间风险度，此时区间预测是相当可靠和有效的。

定理 1.2.1　如果 t 足够大，F 连续，且聚类阈值 δ_0 可以任意接近于 0，则 $\forall \varepsilon$，$t+\lambda$ 时刻信号值的预测误差不大于 3ε。

证明：混沌的动态系统存在着整体吸引子 A，由整体吸引子的定义，如果 t 足够大，必使得 $X(t)$ 及其相似状态 $X(t_i)$（$i=1, 2, \cdots, K$）均落在吸引子 A 内。又因为 A 为闭集，所以 F 为 A 上的一致连续映射。$\forall \varepsilon$，$\exists \delta$，当 $\|X(t)-X(t_i)\|<\delta$，有

$$\|F(X(t))-F(X(t_i))\|<\varepsilon \quad （1\text{-}2\text{-}48）$$

因此，由类的定义，当取阈值为 δ_0 时，有

$$\left\| X(t+\lambda) - X(t_i+\lambda) \right\| < \varepsilon \ (i=1,2,\cdots,K) \tag{1-2-49}$$

即 $X_{\min} - \varepsilon < X(t+\lambda) < X_{\max} + \varepsilon$。

令 $I \in [X_{\min} - \varepsilon, X_{\max} + \varepsilon]$，又当 $\left\| X(t_i) - X(t_j) \right\| < \delta$，同样有

$$\left\| F(X(t_i)) - F(X(t_j)) \right\| < \varepsilon \tag{1-2-50}$$

式中，$X(t_i)$，$X(t_j)$ 为当前时刻相点 $X(t)$ 的第 i 个和第 j 个邻近点。因而

$$X_{\max} - X_{\min} < \varepsilon \tag{1-2-51}$$

即 $I < X_{\max} - X_{\min} + 2\varepsilon < 3\varepsilon$，命题得证。

定理 1.2.2 假设 F 满足 Lipsithz 条件（Lipsithz 常数为 L），且最小聚类阈值 δ 较小，则 $X(t+\lambda)$ 的预测误差不大于 $3L\delta$。

证明： 由已知条件以及类的定义，以下两式成立：

$$\left\| F(X(t)) - F(X(t_i)) \right\| < L，\quad \left\| X(t) - X(t_i) \right\| < L\delta \tag{1-2-52}$$

$$\left\| F(X(t_i)) - F(X(t_j)) \right\| < L，\quad \left\| X(t_i) - X(t_j) \right\| < L\delta \tag{1-2-53}$$

由上式可得 $X(t+\lambda) \in [X_{\min} - L\delta, X_{\max} + L\delta]$，进而得

$$X_{\max} - X_{\min} < L\delta \tag{1-2-54}$$

因此，$X(t+\lambda)$ 的预测误差不大于 $3L\delta$。

2.2.2 径流时间序列区间预测

混沌区间预测的基本思想如下：首先计算序列的时间延迟 τ 与嵌入维数 m，并把观测到的序列嵌入到 m 维的相空间中，然后在相空间中获得当前相点的多个相似状态，经过分别预测后得到多个预测值，最后根据这些预测值来构造区间预测结果，并给出相应评价标准（可靠度）。具体过程如图 1-2-11 所示。

（1）混沌预测方法

混沌预测就是在重构的相空间中找到一个非线性模型来逼近系统的动态特性，以实现一定时期内的预测。

理论上满足式（1-2-46）的映射 F 是唯一的，但实际上，由于数据的有限性，F 不可能真正求得，而只能通过构造充分逼近 F 的映射 $\hat{F}: R^m \to R$ 来代替。

常用的映射 $\hat{F}$ 构造方法有全域法和局域法两种，两种方法相比而言，局域法的预测性能通常更好，其主要思想是将最后一个相空间轨迹点作为中心点，并统计离该点最近的 K 个轨迹点 $X(t_1), X(t_2), \cdots, X(t_K)$，以此作为该点的相关点，然后通过这些相关点来构造映射 $\hat{F}: X(t_i) \to X(t_i + \lambda)$，最后由式（1-2-146）即可求得预测值 $X(t+\lambda)$。

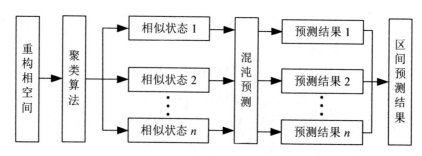

图 1-2-11 区间预测的混沌方法

然而，在局部预测中存在着相似状态个数 K 的选取以及怎样确定相似状态问题，这些对预测的误差都有较大影响。为解决这个问题，本章通过引入聚类分析来确定相似状态。

（2）相似状态确定

聚类分析（Cluster Analysis）是指根据事物本身的特性来研究个体分析的方法。其原则是使同类中的个体有较大的相似性，而不同类中个体的差异很大。通过将物理或抽象对象的集合转变为由相似对象组成的多个类，人们能够识别出密集和稀疏的区域，发现对象的全局分布模式以及数据属性间的相互关系。

人们已经提出了多种聚类算法，其中以系统聚类法应用最为广泛，其基本思想如下：首先规定类间的距离，各样本自成一类，然后将距离最小的两个类合并为一个新类，并计算新类与其他类之间的距离，再合并距离最小的两个类，依此类推，直到所有的相点都归为一类或达到所需的分类数为止。

对相空间中的点进行分类时，点间距常用欧氏距离表示。然而有学者经论证认为，应用关联度选择相似状态优于欧氏距离，为了提高预测精度，本章以关联度代替欧氏距离对相空间向量进行聚类。关联度的计算如下：

定义 1.2.4 设 X_0, X_i 分别为 m 维相空间中的相点，则

$$\xi_i(k) = \frac{\min_i \min_k |x_0(k) - x_i(k)| + \rho \max_i \max_k |x_0(k) - x_i(k)|}{|x_0(k) - x_i(k)| + \rho \max_i \max_k |x_0(k) - x_i(k)|} \quad (1-2-55)$$

表示相点 X_0 与 X_i 在 k 点时的关联系数。ρ 为分辨系数，在最小信息原理下，$\rho = 0.5$。称

$$r_i = \frac{1}{m} \sum_{k=1}^{m} \xi_i(k) \quad (1-2-56)$$

为相点 X_0 与 X_i 的关联度。

（3）聚类有效性指标

聚类分析的一个重要环节就是找到数据中客观存在的类别数目。实际上，目前大多数聚类算法都是以聚类数目或类别数目已知为前提，而不考虑数据集是否具有可分性以及假定的聚类数目是否合适。因此，这种假设是非常不合理的。聚类有效性指标的提出就是为了解决聚类算法需要事先假定聚类数的问题。根据聚类有效性指标选择的最优聚类数，可以准确、客观地描述样本集的结构。

聚类有效性指标一般分为两大类：一类是有效性指标只和隶属度有关系；另一类有效性指标既包含了隶属度的信息，同时又包含了数据集的信息。通过 Benchmark 数据对多个指标进行仿真研究，本章采用由 Pakhira 等提出的 PBMF 聚类有效性指标。

假设 $X = \{x_1, x_2, \cdots, x_n\}$ 表示 m 维的 n 个数据样本，$U = \left[u_{i,j}\right]_{c \times n}$ 表示数据样本的隶属度矩阵，$u_{i,j}$ 为第 j 个数据向量属于第 i 类的隶属度，$V = \{v_i\}$ 表示聚类中心集合，v_i 为第 i 个聚类中心的 m 维数据向量，则 PBMF 聚类有效性指标的函数表达式为：

$$PBMF(c) = \frac{1}{c} \times \frac{E_1}{J_s} \times D_c \qquad (1\text{-}2\text{-}57)$$

式中，c 为聚类数目，其值最大一般不应超过 $\sqrt{n}$。E_1 为数据样本的误差平方函数，J_s 为模糊加权误差平方函数，D_c 为数据中心最大间距，表达式如下：

$$E_1 = \sum_{j=1}^{n} \left\| x_j - v \right\|$$

$$J_s = \sum_{j=1}^{n} \sum_{i=1}^{c} (u_{i,j})^s \left\| x_j - v_i \right\| \qquad (1\text{-}2\text{-}58)$$

$$D_c = \max_{i,k=1}^{c} \left\| v_i - v_k \right\|$$

其中，$\|\cdot\|$ 表示欧氏距离，s 为模糊指数，其最佳取值范围为[1.5, 2.5]，一般设置为 2。v 为所有数据样本的中心，表达式为：

$$v = \frac{1}{n} \sum_{j=1}^{n} x_j \qquad (1\text{-}2\text{-}59)$$

合理的聚类结果希望在增加紧密性和间隔性的同时保持尽量小的簇数目。由式（1-2-57）可知，PBMF 指标函数由三个因子构成，分别为 $1/c$、E_1/J_s 和 D_c。第一个因子表明系统的可分性，它随着聚类数目 c 的增加而减少；第二个因子表示类内距离比值，分母随着 c 增加而减少，从而使得该因子随着 c 增加而减少，分子为常值，其作用是防止该因子出现过小情况。该因子反映了类内数据的紧密性，从紧密性角度来说希望该因子越大越好；第三个因子表示类间最大距离，用于度量各个类之间的分离性或间隔性，其值同样希望越大越好。

若 c 增加，则 J_s 减小且 D_c 增大，即第一个因子的减小将导致第二、三因子的增大，这也正是实现合理聚类所期望出现的情况。因此，通过最大化 PBMF 指标，可以得到紧密性和间隔性好且聚类数目合适的聚类结果。

（4）初始聚类中心选择

从某种程度上说，聚类算法可看作是初始聚类中心到聚类结果的映射。如果初始中心与数据真正的类别中心接近，则算法的准确性和收敛速度都将得到较大改善。

在有关文献给出的聚类中心初始化方法中，其势函数以指数运算为基础，在样本较大的情况下，这会明显地影响到算法的速度。为此，本章采用密度函数法来初始化聚类中心。定义样本点 x_i 处的密度函数为：

$$D_i^{(0)} = \sum_{j=1}^{n} \frac{1}{1 + f_d \left\| x_i - x_j \right\|^2} \tag{1-2-60}$$

式中，$f_d = 4 / r_d^2$，r_d 为空间密度有效半径，表达式如下：

$$r_d = \frac{1}{2} \sqrt{\frac{1}{n(n-1)} \sum_{j=1}^{n} \sum_{i=1}^{n} \left\| x_i - x_j \right\|^2} \tag{1-2-61}$$

由式（1-2-61）可知，x_i 周围的样本点越密集，则 $D_i^{(0)}$ 的值就越大，故密度函数的大小可以用来表示样本点在样本空间中的密集程度。

令 $D_1^* = \max \left\{ D_i^{(0)}, \quad i = 1, 2, \cdots, n \right\}$，取对应的 x_i^* 为第一个初始聚类中心，则后续初始聚类中心的密度函数关系式如下：

$$D_i^{(k)} = D_i^{(k-1)} - \frac{D_k^*}{1 + f_d \left\| x_i - x_k^* \right\|^2} \quad (k = 1, 2, \cdots, c-1) \tag{1-2-62}$$

式中，c 为聚类数目，$D_k^* = \max \left\{ D_i^{(k-1)}, \quad i = 1, 2, \cdots, n \right\}$，对应的 x_k^* 为第 k 个初始聚类中心。

由式（1-2-60）～式（1-2-62）可以看出，密度函数法的原理与势函数方法相类似，但运算量却比势函数法要少很多。

（5）区间预测步骤

根据上述描述，区间预测算法的步骤大致如下：

Step 1　计算径流序列的延迟时间 τ 和嵌入维数 m 以重构相空间；

Step 2　根据最大 PBMF 指标确定合适的聚类数目；

Step 3　采用密度函数法初始化聚类中心；

Step 4　利用系统聚类法对相空间向量进行聚类，寻找与当前时刻预测相点状态相类似的相点作为邻近点；

Step 5　使用加权一阶局域预测法对所有邻近点进行预测，根据预测结果 $X(t_i + \lambda)$（$i = 1, 2, \cdots, K$）来构建预测区间 $[X_{\min}, X_{\max}]$。

Step 6　计算未来状态落在预测区间 $[X_{\min}, X_{\max}]$ 内的个数，进而求得区间风险度。

2.2.3　实例分析

实例数据采用长江宜昌站 122 年（1882～2003 年）共 1464 个月的径流资料。为检验本章区间预测算法的效果，采用 2001 年以前的样本数据对 2001～2003 年 36 个月的平均流量进行预测，并与实际值进行比较。

首先计算径流时间序列的相空间重构参数，本章采用自相关函数法求得序列的时间延迟为 3，采用 Cao 方法已求得该序列的嵌入维数为 13，然后根据时间延迟和嵌入维数来重构相空间，最后根据关联度对序列进行聚类并用于预测。

为了考察相似状态个数、阈值等对区间预测结果的影响，本章在三种不同的阈值下进行了区间预测对比。

（1）关联度 $r = 0.85$

采用聚类分析方法，得到与当前时刻预测相点状态相类似的相点，将这些类似相点作为当前时刻预测相点的相似状态，通过混沌预测方法计算得到每个相似状态的预测值，并根据这些预测值构造区间预测结果。上述预测结果曲线族的包络曲线与实际值曲线如图 1-2-12 所示，预测区间完全包含了 3 年总计 36 个径流实际值的点，各点的区间风险度如图 1-2-13 所示。

（2）关联度 $r = 0.92$

采用聚类分析方法，得到与当前时刻预测相点状态相类似的相点，将这些类似相点作为当前时刻预测相点的相似状态，通过混沌预测方法计算得到每个相似状态的预测值，并根据这些预测值构造区间预测结果。上述预测结果曲线族的包络曲线与实际值曲线如图 1-2-14 所示，预测区间包含了 36 个径流实际值点中的 33 个点，各点的区间风险度如图 1-2-15 所示。

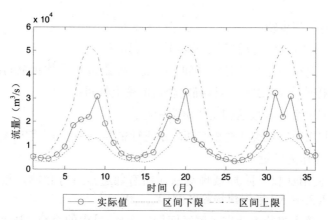

图 1-2-12 区间预测结果上限与下限曲线($r = 0.85$)

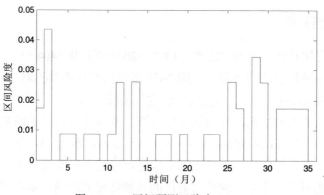

图 1-2-13 区间预测风险度($r = 0.85$)

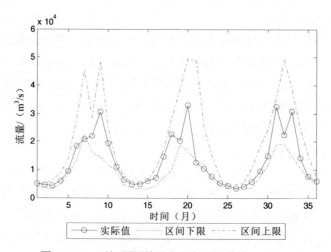

图 1-2-14 区间预测结果上限与下限曲线($r = 0.92$)

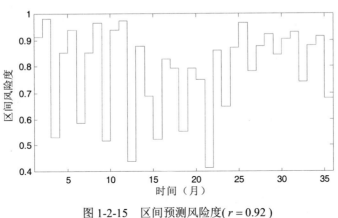

图 1-2-15　区间预测风险度（$r = 0.92$）

（3）关联度 $r = 0.93$

采用聚类分析方法，得到与当前时刻预测相点状态相类似的相点，将这些类似相点作为当前时刻预测相点的相似状态，通过混沌预测方法计算得到每个相似状态的预测值，并根据这些预测值构造区间预测结果。上述预测结果曲线族的包络曲线与实际值曲线如图 1-2-16 所示，预测区间包含了 36 个径流实际值点中的 20 个点，各点的区间风险度如图 1-2-17 所示。

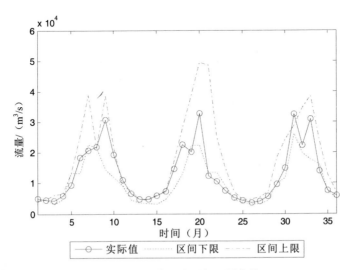

图 1-2-16　区间预测结果上限与下限曲线（$r = 0.93$）

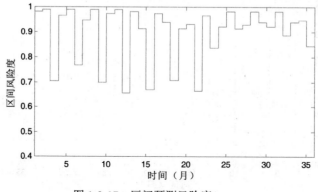

图 1-2-17   区间预测风险度($r = 0.93$)

第二篇　水电能源系统优化调度决策的先进理论与方法

　　水电能源不仅是洁净、廉价、可再生的绿色环保能源，同时也是电力系统理想的调峰、调频、事故备用电源，对电网的安全稳定运行具有重要作用。水电站优化调度是水力发电企业生产技术管理和电力营销中的一项重要工作，是发挥电站潜力、充分利用水电多发洁净电能、减少其他能源消耗的有效措施。国内外实践表明，优化调度一般可增加 1%～7% 的发电效益。梯级水电站上下游水力、电力联系复杂，电站之间具有补偿和协调能力，使得其运行方式灵活多变，在电力系统的经济运行中发挥着非常重要的作用。梯级电站的联合优化调度不仅能够为水电企业带来巨大的经济效益，而且还对缓解电网丰枯、峰谷矛盾，提高电网的调峰、调频和事故备用等安全稳定运行能力，以及防洪、生态环境都有重大的影响。

　　流域梯级联合调度决策是在水文循环、发电控制、电网安全、电能需求、市场交易规则、以及用电行为等约束条件下的大型、动态、非凸、非线性的多目标不确定性决策问题，较传统水电能源优化调度复杂得多，国内外众多学者一直致力于研究能有效解决上述问题的各种方法。然而，流域梯级水电系统中复杂目标的相互冲突和约束条件的耦合作用使得问题的描述和模型的求解极为困难，至今几乎没有令人满意的解决方法，亟待进一步发展新的理论并探索其技术实现方法。因此，流域梯级复杂水电能源系统多目标调度决策的理论与方法的研究始终是学术前沿的热点问题。本篇借助当代信息科学技术方法与手段，研究水电能源系统优化调度的理论与方法，进而探索一种水电能源系统调度的新模式，无论从电力工业的发展需要和电力系统实际运行管理上看，都是迫切需要解决的课题。

　　本篇的主要研究内容如下：

　　（1）针对现有多目标进化算法在求解流域梯级联合调度等复杂大规模优化问题时存在计算复杂度高、非劣解多样性差和难以处理复杂约束条件等问题，因而提出了一种新的多目标进化算法——自适应网格多目标粒子群优化（AG-MOPSO）算法，其核心内容包括非劣解密度自适应网格估计算法及其基于非劣解密度信息的 Pareto 最优解搜索方法和非劣解多样性保留方法。通过对典型测试函数的计算表明，AG-MOPSO 算法处理大规模复杂优化问题时，在收敛性能、计算效率等方面，较有代表性的多目标进化算法有不同程度的改善。

（2）针对传统调度决策方法不能有效处理梯级联合调度决策问题中的不确定性因素、缺乏柔性和鲁棒性差等缺点，系统地研究并提出了集对分析联系数相似程度刻画、排序以及基于集对分析多属性决策的理论与方法，导出了联系数贴近度函数的若干典型计算公式，获得了一种基于相对可能势的联系数排序方法和基于联系数决策矩阵的多属性决策模型，研究成果不仅丰富了集对分析的基础理论，而且为不确定多属性决策问题的解决提供了有力的工具。

（3）提出了基于 AG-MOPSO 算法的梯级电站多目标调度模型及其求解方法，通过将梯级电站联合调度中各种约束条件映射到决策变量的可行域，从而使得复杂约束优化问题转换为无约束优化问题，提高了模型求解的收敛效率，使基于 AG-MOPSO 算法的梯级电站多目标调度优化的工程应用成为可能。以三峡梯级电站调度问题为应用背景，得到了相应调度问题的非劣调度方案集，为梯级电站的多属性决策提供数量依据。

（4）在提出的广义集对分析多属性决策理论与方法的基础上，根据梯级水电系统的运行环境、运行时期以及决策层次的要求，实现对梯级电站多目标调度方案集的排序优选，并通过不确定演化因子对决策结果的敏感性分析，找出影响调度决策的关键因素，进而获得决策者最终满意的调度方案，为梯级电站多目标调度决策问题的解决提供了一条新的途径。

第 1 章 梯级电站调度决策的研究现状及面临的挑战

1.1 水电能源系统调度决策的研究现状

水库（群）优化调度方法于二十世纪四十年代在国外提出，五十年代中期创立了系统工程，并在水库（群）优化调度中得到广泛应用，根据水库（群）运行的不同要求，可以分为单目标调度和多目标调度两类，优化调度的研究也可以分为单目标优化调度和多目标优化调度两种。

单目标优化调度的理论和方法相对成熟，主要有基于数学规划技术的传统调度方法，如等微增率法、协调方程式法、线性规划（LP）、动态规划（DP）、逐步优化算法（POA）、网络流法、大系统分解与协调等[64]。其优点是在理论上比较成熟，工程应用广泛。缺点是缺乏简单性和通用性，难以处理某些特殊约束优化问题，容易受到时间效率、计算机存储能力以及陷入局部最优等方面的限制。随着现代智能优化算法的发展，人工智能方法、进化算法、人工神经元网络、模拟退火等方法的引入为优化调度提供了新的方向[65-71]，这些智能算法以模拟生物或某些自然现象为基础，在搜索效率、并行处理、全局优化能力等方面有较大的提高，但在物理机理、工程实用等方面仍有待进一步研究。

和单目标优化调度相比较，多目标优化调度的研究明显滞后。目前多目标优化调度常用的方法是通过约束法和权重法把多个目标转换成单目标，然后采用单目标优化方法求解，其存在的主要问题是要不断调整决策偏好系数，以获得多目标调度的非劣解集，其中交互式方法是选择多目标最优决策偏好系数的有效方法，可以在不同程度上体现决策者的决策偏好。此外，文献[72]通过模糊满意度方法对多目标优化结果进行评估，认为目标间冲突最少的解最优，该方法只能求得一个满意解，得不到非劣解集。

随着多目标进化算法（MOEAs）[73,74]的发展，基于 MOEAs 的多目标优化调度体现了巨大的优越性，能够在一次计算中得到分布性好的非劣解集，使调度决策人员在作出决策前能够对所有方案进行分析比较成为可能。因此，可以说基于 MOEAs 的多目标优化调度改变了传统水库（群）的优化调度模式，关于这方面的研究成果还不多，文献[75]把 SPEA 和 NSGAII算法应用到水电站的多目标发电调计划的制定中，国内还没有找到相关的研究成果。

调度决策方案集的优选方法主要有模糊优选法[76,77]，其优点是能够方便处理决策矩阵和权重中的模糊信息，主要问题在于不能对优选结果进行稳定性分析，对决策过程中的不确定性信息重视不够。

1.2 水电能源系统调度决策面临的挑战

1.2.1 电力市场环境下梯级电站联合调度的特点

电力市场环境下，梯级电站的运行管理具有如下特点[78,79]：

（1）梯级电站组织生产的目标由追求发电量最大转变为追求收益最大化。

（2）梯级电站的运行由原来的以计划为中心转变为以市场为中心，市场交易计划决定调度计划，市场价格决定电厂的结算价格。

（3）梯级电站运行的内部环境发生了变化，一切与生产相关的工作都能够用市场交易收益来衡量。水库调度在水位控制、机组检修、运行方式安排等方面有更大的自主权和灵活性。外部环境由相对独立变得开放，输电服务的公平性、地理位置的差异等都影响其市场竞争力。

（4）水电的报价与发电量大小有关，电价在一年内随汛枯季节、一天内随峰谷负荷变化，电量的时效性强。水库的调节性能决定了水电站在电力市场中的竞争能力。

（5）梯级水电的调度决策变得更加复杂。除了梯级电站固有的物理环境外，市场需求、竞争对手的策略、长期效益与短期效益的关系都影响调度决策的正确实施。

由此，电力市场环境给梯级电站调度问题带来了新的挑战[80]：

（1）由于以下原因，使得下游电站产生弃水或者发不出合同电量而受到经济处罚：业主不同的水电站由于独立参与电力市场竞争，其报价内容（与水库交易日运行方式密切相关）作为商业机密对外不公开，因此加大了下游电站对未来发电能力估计的难度；现有气象和水文预报条件难以准确预测后一日各时段的入库流量情况，就会造成这些水电站的实际发电能力与签订的现货合同电量有较大的出入。

（2）发电效益与水库综合利用要求的矛盾，如发电与航运、防洪的矛盾。

（3）发电效益取决于系统的结算电价和电量在时间上的分配，使得梯级电站的调度更加复杂。

1.2.2　水电能源系统联合调度对多目标决策方法的挑战

随着电力市场的逐步形成、梯级水电系统的规模日趋庞大以及对其运行的综合要求越来越高，水电能源系统优化调度对优化算法提出了更多、更高的要求。主要表现在以下几个方面：

（1）算法处理大规模问题的能力

水电能源系统优化调度问题的大规模主要表现在：流域梯级联合调度的电站及机组数目众多，且特性各异；在电力市场环境下计算的时段数目增多，如结合日内 96 点边际电价进行电量最优化时空分配问题等。随着调度问题规模的急剧增大，优化问题的复杂性也大大增加，用常规调度算法求解时，维数灾问题的出现不可避免。因此，求解水电能源系统优化调度问题的算法必须有较强的处理大规模问题的能力。

（2）算法处理复杂多目标函数的能力

水电能源系统联合运行的目标除了发电公司的效益外，还涉及到防洪、电网安全、航运、水库的综合利用等诸多方面，目标间存在冲突。水电能源系统调度不再是依据单一的目标，而是不得不权衡各方面的利益，调度结果也由协调各个冲突目标后的折衷解集代替单目标调度的最优解。市场环境下的梯级水电系统是个开放的复杂系统，其生产运行不是孤立的，而是处在一定的自然环境和经济环境之中，具有高度非线性、时变、随机、不确定和强耦合等特性[81]，因此目标函数的描述更加复杂，这些对算法求解复杂多目标函数的能力提出了更高的要求。

（3）算法处理复杂约束条件的能力

市场环境下，水电能源系统联合优化调度除了满足水电能源系统一般的约束条件外，还必须遵循电力市场的运行规则，复杂的约束条件使得决策空间变得很不规则，增加了算法的求解难度。

（4）算法处理非线性、非凸、离散、动态、时滞优化问题的能力

水电能源系统优化调度问题具有非凸、离散、动态以及时滞的非线性特性[64]，动态是因为水电能源系统的约束条件随运行工况、环境参数的变化而不断变化；离散是因为机组的启停限制；非线性非凸是因为机组或（电站）特性是非线性而且非凸的；有时滞是指对水电能源系统的水流过程具有后效性特征，从系统的角度来说就反映出有时滞。

（5）算法的计算效率要求

为了适应市场需求变化，面对市场快速多变的环境，快速求解短期优化调度问题才能应对市场变化的需求，这对算法的时间效率提出了更高的要求。

求解市场环境下水电能源系统多目标优化调度问题的复杂性远远超越单电站单目标的情况，需要在优化算法理论与方法上创新才能满足调度的实际需要。因此，研究收敛性好、计算速度快、实用性强的多目标优化算法具有重要的理论和应用价值。

由于存在由诸如市场电价的不确定性、天然径流过程、用水过程和电网负荷需求的随机性等导致的水电能源系统调度结果的不确定性因素，水电能源系统的调度决策是一种不确定意义下的多目标决策过程，需从不同的角度分析参与市场中的多种目标，根据入库径流的不确定性、市场中电价的波动、梯级各电站的自身约束条件（防洪、航运、灌溉）等，优化调度策略。规划、运行和控制为集中串行式的传统决策方法，缺乏柔性，鲁棒性差，往往可能因为某些个别环节影响系统整体优化运行与决策，而且，对决策过程中的不确定因素缺乏有效的应对方法，往往把不确定性问题转化为确定性问题来分析，从而忽视或人为消除了某些不确定性信息，得到的决策结果存在着不稳定性，可能是非唯一的，甚至是错误的[82]。因此，水电能源系统多目标调度对决策方法提出了新的要求。

1.3 多目标决策及研究现状

1.3.1 多目标决策问题的特点及分类

工程实际面临的决策问题通常有多个目标，如综合利用水利工程的规划、水电能源系统的优化调度等。多目标决策问题的特点主要有[83]：①决策问题的目标多于一个。如水库防洪调度决策中，决策目标包括水库最高水位及高水位历时、调度期末水位、下泄洪峰流量及河道高水位历时、分洪量及分洪最大流量等。②多目标问题的目标间不可公度（non-commensurable），即各目标没有统一的衡量标准或计量单位，因此难以进行比较。例如：在水库防洪多目标决策中，水位的单位为 m，流量的单位为 m^3/s，分洪量的单位为 m^3，历时的单位为小时或者分钟。③各目标间的矛盾性。如果多目标决策问题中存在某个备选方案能使所有目标都能达到最优，即存在最优解，那么目标间的不可共度性倒也不成问题，但是这种情况很少出现，绝大部分多目标决策问题的各个备选方案在各目标之间存在某种矛盾，即如果采用一种方案去改进某一目标的值，很可能会使另一目标的值变坏。例如，在水电能源系统优化调度中，就发电而言希望水库尽量保持最高水位，以满足电站充分出力，但对于有防洪任务的水库，则要求水库在汛期以较低的水位运行，留出更多的防洪库容以在遭遇大洪水时保证大坝的安全和防洪保护区的洪灾损失最小。随着生产技术与社会的发展，决策问题变得越来越复杂，多目标决策问题出现了以下新特点：系统的规模越来越大；最前沿、多学科相互交叉；决策过程中出现许多随机不确定模糊信息等。

多目标决策问题一般按照决策问题的备选方案数来划分。一类是多属性决策问题（multi-attribute decision making problems），这类问题的决策与偏好结构相联系，从事先拟定的有限方案中进行显式选择的决策，也称之为有限方案决策问题（multi-objective decision making problems with finite alternative）。另一类是多目标优化问题，这一类决策问题与多目标规划相联系，是从无限方案集中隐式求解的决策方法，也称之为无限方案多目标决策问题（multi-objective decision making problems with infinite alternative）。以上两种决策问题也可以统称为多准则决策问题（multi-criterion decision making problems）[83,84]，在不引起混淆的情况下，本文统称为多目标决策问题。

多目标决策问题的求解过程一般可以分为两个阶段，在第一阶段里，不考虑目标间的权重信息，采用多目标优化算法，客观地搜索整个决策空间中的非劣解集，然后用决策问题里较高级别的信息来决定选择其中的满意解。

1.3.2 多目标最优化问题的数学描述

多目标优化问题的一般形式可表述为：

$$\min/\max \ \boldsymbol{y} = \boldsymbol{f}(\boldsymbol{x}) = (f_1(\boldsymbol{x}), f_2(\boldsymbol{x}), \cdots, f_m(\boldsymbol{x}))$$

$$s.t. \quad g_i(\boldsymbol{x}) = 0, i = 1, 2, \cdots, I$$

$$h_j(\boldsymbol{x}) \leqslant 0, j = 1, 2, \cdots, J \qquad (2\text{-}1\text{-}1)$$

$$\boldsymbol{x} = (x_1, x_2, \cdots, x_n) \in \boldsymbol{X}$$

$$\boldsymbol{y} = (y_1, y_2, \cdots, y_m) \in \boldsymbol{Y}$$

式中：$\boldsymbol{f}(\boldsymbol{x})$ 为向量目标函数，$\boldsymbol{Y}$ 为目标空间，$\boldsymbol{x}$ 为决策矢量，$\boldsymbol{X}$ 是决策空间，$g_i(\boldsymbol{x})$ 是等式约束，$h_i(\boldsymbol{x})$ 是不等式约束。在几何上，$\boldsymbol{x}$ 对应 n 维欧氏空间 $\boldsymbol{R}^n$ 中的一点，$\boldsymbol{f}(\boldsymbol{x})$ 对应 $\boldsymbol{R}^n$ 到 $\boldsymbol{R}^m$ 的一个映射 $f: R^n \to R_m$。

定义 2.1.1 若 $\tilde{x}$ 是多目标极小化模型（2-1-1）的有效解，则在约束集 $\boldsymbol{X}$ 中已经找不到一个 $\boldsymbol{x}$，使得对应的 $\boldsymbol{f}(\boldsymbol{x}) = (f_1(\boldsymbol{x}), \cdots, f_m(\boldsymbol{x}))$ 中的每一个分目标值不比 $\boldsymbol{f}(\tilde{\boldsymbol{x}}) = (f_1(\tilde{\boldsymbol{x}}), \cdots, f_m(\tilde{\boldsymbol{x}}))$ 中相应地大，并且 $\boldsymbol{f}(\boldsymbol{x})$ 中至少有一个目标值要比 $\boldsymbol{f}(\tilde{\boldsymbol{x}})$ 相应值小。有效解（efficient solution）也叫 Pareto 最优解（Pareto optimal solution）、非劣解（non-inferior solution）、非控解（non-dominate/dominance solution）、可接受解（admissible solution）。

定义 2.1.2 不失一般性，对于最小优化问题，$\boldsymbol{a}, \boldsymbol{b} \in \boldsymbol{X}$，若 $\boldsymbol{a}$ Pareto 优于 $\boldsymbol{b}$

（记为：$a \prec b$）（或 a dominate b），则有：

$$\forall i \in \{1,2,\cdots,n\}: f_i(b) \geqslant f_i(a) \text{ 并且 } \exists j \in \{1,2,\cdots,n\}: f_i(b) > f_i(a) \qquad (2\text{-}1\text{-}2)$$

定义 2.1.3 整个搜索空间中，Pareto 最优解组成 Pareto 最优解集（Pareto optimal set）；对应的目标函数集叫 Pareto 最优前沿（Pareto optimal front）或 Pareto 前沿（Pareto front）。

定义 2.1.4 e-Pareto 最优[85]

对于某个 $e > 0$，决策矢量 $x_1 \in S$ 和决策矢量 $x_2 \in S$，如果：

$$f_i(x_1)/(1+e) \leqslant f_i(x_2) \quad \forall i = 1,\cdots,m$$
$$f_i(x_1)/(1+e) < f_i(x_2) \quad \exists i = 1,\cdots,m$$

说 x_1 e-Pareto 最优 x_2 或者 x_1 e-domination x_2（记为：$x_1 \prec_e x_2$）。

定义 2.1.5 e 近似 Pareto 前沿[85]

有矢量集 $F \subseteq R^m$ 和 $\varepsilon > 0$，$F_e \in F$，如果没有一个决策矢量 $x_2 \in F \prec_e x_1 \in F_e$，就说 F_e 为 e-近似 Pareto 前沿（e-approximate front）。

F_e 不是唯一的，与 e 的大小有关，F_e 包含的矢量个数是一定的。对于给定的 e（假设小于所有的目标函数值），F_e 中的目标函数 $1 \leqslant f_i < K, \forall i \in \{1,\cdots,m\}$，$F_e$ 中元素的个数由下式计算：

$$|F_e| = O\left[\left(\frac{\log K}{\log(1+e)}\right)^{m-1}\right] \qquad (2\text{-}1\text{-}3)$$

1.3.3 多目标决策方法的研究现状

（1）多目标优化算法的研究现状

求解多目标优化问题的难点在于问题的"目标冲突"，多目标决策问题的各个备选方案在各目标之间存在某种矛盾，即如果采用一种方案去改进某一目标值，很可能使另一目标值变坏[90]，每个目标函数的最优解往往是不相同的，所以在多目标问题中很难找到一个方案，能使所有目标达到最优，即存在全局最优解。由于多目标问题的上述特点，因此不能简单地把多个目标归并为单个目标，也不能用求解单目标问题的方法求解多目标问题。

在求解多目标优化问题中，使目标函数间"冲突"最少的解是理论上最好的 Pareto 最优解，但是由于决策者对各个目标的希望优先级不同，所以可能对这些 Pareto 最优解不满意。为了能够找到决策者满意的解，传统方法把目标矢量合成一个标量目标函数，求解满足一定约束条件的折衷解。常用的传统方法有目标权重法、距离函数法和最大最小法等，这些方法的主要缺点有：①通过问题的一些先验知识把多目标问题转化为单目标优化问题，然后求解得到一个 Pareto 最优解。但是，在实际的优化问题中，决策者往往需要在不同的决策方案间进行比较以选择最终满意的方案，因此，传统方法的应用就受到限制；②对权重敏感，决策者在形成单目标问题前必须对各个目标有完全的优先级知识，问题的求解很大程度上依赖权重，因此同一问题在不同的应用情况下需要不同的权重进行多次求解，而且由于缺乏原问题的一些先念知识或者选择的参数不适当，也不能保证得到的解是可以接受的。

近年来，MOEAs 引起了研究者的浓厚兴趣，成为求解复杂多目标优化问题的有效工具，并成功地应用到不同的多目标优化领域[86-88]，结果表明，MOEAs 比经典方法更实用和高效。其主要优点有：在求解过程中，不需要权重信息，而且在一次计算中可以得到一组 Pareto 最优解，这为决策者在选择一个方案前有机会去和其他非劣方案进行分析比较成为可能；MOEAs 的高效在于一旦发现一个靠近真实 Pareto 前沿的解，这个解就会"拖"着其他解收敛到真实 Pareto 前沿，因此 MOEAs 能够并行、同时发现一组 Pareto 最优解[89]。MOEAs 的这些特性吸引研究者开发了许多性能各异的 MOEAs[96,97]。

MOEAs 的研究朝两个方向发展：一是用快速但质量差的多样性保留算子快速搜索到一组可接受的非劣解，代表算法有 NSGA[90]，它采用基于 Crowding 技术的多样性保留方法，计算复杂度为 O（$M\log N$）；二是采用计算开销大的多样性保留算子，以得到分布性更好的解，代表算法如 SPEA[91]，其基于 Clustering 算法的多样性保留方法的计算复杂度为 O（N^3），N 为群体规模。虽然在二维目标优化问题中，两种算法得到解的多样性差不多，但在三维以上的优化问题中，后者以较大的计算费用为代价得到多样性明显好的解[91]。

MOEAs 的研究取得了丰硕的成果，涌现了一批非常优秀的、有代表性的算法，主要有 Nondominated Sorting GA（NSGA）[90]及其改进算法（NSGA-II）[98]，Strength Pareto EA（SPEA）[99]及其改进算法 SPEA2[91,100]，Pareto Archived ES（PAES）[92,93,101]，Pareto envelope-based selection algorithm （PESA）[94]，e-MOEA[89]。下面分别作简要介绍。

NSGA 和 NSGA-II 用 Nondominated Sorting 技术来加大品质好的解的选择强度，用小生景（niche）技术来维持质量好的解有一个稳定的子群体。其优点有：①Nondominated Sorting 方法把多目标问题简化为一个虚拟的适应值函数；②适用于任意维目标空间的优化问题。缺点主要有：①Nondominated Sorting 的计算复杂度高，为 $O(MN^3)$，其中 M 为目标函数个数，N 为群体规模；②没有采用精英保留技术；③需要指定共享参数，且计算复杂度较高，为 $O(N^2)$。针对 NSGA 的上述缺点，NSGA-II设计了一种快速的非劣个体排序方法代替 Ranking 选择方法，用个体 Crowding 距离来估计其密度信息，用 Crowded 比较算子指导算法各个阶段的选择过程，降低了计算复杂度。

SPEA 和 SPEA2 把当前搜索到的非劣解保存到一个独立的外部群体中，称之为 Archive 集，Archive 集和群体中的所有个体参加选择操作。个体的适应值通过该个体 Pareto 优于整个群体中个体的个数来表示。用基于 Clustering 方法在不破坏 Archive 集原有特征的基础上减少 Archive 集的大小以保持解的多样性，节省了计算费用。SPEA 存在以下几个问题[91]：①适应值指定：当种群中的个体被 Archive 集中控制的个体数相同时，其适应值相等。特别地，当 Archive 集中仅有一个个体时，所有种群的个体有相同的适应值，结果是选择压力大大减少，SPEA 将类似于随机搜索算法；②仅在 Archive 集中考虑个体的密度估计信息；③虽然 Clustering 技术能够在保持 Pareto 前沿特点的情况下减少 Archive 集的大小，但也可能丢失位于 Archive 集外的解。在 SPEA 的基础上，SPEA2 采用更细致的包含个体密度信息的适应值分配策略；固定大小的 Archive 集，当非劣个体数小于给定的 Archive 集大小时，用种群中的被控个体填满 Archive 集，当非劣前沿超过 Archive 集的限制时，采用能够保持 Pareto 前沿的特点但又不丢失边界点的截断技术。

PAES 算法通过变异操作产生子个体并和父个体比较，如果子个体 Pareto 优于父个体，则该子个体被接受作为下一代进化的父个体。如果父个体 Pareto 优于子个体，则放弃该子个体。如果子个体和父个体互不 Pareto 最优，则采用以前的非劣个体。

（2）多属性决策方法的研究现状

根据对偏好信息的表示和处理方法不同，多属性决策方法分为经典决策方法和现代决策方法。

经典决策方法将决策者的偏好信息看作是确定值，典型的方法有加权法、字典顺序法、层次分析（AHP）法、逼近理想的排序方法（TOPSIS）等。

当多属性决策问题中的属性值和权重信息无法用确定值表示时，如模糊语言变量等，用经典决策方法进行求解可能遇到困难[102]，现代多属性决策方法为求解这类问题提供了一条有效的途径。近年来，基于模糊集、集对分析等工具的多属性决策理论和方法的研究取得了很大的进展[103-105]。

有代表性的模糊决策方法主要有极大极小方法和极大极大方法[84]、隶属度偏差法[84]、基于相对优属度的模糊线性加权平均法[83,84,102]、基于模糊距离的

TOPOSIS 法[106]、模糊层次分析法（F-AHP）[107]、模糊线性加权平均综合评判法[108]等。

在处理带有不确定信息的决策问题中，集对分析是一种理想的数学工具[109,110]。基于集对分析的多属性决策方法的研究取得了一些成果，但和富有成效的模糊决策方法相比还远远不够。文献[82,110]提出了基于两次对立刻画的模糊联系数的概念，在此基础上给出了基于理想方案接近程度意义上的模糊联系数的计算方法，并把决策结果与最小隶属度偏差法、AHP 法、TOPSIS 法、模糊综合评判法等进行了比较和分析。文献[111]、[112]和[113]分别把文献[82]的决策方法应用到电网的多目标规划、大气环境监测布点的优化和城市绿地景观生态综合评价中。文献[114]用决策矩阵与理想方案的差作为优化的联系数差异矩阵，以联系数差异矩阵中联系数三个分量的和作为方案的排序依据，文中没有给出备选方案联系数的计算方法。

第2章 梯级电站调峰容量效益最大的
日发电计划研究

2.1 引言

　　梯级水电站群是电力系统中重要的动能经济单元，一方面，由调峰、调频和承担旋转备用发挥其容量效益；另一方面替代火电电能发挥其电量效益[115]。传统的水电系统经济效益一般只考虑电量效益，对调峰效益、备用容量效益等动态效益很少考虑[116]，这不利于电网电源的优化和资源的优化配置、电网的经济调度和安全运行。随着我国电力市场的逐步形成，水电系统的容量效益变得更为重要，如何从传统的以发电量最大化为目标的优化调度模型转向既考虑电量效益又考虑容量效益的优化调度模型，更进一步研究以竞价上网为条件的水电能源系统中、短期调度和实时调度相结合的优化模型和算法，是一个值得深入研究的课题。

　　提出一种层次多目标粒子群优化算法（HMOPSO），对调峰容量效益最大和发电效益最大的梯级电站多目标日发电计划问题进行研究。

2.2 　数学模型描述

2.2.1 目标函数

　　要使梯级电站发挥最大的容量效益，梯级电站必须最大限度地替代其他电站的工作容量，即电力系统剩余负荷过程的峰值要达到最小。均匀负荷过程对电力系统是最理想的，只有使剩余负荷尽量均匀，梯级电站才能发挥最佳的调峰作用[117]。发电量最大则符合充分利用水能资源的要求，使梯级电站电量效益最大。基于此原则，给定控制期内径流过程，在满足综合利用要求和其他约束条件下，建立如下数学模型：

$$L(t) = D(t) - \sum_{t=1}^{T} \sum_{i=1}^{N} N_i(t) \qquad (2\text{-}2\text{-}1)$$

式（2-2-1）表示电力系统剩余负荷过程，剩余负荷是指从电力系统总负荷过程中减去梯级出力过程后所剩下的负荷过程，由系统中其他电站承担。其中，$D(t)$ 是电力系统给定的负荷过程，可以是电力系统给定的水火电总的负荷曲线，也可以是运行调度人员为整个梯级预设的负荷曲线。$N_i(t)$ 为 i 电站 t 时段的出力；N 为梯级电站个数，T 为调度周期数。

$$\min\left\{\max_{t\in[0,T]}[L(t)]\right\} \tag{2-2-2}$$

$$\min\left\{\max_{t\in[1,t]}\{L(t)\} - \min_{t\in[1,t]}\{L(t)\}\right\} \tag{2-2-3}$$

$$\min\left\{\sum_{t=2}^{T}|L(t)-L(t-1)|\right\} \tag{2-2-4}$$

目标函数（2-2-2）、（2-2-3）和（2-2-4）分别使剩余电力负荷的峰值最小、峰谷差最小和剩余电力负荷的过程尽可能均匀。上面的目标函数使梯级水电站在满足各种约束条件下，安排各电站的出力过程，使控制期内调峰容量效益达到最大。

$$\max\sum_{t=1}^{T}\sum_{i=1}^{N}P_i(t)\cdot N_i(t)\cdot\Delta T \tag{2-2-5}$$

目标函数（2-2-5）使发电效益最大，式中，$P_i(t)$ 为 i 电站 t 时段的上网电价，ΔT 为时段长度。

2.2.2　约束条件

（1）电站下泄流量约束

$$\underline{Q}_{j,t} \leqslant Q_{j,t} \leqslant \overline{Q}_{j,t} \tag{2-2-6}$$

式中，$\underline{Q}_{j,t}$ 和 $\overline{Q}_{j,t}$ 分别为 j 电站调度时段 t 内下泄流量的最小、最大值。该约束包括水库的过水能力约束和调度期内防洪、航运等对下泄流量的限制，取所有约束的交集部分。

（2）电站出力约束

$$\underline{N}_{j,t} \leqslant N_{j,t} \leqslant \overline{N}_{j,t} \tag{2-2-7}$$

式中，$\underline{N}_{j,t}$ 和 $\overline{N}_{j,t}$ 分别为 j 电站调度时段 t 内出力的最小、最大约束。该约束包括电站的最大装机容量约束、调度期内对电站出力的要求等，取所有约束的交集部分。

（3）库容（水位）上下限约束

$$\underline{Z}_{j,t} \leqslant Z_{j,t} \leqslant \overline{Z}_{j,t} \tag{2-2-8}$$

式中，$\underline{Z}_{j,t}$ 和 $\overline{Z}_{j,t}$ 分别为 j 电站调度时段 t 内水位的最小、最大约束。该约束包括水库的最大、最小库容限制以及调度期内设定的调节库容的限制、航运要求的水位变化范围的限制等，取所有约束的交集部分。

（4）水量平衡方程

$$V_{i,t} = V_{i,t-1} + I_{i,t} + Q_{i-1,t-\tau_i} + S_{i-1,t-\tau_i} - Q_{i,t} - S_{i,t} \qquad (2\text{-}2\text{-}9)$$
$$i = 1, 2, \cdots, N_h, \ t = 1, 2, \cdots, T$$

式中：τ_i 表示水流流达时间；$V_{i,t}$、$I_{i,t}$ 和 $S_{i,t}$ 分别表示第 i 个水电站在第 t 时段的库容、入库径流和弃水流量。

2.3　模型的求解算法

考虑调峰容量效益和发电效益的电站日发电计划问题有如下特点：①调度目标以调峰容量效益为主，兼顾发电效益，即在目标函数中，电力系统日剩余负荷过程的峰值最小的目标优先级最高，然后是剩余负荷过程尽可能平坦，最后才是梯级的总发电效益最大，因此目标函数间有明显的层次关系；②有复杂的约束条件，且约束条件都可以体现在水库上游水位的限制上。根据以上特点，提出一种层次多目标粒子群优化算法（HMOPSO）来求解该问题，算法采取了以下策略：

（1）由于问题的目标函数有一定的层次性，其优先关系比较明显，根据这个特点，制定更新 *pBest* 和 *gBest* 的策略：对于进化中的粒子 j，计算其目标函数矢量，然后根据目标函数的优先级关系，从高到低依次对粒子 j 和 $p_{j,t}$，$p_{j,t}$ 和 g_t 的相应目标函数进行比较，以确定是否更新 $p_{j,t}$ 和 g_t 的内容。也就是说，首先比较优先级高的目标函数，当相等时再比较优先级次之的目标函数，一直到能够确定是否替换 $p_{j,t}$ 和 g_t 的内容，$p_{j,t}$ 为粒子 j 在 t 代时的 *pBest*，g_t 为 t 代的 *gBest*。

（2）水电站在枯水期参与电力系统的调峰运行时，由于电站的日用水量是一定的，这就要求电站在系统负荷的低谷尽量蓄水，峰荷时加大出力以达到最大的消峰效果，获得最大的调峰容量效益。根据这个特点，当粒子的决策变量处于剩余负荷的高峰或者低谷位置时，以一定的概率改变粒子的进化方向，引导粒子的这部分决策变量向有利于收敛的方向"飞行"，以改善算法的局部收敛能力。

（3）鉴于梯级水电联合运行的约束条件众多且复杂，根据梯级水电系统特有的运行规律，把众多的约束条件转化为每个调度时段梯级各水库上游水位的限制，粒子在该限制范围内进化，从而把约束优化问题简化为无约束优化问题进行求解。

HMOPSO 算法的结构如图 2-2-1 所示，其中 *POP_SIZE* 为群体规模，M 为决策空间维数，T 为进化总代数。下面分别对算法的主要内容做简要描述。

（1）初始化；

（2）在可行域内产生初始群体；

（3）群体的进化操作

　FOR t = 1 TO T

　　FOR j = 1 TO *POP_SIZE*

　　FOR i = 1 TO M

　　A. 计算决策变量的可行域 $[\underline{x}_j^i, \bar{x}_j^i]$；

　　B. 计算粒子速度的范围值 $[\underline{v}_j^i, \bar{v}_j^i]$；

　　C. 在可行域和速度范围内更新粒子的速度和位置；

　　NEXT

　　D. 计算粒子 j 的目标函数矢量 $\{f_1, \cdots, f_N\}$；

　　E. 按照目标函数的优先关系更新 *gBest* 和 *pBest* 粒子；

　　F. 对粒子 j 实施加速变异操作。

　NEXT

　NEXT

（4）收敛判断，不满足收敛条件，返回（3）；

（5）按要求输出 *gBest* 的内容。

图 2-2-1　HMOPSO 算法

（1）决策变量可行域的计算

决策变量为水库各时段的上游水位值。HMOPSO 算法首先计算每个决策变量的变化范围，然后粒子在该范围内进化。决策变量可行域的计算见图 2-2-2。图中，Z_t、I_t、$\bar{Z}_t$ 和 $\underline{Z}_t$ 分别为 t 时段的上游水位、入库径流、计算得到的水位变化范围的最大值和最小值，$\underline{Z}_D$、$\underline{Q}_D$ 和 Q_q 分别为下游电站最低水位、最小下泄流量和区间入流，τ 为流达时间，min() 和 max() 是取最小值和最大值函数。

Step1： 考虑下游电站下泄流量限制的上游电站最小下泄流量 $\underline{Q}_t'$

$$\underline{Q}_t' = V_D(Z_{D,t+\tau}) - V_D(\underline{Z}_D) + (\underline{Q}_D - Q_q)\Delta T；\quad \underline{Q}_t = \max(\underline{Q}_t, \underline{Q}_t')$$

Step2： 计算 Z_{t-1} 对 Z_t 的限制范围 $\bar{Z}_1$ 和 $\underline{Z}_1$。

已知 Z_{t-1}，设 t 时段水库的下泄流量范围为 $\underline{Q}_t$ 和 $\bar{Q}_t$，根据水量平衡方程

$$\underline{V}_t = V_{t-1}(Z_{t-1}) + (I_t - \bar{Q}_t)\Delta T；\quad \bar{V}_t = V_{t-1}(Z_{t-1}) + (I_t - \underline{Q}_t)\Delta T$$

计算 t 时段相应的库容范围，并由 $\bar{Z}_1 = Z(\bar{V}_t)$，$\underline{Z}_1 = Z(\underline{V}_t)$ 得到相应的水位范围。

图 2-2-2　计算粒子进化的可行域算法

Step3：计算 Z_{t+1} 对 Z_t 限制范围 $\overline{Z}_2$ 和 $\underline{Z}_2$

已知 Z_{t+1}，设 $t+1$ 时段水库的下泄流量范围为 $\overline{Q}_{t+1}$ 和 $\underline{Q}_{t+1}$，根据水量平衡方程

$$\overline{V}_t = V_{t+1}(Z_{t+1}) - (I_{t+1} - \underline{Q}_{t+1})\Delta T ; \quad \underline{V}_t = V_{t+1}(Z_{t+1}) - (I_{t+1} - \overline{Q}_{t+1})\Delta T$$

计算 t 时段相应的库容范围，并由 $\overline{Z}_2 = Z(\overline{V}_t)$，$\overline{Z}_2 = Z(\underline{V}_t)$ 得到相应的水位范围。

Step4：由电站的出力约束 $\underline{N}_t$ 和 $\overline{N}_t$，通过试算得到相应的水位范围 $\overline{Z}_3$ 和 $\underline{Z}_3$。

Step5：设 t 时段给定水位的范围为 $[\underline{Z}_0, \overline{Z}_0]$。

Step6：计算水位范围：$\overline{Z}_t = \min(\overline{Z}_0, \overline{Z}_1, \overline{Z}_2, \overline{Z}_3)$，$\underline{Z}_t = \max(\underline{Z}_0, \underline{Z}_1, \underline{Z}_2, \underline{Z}_3)$

图 2-2-2　计算粒子进化的可行域算法（续图）

（2）HMOPSO 算法的加速算子

粒子在决策空间中的"飞行"速度是影响算法收敛性能的参数之一，它限制了粒子在进化过程中的步长与搜索方向，步长太小，可能导致粒子陷入局部最优；反之则可能导致粒子围绕某个位置震荡。如果能够获得优化对象有效的领域知识，引导粒子向最优解方向"飞行"，则会加快算法的收敛速度。

基于水电站调峰运行的特点，设计一种加速算子，根据粒子在进化过程所处的位置，改变粒子的搜索方向。其基本思想是：若粒子处于电力系统剩余负荷的峰值区域或者低谷区域，则以较大的概率减少或者增加决策变量，越接近极值区域，概率越大，变化的幅度也越大，通过改变速度的大小和方向来控制决策变量的进化过程，进化过程中速度范围的计算如式（2-2-10）所示，加速算子的实现见图 2-2-3。

$$p_j = \frac{L(j) - \overline{L}(j)}{\max(\max_{j \in [1,T]} L(j) - \overline{L}(j), \overline{L}(j) - \min_{j \in [1,T]} L(j))} \tag{2-2-10}$$

$$\overline{v} = |p_j| \times \overline{x}_j$$

式中：$L(j)$ 为 j 时段系统剩余负荷，按式（2-2-1）计算，T 为调度时段数（决策变量维数），$\overline{x}_j$ 为给定决策分量 j 的最大值，$\overline{L}(j) = \frac{1}{T}\sum_{j=1}^{T} L(j)$。

图 2-2-3 所示的加速算子中，把系统剩余负荷归一化到[-1,1]范围内，并且认为超过某阀值 α（如 0.85）的决策变量就处在剩余负荷的峰荷范围（大于 0）或者低谷范围（小于 0），对于前者，速度的最大值为 0，后者则速度的最小值为 0，绝对值越大的调度时段，粒子速度的变化范围就越大。这样，通过限制决策变量的速度变化范围，达到提高搜索效率的目的。R 为[0,1]间的随机数，α 为[0,1]间的正数，当 α 为 1 时，就退化到普通 PSO 算法的速度范围计算公式。

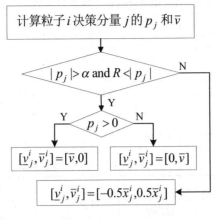

图 2-2-3　加速算子的实现

2.4　三峡梯级多目标日发电计划

据预测，规划水平年华中加华东联合电力系统的最大负荷为 25835 万 kW，出现在 7 月；夏季最大负荷为 25835 万 kW，典型日负荷峰谷差为 9781 万 kW；冬季最大负荷 24000 万 kW，典型日负荷峰谷差为 9075 万 kW[117]，联合电力系统中火电容量所占比重较大，调峰容量紧张。

三峡是季调节水库，汛期电站主要承担电力系统基荷，由于受到防洪调度方式的限制，水库水位大部分时间在 145m，电站水头低于设计水头，出力受阻。非汛期，三峡有足够的调节库容提供日调峰容量，但航运等约束限制了三峡的调峰能力[117]。因此，研究三峡梯级电站合理的运行方式，以取得最大的调峰容量效益，减轻电力系统的调峰负担是很有必要的。

在本研究中，相关的约束有：三峡和葛洲坝电站的保证出力为 499 万 kW 和 94.6 万 kW，带基荷 130 万 kW；三峡和葛洲坝水库各小时内水位上下变幅不超过 0.3m 和 1m；三峡和葛洲坝水库的日初水位等于日末水位；葛洲坝水库各小时内水位变化范围 63.0～66.5m；葛洲坝水库下泄流量不小于 5300m³/s；三峡和葛洲坝电站的出力系数为 8.5 和 8.4。华中电网枯水期典型日负荷数据见表 2-2-1 所示。

用 HMOPSO 算法对三峡电站枯水期的 5 种典型方案进行了调度计算，结果见表 2-2-2 所示。典型方案 1、3 和 5 的调峰运行过程分别见图 2-2-4、图 2-2-5 和图 2-2-6。图中横坐标表示时段，单位为小时，纵坐标单位为万 kW，日负荷与系统剩余负荷曲线间的高度差为三峡和葛洲坝电站的总出力。

表 2-2-1　华中电网枯水期典型日负荷曲线

时段（小时）	1	2	3	4	5	6	7	8
负荷（10^4 kW·H）	14520	13992	13920	13824	14064	15312	18576	19536
时段（小时）	9	10	11	12	13	14	15	16
负荷（10^4 kW·H）	20520	21072	21288	19008	17376	17808	18600	18696
时段（小时）	17	18	19	20	21	22	23	24
负荷（10^4 kW·H）	20736	23736	24000	23616	23064	20352	19200	15984

表 2-2-2　三峡梯级调峰调度结果表

方案	三峡初始水位（m）	日均流量（m^3/s）	三峡最大出力（10^4kW）	葛洲坝最大出力（10^4kW）	梯级减少最大负荷（10^4kW）	梯级减少峰谷差（10^4kW）
1	170	5550	1820	241.15	2061.15	1851.05
2	155	6450	1820	235.35	2055.35	1662.36
3	160	6100	1820	260.03	2080.03	1723.78
4	175	5300	1690	179.34	1869.34	1502.15
5	165	5800	1812	262.98	2074.98	1760.61

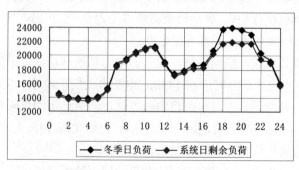

图 2-2-4　三峡梯级枯水期典型日调峰过程（方案 1）

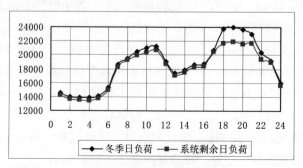

图 2-2-5　三峡梯级枯水期典型日调峰过程（方案 3）

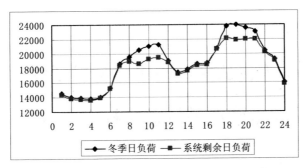

图 2-2-6　三峡梯级枯水期典型日调峰过程（方案 5）

以典型方案 3 的调度结果为例对调峰效益进行分析。从表 2-2-2 的结果可以看出，对于方案 3，三峡梯级共减少系统负荷峰谷差 1723.78 万 kW，除去 130 万 kW 的基荷外，可以为系统最多提供 1950.03 万 kW 的调峰电力。图 2-2-5 表明，系统负荷的尖峰被大大削弱，剩余负荷的主峰变得明显平坦，而且次峰也有不同程度的削弱，可见三峡梯级电站冬季有较好的调峰作用。

2.5　小结

电力市场环境下，梯级水电系统的容量效益变得更加重要，本章建立了既考虑调峰容量效益又考虑电量效益的优化调度模型，并提出了求解该模型的 HMOPSO 算法。HMOPSO 算法能够有效处理目标函数带有层次性的多目标优化问题；把各种约束条件转化为对水库上游水位变化范围的限制，使得粒子一直在可行域中进化，降低了计算成本；根据电站调峰运行的特点，设计了能够引导粒子向最优解方向"飞行"的加速算子，加快了算法的收敛效率。最后，用 HMOPSO 算法对三峡梯级电站的多目标日发电计划问题进行了研究，获得了三峡梯级电站枯水期典型方案下的调峰运行计划。结果表明，通过合理的运行方案可以充分发挥三峡梯级电站的调峰能力，在获得尽可能大的调峰容量效益的同时，也得到了最大的电量效益，为增强三峡梯级电站在未来市场环境中的竞争能力提供了科学依据。

第 3 章　基于自适应网格多目标粒子群优化算法的水电能源系统多目标优化调度

3.1　引言

　　市场环境下梯级电站调度的目标除了发电、防洪外，还涉及到生态、航运、灌溉等综合利用方面的要求，发电效益不再是单独追求发电量最大，容量效益的作用日趋重要。梯级电站的运行必须均衡考虑上游、下游防洪、发电、航运以及环境保护等相互矛盾的要求，大规模、多目标、复杂约束条件等是梯级水电调度的新特点。因此，不确定市场环境下梯级电站的联合优化调度问题对优化算法在处理大规模、多目标、复杂约束条件、非线性、非凸、离散、动态、时滞等优化问题的能力和计算效率上提出了新的挑战，传统的优化理论和方法难以满足要求。多目标进化算法的发展和应用给水电能源系统联合多目标优化调度问题的解决带来了新的途径，但普遍存在计算复杂度高、非劣解的多样性不好、处理复杂约束条件能力不强等问题，工程应用存在困难，研究能够有效解决水电能源系统多目标优化调度问题新的优化算法是优化理论和工程实际的需要。

　　粒子群优化（PSO）[118]算法是一种模拟社会行为、基于群体智能的现代启发式优化技术。在 PSO 算法中，每个优化问题的潜在解都是搜索空间中的一个"粒子"，每个粒子追随当前的最优粒子在解空间中搜索。在每次进化中，粒子通过跟踪两个"极值"来更新自己：一个是粒子本身找到的最优解，即曾经到达过的最好位置，称 *pBest*；另一个是整个种群目前找到的最优解，即整个种群曾经到达的好位置，称 *gBest*。PSO 算法以其独特的搜索机理、出色的收敛性能、方便的计算机实现，在工程优化领域得到了广泛的应用，所以应用到多目标优化领域也是一个必然趋势。近几年来，多目标 PSO（MOPSO）算法的研究取得了一些进展[119-121]，这些得益于 MOEAs 丰富研究成果的 MOPSO 算法似乎也没什么特别的突破，和卓有成效的 MOEAs 研究成果比较，现有 MOPSO 算法主要存在计算复杂度高、非劣解的多样性不好、算法的通用性较差以及物理意义不明确等问题。

　　PSO 算法的信息共享机制不同于一般的进化算法（EAs）（如遗传算法），EAs

通过基因共享信息，最后使整个群体收敛到一个比较好的区域，PSO 算法则是通过 *gBest* 发出信息，它带领其他粒子快速收敛到一点。因此如果直接用来求解多目标优化问题，容易收敛到局部 Pareto 最优前沿[120]。为了使 PSO 算法能够应用到多目标优化领域，标准 PSO 算法的单个全局最优粒子 *gBest* 必须被非劣解集（到目前为止搜索到的 Pareto 最优解集）替换，另外，对群体中的每个粒子可能也没有单个的曾经搜索到的最好个体（即 *pBest*）。也就是说，在 MOPSO 算法中，*gBest* 和 *pBest* 粒子的概念必须重新定义，群体中粒子的 *gBest* 和 *pBest* 的选择策略是 MOPSO 算法研究的关键，文献中不同版本的 MOPSO 算法的主要区别也在于此。另外，约束处理、保持解的多样性技术、选择合理的测试函数和定义评价算法性能的指标等也是 MOPSO 算法研究的内容。

本章首先给出 MOPSO 算法设计的一般原则和结构，然后分别从非劣解密度信息估计、Pareto 最优解搜索算法、约束处理、保持解的多样性算法等方面出发，在回顾文献中有代表性的算法后，提出一种新的算法——自适应网格多目标粒子群优化（AG-MOPSO）算法，并通过一组典型函数的计算，对算法的各种性能进行详细分析和比较。然后，基于 AG-MOPSO 算法对梯级电站多目标发电、防洪和水电联合优化调度问题进行研究，最后以三峡梯级电站调度问题为背景，获得各调度问题的多目标非劣调度方案集，为梯级电站调度决策的制定提供数据准备。

3.2 自适应网格多目标粒子群优化算法

用尽可能少的计算资源得到覆盖整个搜索空间、分布均匀、靠近真 Pareto 前沿的非劣解集是 MOPSO 算法追求的最终目标，其核心内容包括非劣解集中粒子的密度信息估计、Pareto 最优解搜索算法和解的多样性保持技术等，由于 PSO 算法独特的搜索机制，使得它们与其他 MOEAs 有着根本的不同。MOPSO 算法研究的主要内容有：

（1）Archive 集及粒子密度信息估计

借鉴大多数成功的 MOEAs，MOPSO 算法也采用双群体技术，一个群体为一般 PSO 算法意义下的群体；另一个则用来保存当前搜索到的非劣解，称作 Archive 集[86]。关于 Archive 集的操作主要有 Archive 集的更新和从 Archive 集中为群体中的粒子选择其 *gBest*，它们决定了 MOPSO 算法的搜索效率和非劣解的多样性等性能。

由于 Archive 集中个体间没有优先关系，因此很难得到个体间关于 Pareto 优先关系的偏序信息，个体的密度信息就成为选择 *gBest* 的主要依据，因此设计快速、准确的密度估计算法是首先要解决的问题。

（2）Pareto 最优解搜索算法

Pareto 最优解搜索是在进化过程中，为群体中的粒子从 Archive 集中选择一个成员作为其 *gBest*[122]，因此，其实质是基于 Pareto 最优原则的 *gBest* 选择策略[100]。MOPSO 算法中，*gBest* 和 *pBest* 的定义与求解单目标优化问题的 PSO 算法完全不同，后者选择 *gBest* 相对简单，只需要选择最好位置的粒子即可，但在 MOPSO 中，全局最优解是非劣解集而不再是单个解，所以 *gBest* 的有效选择成了一个非常困难但也必须解决的问题。

（3）解的多样性保持算法

主要内容是对 Archive 集的更新操作，包括插入新搜索到的非劣解到 Archive 集和删除多余的粒子以维持 Archive 集在一定的规模。删除操作的主要原则有[91]：①删除密度大的粒子；②不破坏 Archive 集原有的特征。

（4）约束处理

在多目标工程优化领域中，约束条件往往非常复杂，众多约束条件把问题的可行解限制在一个很小的区域，在进化过程中容易产生大量的不可行解，使得计算成本增加，问题的求解变得非常困难。

3.2.1　算法的一般结构

固定规模双群体结构的 MOPSO 算法结构如图 2-3-1 所示。图中 P_t 和 A_t 分别表示进化到 t 代的群体和 Archive 集，N 为总的进化代数。下面对图 2-3-1 的内容作简单说明。

MOPSO 算法

输入：优化问题
输出：Archive 集中的非劣解
Step 1：$(P_1, A_1) = Initialization$
Step 2：FOR $t = 1$ to N
  A. $Evaluate\ (P_t, A_t)$
  B. $P_{t+1} = Generate\ (P_t, A_t)$
  C. $A_{t+1} = UpdateArchive\ (P_{t+1}, A_t)$
  D. $Mutation\ (P_{t+1}, A_{t+1})$
  NEXT
Step 3：$GetArchiveInfos\ (A_t)$
Step 4：$OutputArchive\ (A_t)$

图 2-3-1　MOPSO 算法的结构图

Initialization 给参数赋初值，生成初始群体 P_1，并为 P_1 中粒子的 *pBest* 赋初值，把 P_1 中的非劣解复制到 Archive 集中得到 A_1。

Evaluate 用来评价 P_t 中的粒子，即计算各粒子的目标矢量值。对于需要以粒子适应值作为 *gBest* 选择依据的算法，*Evaluate* 的任务还包括计算 P_t 中粒子的适应值。

Generate 用来产生新一代群体，主要内容包括：①为 P_t 中的粒子在 A_t 中选择其 *gBest*；②在 *gBest* 和 *pBest* 的引导下更新 P_t 中粒子的位置和速度，得到下一代群体 P_{t+1}；③根据 Pareto 优先关系，更新群体中粒子的 *pBest*。对于约束多目标优化问题，在更新群体中的粒子时，约束条件的处理也是必须考虑的问题。

UpdateArchive 的主要任务是把 P_{t+1} 中的非劣解插入到 A_{t+1} 中，并删除被控粒子以保证 A_{t+1} 中粒子的独立性。当 A_{t+1} 的规模超过规定大小时，删除多余的粒子。

Mutation 对 P_{t+1} 和 A_{t+1} 中的粒子实行变异操作，对 P_{t+1} 的变异操作以减少算法陷入局部最优的可能性，对 A_{t+1} 的变异操作则希望加快算法的收敛。*GetArchiveInfos* 根据优化问题的实际需求，计算 A_t 中粒子的相关信息；*OutputArchive* 以指定的格式输出 A_t 中粒子的相关信息。

3.2.2 非劣解密度自适应网格估计算法

Archive 集中粒子的密度信息是算法搜索到多样性好的非劣解集的基础，也是 Pareto 最优解搜索的主要依据，其难点在于：①粒子密度的概念难以确定，密度信息的表现形式莫衷一是，没有统一的标准；②缺乏客观的密度评价标准，难以确定其有效性；③由于 Archive 集在每进化一代后需要更新，其中粒子的密度信息要重新计算，所以算法要有低的计算复杂度；④算法不能受目标空间维数的限制。

基于 Crowding 距离[98]、k-th nearest neighbor[91] 和网格[86] 的密度估计方法是目前文献中的典型方法，其存在的主要问题有：①计算复杂度高，三种方法的计算复杂度分别为 $O(MN \log N)$、$O(N^2 \log N)$ 和 $O(N^2)$，其中 M 为目标空间维数，N 为非劣解数；②在第三种方法中，当网格中包含的粒子数都等于 1 时，Pareto 最优解搜索算法退化为随机搜索方法，而且由于只在 Archive 集中出现超边界的个体时网格才更新，进化过程中可能存在网格过大而影响算法性能的情况。

本章提出一种新的密度估计算法——非劣解密度自适应网格估计算法 AGDEA，其基本思想为：用网格把目标空间等分成小区域，以每个区域中包含的粒子数作为粒子的密度估计信息。由于目标空间的边界和粒子数随着进化过程而变化，算法自适应调整网格尺寸，对目标空间中的粒子重新定位，确定每个粒子所在网格中的粒子数,以保证每个网格中的粒子数大于 1。粒子所在网格中包含的粒子数越多,其密度值越大,反之越小。该算法有以下特点:①实现简单;②算法不受目标空间维数的限制;③能够根据粒子的进化过程,自适应调整网格的尺寸,以得到较准确的粒子密度信息估计值。

AGDEA 的具体实现过程如图 2-3-2 所示(以两维目标空间最小化优化问题为例),图中,$G = M \times M$ 为目标空间要划分的网格数,M 的大小表示网格的密度,是 AGDEA 的主要参数,$(minF_1, maxF_1)$ 和 $(minF_2, maxF_2)$ 为目标空间进化到 t 代时的边界值,N 为非劣解个数,Int($\cdot$) 为取整函数,F_1^i 和 F_2^i 为粒子 i 的目标函数值。数组 $Grid[]$ 和 $Archive\_Obj[]$ 用来保存网格及其粒子的相关信息,其结构见表 2-3-1 和表 2-3-2。

密度自适应网格估计算法(Adaptive grid density estimation algorithm, AGDEA)

参数:A_t 集

输出:目标空间的网格信息及粒子密度估计信息

Step 1: 计算在 t 代进化时目标空间的边界($minF_1^t, maxF_1^t$)和($minF_2^t, maxF_2^t$);

Step 2: 计算网格的模:$\Delta F_1^t = \dfrac{maxF_1^t - \min F_1^t}{M}$; $\Delta F_2^t = \dfrac{maxF_2^t - \min F_2^t}{M}$;

Step 3: 遍历 A_t 集中的粒子,计算其所在网格的编号。

对于粒子 i,所在网格编号由 2 部分组成:

$$\left(\text{Int}\left(\frac{F_1^i - \min F_1^t}{\Delta F_1^t} \right) + 1 \quad \text{Int}\left(\frac{F_2^i - \min F_2^t}{\Delta F_2^t} \right) + 1 \right)$$

Step 4: 计算网格信息,保存网格中的粒子数到数组 $Grid[]$ 中;

Step 5: 计算粒子的密度估计值,保存结果到数组 $Archive\_Obj[]$ 的第 3,4 列中。

图 2-3-2 AGDEA 的实现过程

表 2-3-1 $Grid[]$ 的结构

列号	说明
1	网格编号
2	网格中的包含的粒子数
3	该网格中要删除的粒子数

在 AGDEA 中,粒子在目标空间通过其网格编号进行定位,粒子的网格编号由 D 部分组成(D 为目标空间的维数)。遍历 Archive 中的粒子,计算其网格编号 k 并保存到 $Archive\_obj[i, D+2]$ 中。其中 i 为粒子编号,然后在 $Grid[]$ 中搜索该编

号，如果没有，就在 $Grid$[]的末尾插入新的编号（假定 $Grid$[]最末行号为 K），并让 $Grid[K,2]$ 的值等于 1；如果有（假定编号所在位置的行号为 k）则 $Grid[k,2]$ 值加 1。网格信息计算完毕后，统计 $Grid$[] 中每个粒子所在网格中的粒子数，并写入 $Archive\_obj[i, D+1]$ 中。

表 2-3-2　$Archive\_obj$[]的结构

列号	说　明
1	粒子的目标函数 1 的值
2	粒子的目标函数 2 的值
3	粒子所在网格中的粒子数
4	粒子所在网格的编号

AGDEA 的计算复杂度主要由以下三部分组成：

（1）Archive 集中粒子目标函数极值的计算，其计算复杂度为 $O(DN)$；

（2）网格信息计算中，最坏情况下的计算复杂度为 $O(DN + NG)$，平均计算复杂度为 $O(DN + N\log G)$；

（3）粒子密度信息的计算复杂度为 $O(N)$。

对于一般的优化问题有 $D << G$，所以计算网格信息成为 AGDEA 的主要计算开销。M 的选择对算法有较大的影响，M 较小，AGDEA 的计算花费较少，但网格中包含的粒子过多，算法的分辨率降低，得到的粒子密度信息较粗糙；M 越大，粒子的密度值越准确，但算法的计算开销会增大，当 M 大到每个网格中只有一个粒子时，AGDEA 将失效。实践经验表明，在进化初期，由于 Archive 中的非劣解较少，M 可选择一个较小的值以减少计算开销，当到进化后期，Archive 中的非劣解较多且分布比较集中，可以适当增大 M 值以提高算法的分辨率。可令 $M = |A_t| / \alpha$，$|A_t|$ 表示 A_t 中的非劣解个数，α 称为网格密度系数，根据实际求解问题的需要设定不同的 α 值。

3.2.3　基于 AGDEA 的 Pareto 最优解搜索算法

从 Archive 集中为群体中的粒子选择其 $gBest$ 的过程，称为 Pareto 最优解搜索[119,122]。Pareto 最优解搜索算法的好坏决定了 MOPSO 算法的收敛性能和非劣解集的多样性，其难点在于：

（1）由于 Archive 集中的粒子都优于群体中的粒子，且无明确的优先关系，所以选择 $gBest$ 的依据难以定义；

（2）品质好的 *gBest* 应该具有如下特点：具有好的局部搜索能力，以引导粒子快速收敛到真 Pareto 前沿；密度值低，有强的全局搜索潜力，以引导粒子拓展新的搜索区域。*gBest* 的选择原则应该兼顾局部和全局搜索能力。

（3）不受目标空间维数的限制。

现有的 Pareto 最优解搜索算法分为以下三类：

（1）基于地理学方法 Pareto 最优解搜索，其基本思想是以粒子间的相对位置为选择依据，选择 Archive 集中位置最近的成员作为其 *gBest*，这类算法直观、收敛速度快，典型的有 Dominated 树方法[95]和 Sigma 方法[119]，前者由于没有考虑 Archive 集中粒子的密度信息，对保持非劣解的多样性不利；后者选择的 *gBest* 能够指导粒子直接飞向 Pareto 最优前沿，能够使算法快速收敛到 Pareto 前沿并保持解有好的多样性，但是该方法必须保证目标空间的函数值为正值[119]，且在多前沿问题的优化算法中，如果初始 Archive 集为空集或者初始粒子的多样性不好，算法容易出现早熟现象[86]。

（2）基于粒子的密度估计信息，计算粒子的适应值，然后根据适应值选择 *gBest*[86,91,98]。

（3）简化为单目标[121]，这类方法对于每个目标函数用独立的种群进化，用来自另外种群的信息对速度进行更新，其主要问题是物理意义不甚明确，且对于两维以上目标空间优化问题的应用受到限制[120]。

一个有效的 Pareto 最优解搜索算法应该具有以下特点：①*gBest* 选择的依据要明确；②能够引导群体中的粒子快速收敛到真 Pareto 最优前沿的同时，防止出现早熟现象；③对于 Archive 集中有进化潜力的粒子给予较大的选择概率，以改善非劣解集对真 Pareto 前沿的覆盖程度；④优先选择密度低的粒子，以得到分布性好的非劣解集；⑤不受目标空间维数的限制；⑥实现简单，计算复杂度低。

在此原则下，根据 AGDEA 计算得到的 Archive 集的网格信息，提出一种新的 Pareto 最优解搜索算法。具体来说，对于 Archive 集中的粒子，用其所在网格中的粒子数作为其密度估计信息，密度值越低，选择的概率就越大，反之越小；用 Archive 集中的粒子优于群体中的粒子数来评价其搜索潜力，粒子数越多，其搜索潜力越强，反之越弱。前者可以保证非劣解的多样性以及算法的全局搜索能力，后者则能够改善算法的局部搜索能力，加快算法的收敛速度。

为群体中的粒子 j 在 Archive 集中选择其 *gBest*（记为 g_j）的算法实现如下：

选择 Archive 集中优于粒子 j 的密度最小的粒子作为其 *gBest*，g_j 由下式给出

$$g_j = \{A_i \mid \min\{G(A_i), i \in S_j\}\} \tag{2-3-1}$$

式中，$G(A_i)$ 为 Archive 集中的粒子 A_i 所在网格中的粒子数，S_j 表示在 Archive 集中优于粒子 j 组成的粒子集，其定义如下

$$S_j = \{A_i \mid A_i \succ P_j, i = 1, 2, \cdots, \mid A_t \mid\} \qquad (2\text{-}3\text{-}2)$$

式中，A_i 为 Archive 集的第 i 个成员，P_j 为群体中的第 j 个粒子，A_t 为进化 t 代时的 Archive 集，$\succ$ 表示 Pareto 优先关系。

如果 g_j 中粒子数大于 1，则按下式选择其中的一个作为 j 的 $gBest$ 粒子 g_j'

$$g_j' = \{g_j \mid \max\{\mid i \mid, P_i \prec g_j; j = 1, 2, \cdots, \mid g_j \mid; i = 1, 2, \cdots, \mid P_t \mid\}\} \qquad (2\text{-}3\text{-}3)$$

式中，P_i 为群体中的第 i 个粒子，P_t 为进化到 t 代的群体，g_j' 的含义是 g_j 中优于群体中粒子数最多的粒子。

如果 g_j' 中的粒子数依然大于 1，则随机选择一个作为粒子 j 的 g_j。

算法在一次进化过程中的计算复杂度为 $O(NMD)$，N 为群体规模，M 为 Archive 集的大小，D 为目标空间维数。

以两维目标空间最小化优化问题为例，说明算法的实现过程，如图 2-3-3 所示。

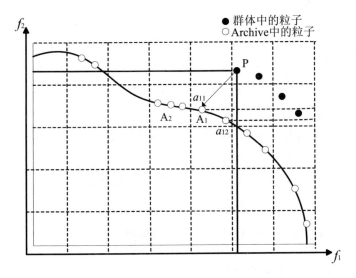

图 2-3-3　基于 AGDEA 的 Pareto 最优解搜索示意图

在图 2-3-3 中，对于群体中的粒子 P 有 $S_P = \{A_1 + A_2\}$，$g_P = \{a_{11}, a_{12}\}$，$g_P' = \{a_{12}\}$，故粒子 P 的 $gBest$ 为 Archive 集中的 a_{12} 粒子。直观解释为：Archive 中网格 A_1 和 A_2 中的粒子优于 P，故选择范围在网格 A_1 和 A_2 中，A_1 中粒子的密度小于 A_2，所以选择范围缩小到 A_1，A_1 中的 a_{11} 优于群体中的粒子数为 3，a_{12} 为 4，故 P 的 $gBest$ 为 a_{12}。

3.2.4 基于 AGDEA 的非劣解多样性保持技术

Pareto 最优解搜索算法和 Archive 集中多余粒子的删除策略是保持非劣解集多样性的决定因素，后者也称为 Archive 集的截断算法，用来删除 Archive 集中品质差的多余粒子，以维持 Archive 集一定的规模。

现有的 Archive 集截断算法不多，且都存在计算复杂度高的缺点，有代表性的算法主要有 Clustering 法[89]和最短距离法[91]两种，两者的计算复杂度均为 $O(N^3)$，N 为非劣解个数。

在 AGDEA 计算的粒子密度信息的基础上，提出一种新的 Archive 集截断算法，其基本思想为：设指定 Archive 集的规模为固定值 $\overline{N}$，进化 t 代时更新 Archive 集，群体中的非劣解进入 Archive 集，当 $|A_{t+1}| > \overline{N}$ 时，删除 Archive 集中多余的粒子。对于粒子数多于 1 的网格 k，按式（2-3-4）计算该网格中要删除的粒子数 PN，在网格 k 中，随机删除 PN 个粒子。

$$PN = \text{Int}\left(\frac{|A_{t+1}| - \overline{N}}{|A_{t+1}|} \times Grid[k,2] + 0.5 \right) \qquad (2\text{-}3\text{-}4)$$

式中：$Grid[k]$ 表示网格 k 中的粒子数，Int( ) 为取整函数。

算法的计算复杂度为 $O(G)$，远低于 Clustering 方法和 SPEA 的截断算法，其计算复杂度分别为 $O(N^3)$ 和 $O(M^2 \log M)$，N 为 Archive 集的规模，M 为 Archive 集规模和群体规模之和，G 为网格个数。

图 2-3-4 为两维目标空间的 Archive 集的截断操作示意图。图中，$|A_{t+1}| = 13$，给定 $\overline{N}$ 为 10，网格中的粒子数分别为 1、2 和 3 个。对于 2 个粒子的网格，由式（2-3-4）计算其 $PN = 0$；对于 3 个粒子的网格，计算得 $PN = 1$，一共删除 3 个粒子，图中的黑色圆点即表示要删除的多余的粒子。

3.2.5 改善 AG-MOPSO 算法性能的辅助策略

（1）群体和 Archive 集的规模

群体和 Archive 集的规模对算法的收敛性能有一定的影响。规模过小，不能保证非劣解集的多样性，但也并不是规模越大就越好，对多峰函数的测试比较表明，算法的性能并不随群体规模的增加而自动改善[100]。

Archive 集的大小一般固定，主要原因在于：①对于实际工程优化问题，太多的决策方案没有意义；②适当大小的 Archive 集可以删除密集的多余个体，给密度小的个体较大的选择概率，促进算法探索更广泛的问题空间，以改善非劣解的覆盖率；③根据问题的实际需要规定有限大小的 Archive 集，在能够满足工程实际需要的同时，还可以大大减少计算开销，节约计算成本。

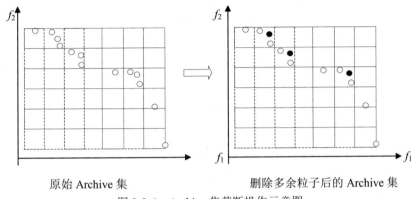

原始 Archive 集　　　　　删除多余粒子后的 Archive 集

图 2-3-4　Archive 集截断操作示意图

（2）PSO 算法的高速收敛性能对于多目标优化问题来说可能是有害的，使算法容易收敛到局部 Pareto 最优前沿，即出现"早熟"现象。变异操作是改善解的多样性、减少算法陷入局部最优最常用的方法，对变异操作的研究主要体现在施加扰动的概率和扰动策略两个方面。选择合适的变异概率可以在保持解的多样性和局部搜索能力间取得平衡[89,123]。一般地，在进化初期，较大的变异概率能够产生多样性好的解，随着进化过程的不断进行，其值不断减小以加强局部搜索能力。

（3）加速算子

在实际中，问题的求解总是和问题本身的特点联系在一起的。加速操作的设计也应该遵循这样的思路。首先，通过对求解问题的具体分析提取问题的特征信息；然后，对此特征信息进行处理，转化为求解问题的一种方案；最后，将此方案转化为加速算子。加速算子试图利用局部特征信息，以一定的强度干预全局并行的搜索过程，抑制或者避免求解过程中的一些重复或无效的工作，从而有针对性地抑制群体进化过程中出现的一些退化现象，改善算法的收敛性能。

上面影响算法性能的因素中，有些是相互矛盾的。为了得到分布性好的解，希望群体和 Archive 集的规模越大越好，但算法的计算开销会随着规模的增大而急剧增加；变异操作能够改善算法的全局搜索能力，但如果变异概率过大，会加大算法的随机性，增加收敛时间。如何在算法的计算效率、全局和局部搜索能力间取得平衡，是一件困难的事情。

3.2.6 约束多目标优化

实际的工程优化问题一般都有复杂的约束条件，增加了求解问题的难度。处理约束条件的传统方法主要是罚函数法[124]，但在随机优化方法中应用罚函数法会产生以下问题：①惩罚系数难以确定，一般来说，惩罚系数的确定带有很大的主观性，难以准确反映算法在进化过程中对约束的冲突情况；②如果优化问题的可行域较小，粒子冲突约束的可能性很大，算法收敛到真 Pareto 前沿的难度也增大，计算开销加大。MOEAs 处理约束条件的常用方法是在约束条件下重新定义 Pareto 优先关系，然后在约束优先关系下求解问题。

定义 2.3.1 约束优先（constrained-dominate）

如果下面任意条件满足，解 i 约束优先解 j。

（1）解 i 是可行的，而解 j 不是；

（2）解 i 和解 j 都是不可行的，但 i 的冲突约束之和小于 j；

（3）解 i 和 j 都是可行的，解 i 优先解 j。

3.2.7 AG-MOPSO 算法的实现

在双群体结构 MOPSO 算法的基础上，基于 AGDEA 的 MOPSO 算法（AG-MOPSO 算法）的结构如图 2-3-5 所示。图中，i 为当前进化代数，N 为总进化代数，POP_SIZE 为群体规模，P_t 和 A_t 分别 t 代群体和 Archive 集，$P_{j,t}$ 为 P_t 中的第 j 号粒子，$g_{j,t}$ 为 $P_{j,t}$ 的 gBest，$p_{j,t}$ 为 $P_{j,t}$ 粒子的 pBest。

```
AG-MOPSO 算法
Step 1: (P₁, A₁) = Initialization
Step 2: FOR t = 1 to N
   A. ModifyParameters
   B. P_{t+1} = Generate (P_t, A_t)
      FOR j = 1 TO POP_SIZE
         g_{j,t} = FindgBest (A_t, P_{j,t})
         P_{j,t+1} = UpdateParticle (P_{j,t}, g_{j,t})
         Evaluate (P_{j,t+1})
         p_{j,t+1} = UpdatepBest (P_{j,t+1})
      NEXT
   C. A_{t+1} = UpdateArchive (P_{t+1}, A_t)
   D. AdaptiveGridArchive (A_{t+1})
```

图 2-3-5 AG-MOPSO 算法的结构

> E. $A_{t+1} = PruneArchive\,(A_{t+1})$
>
> F. $(P_{t+1}A_{t+1}) = Mutation\,(P_{t+1}, A_{t+1})$
>
> NEXT
>
> **Step 3**: $GetArchiveInfos\,(A_t)$
>
> **Step 4**: $OutputArchive\,(A_t)$

图 2-3-5　AG-MOPSO 算法的结构（续图）

下面给出 AG-MOPSO 算法各部分的具体实现。

（1）初始化：*Initialization*

AG-MOPSO 算法从初始化开始，其任务同图 2-3-1 的初始化功能。

（2）动态修改算法参数：*ModifyParameters*

惯性权重 w 是影响算法收敛性的重要参数，它用来控制粒子的历史速度对当前速度的影响程度，选取适当的 w 值，能够平衡算法的全局和局部搜索能力，从而得到更好的解。实验研究表明[118]，在进化初期，设置 w 为一个较大的值以提高算法的全局搜索能力，然后在进化过程中逐步减少以搜索到精确解。收缩因子 χ 控制速度的大小，进化初期，一个较大的 χ 值有助于算法探索新的问题空间，进化后期，一个较小的 χ 值则可以提高算法的搜索精度。进化过程中的 w 和 χ 由下式修改：

$$w = 0.4 + 0.5 \times (N-i)/N,\quad \chi = 0.6 + 0.4 \times (N-i)/N \tag{2-3-5}$$

（3）进化产生下一代群体：*Generate*

Generate 是算法的主要部分，由 Pareto 最优解搜索（*FindgBest*）、更新群体粒子（*UpdateParticle*）、评价群体粒子（*Evalute*）和更新 *pBest*（*UpdatepBest*）几部分组成。下面分别给出具体实现。

1）基于 AGDEA 的 Pareto 最优解搜索：*FindgBest* 为 A_t 中的粒子在 Archive 集中选择其 *gBest*，其实现如图 2-3-6 所示。图中，A^j 用来存放 A_t 中优于粒子 $P_{j,t}$ 的成员，A^j 中密度最小的粒子存放在 G^j 中，$Density(A_k)$ 计算粒子 A_k 的密度估计值，$Rand\{G_{j,t}\}$ 表示从 $G_{j,t}$ 中随机选择一个成员。

对于某些特定的优化问题，如果所有的约束条件都可以转换为对决策变量可行域的限制，那么约束优化问题就可以转换为无约束优化问题进行求解，这样就使得约束优化问题的求解变得容易、高效。

粒子速度的作用是限制粒子在每次迭代中的步长，如果太小，算法就失去了全局搜索能力；反之，太大的速度值可能导致粒子围绕某个位置震荡。因此，当速度值小于一给定值时，对其重新初始化。粒子速度范围的最大值一般是其决策变量最大值的倍数，最小值则是其最大值的负数，但对于某些专门领域的优化问题，我们可以通过限制速度的变化范围，来引导粒子向收敛加快的方向搜索，从而提到搜索效率。

FindgBest

参数：A_t，$P_{j,t}$

输出：$g_{j,t}$

A. 计算 A_t 中优于 $P_{j,t}$ 的粒子集 A^j

　　FOR $k = 1$ TO $|A_t|$

　　　　$A^j = A^j + \{A_{k,t} \mid A_{k,t} \prec P_{j,t}, A_{k,t} \in A_t\}$

　　NEXT

B. 计算 A^j 中密度最小的粒子集 G^j

　　$G^j = \min\{\mathrm{Density}(A_k), k = 1, 2, \cdots, |A^j|, A_k \in A^j\}$

C. IF $|G^j| > 1$ THEN $g_{j,t} = \mathrm{Rand}\{G^j\}$

图 2-3-6　Pareto 最优解搜索算法

2）*UpdateParticle*：群体中的粒子在 *gBest* 和 *pBest* 的引导下搜索最优解，更新群体中粒子 *j* 的算法如图 2-3-7 所示。图中，*D* 为决策变量维数，*Rand* 为取随机数函数。w 为惯性权重，c_1、c_2 为学习因子，χ 为收缩因子，R_1、R_2 是[0,1]间的随机数，$p_{j,t}^i$ 和 $g_{j,t}^i$ 为粒子 *j* 的 *pBest* 和 *gBest* 的第 *i* 个决策分量值。

UpdateParticle

参数：$P_{j,t}$，$g_{j,t}$

输出：P_{t+1}

FOR $i = 1$ TO D

A. 计算决策变量的可行域 $[\underline{x}_{j,t}^i, \overline{x}_{j,t}^i]$

B. 计算速度的变化范围 $[\underline{v}_{j,t}^i, \overline{v}_{j,t}^i]$

C. $v_{j,t+1}^i = \chi(w v_{j,t}^i + c_1 R_1(p_{j,t}^i - x_{j,t}^i) + c_2 R_2(g_{j,t}^i - x_{j,t}^i))$

D. 当 $v_{j,t+1}^i \leqslant \varepsilon$ 时，$v_{j,t+1}^i = \mathrm{Rand}(\underline{v}_{j,t}^i, \overline{v}_{j,t}^i)$

E. $v_{j,t+1}^i$ 越界处理

F. $x_{j,t+1}^i = x_{j,t}^i + v_{j,t+1}^i$

G. $x_{j,t+1}^i$ 越界处理

　NEXT

图 2-3-7　更新粒子操作算法

3）*Evaluate*：计算 P_{t+1} 中粒子的目标函数矢量值。

4）*UpdatepBest*：完成 *pBest* 粒子的更新，算法相对简单，当 $P_{j,t} \prec p_{j,t}$ 时，

$p_{j,t} = P_{j,t}$；当 $P_{j,t} \diamondsuit p_{j,t}$ 时，则随机选择是否更新 $p_{j,t}$，其中符号 $\diamondsuit$ 表示两矢量独立，即互不优先。

（4）*UpdateArchive*：完成对 Archive 集的更新操作。进化得到新一代群体 P_{t+1} 后，把 P_{t+1} 中的非劣解保存到 Archive 集中，算法的具体实现见图 2-3-8，图中 $P_{k,t+1}$ 表示 P_{t+1} 中的第 k 个粒子。当 Archive 集为空集时，把 P_{t+1} 中的非劣解直接复制到 Archive 集中；当 Archive 集不为空时，只要 P_{t+1} 中粒子优于或者独立于 Archive 集中的某个粒子，则插入该粒子到 Archive 集中。

```
UpdateArchive
参数：P_{t+1}, A_t
输出：A_{t+1}
IF  A_t = Φ  THEN
    FOR k = 1 TO |P_{t+1}|
    A_{t+1} = A_{t+1} + {P_{k,t+1} | P_{k,t+1} ≺ P_{i,t+1} OR P_{k,t+1} ⋄ P_{i,t+1} ,i=1,2,…,|P_{t+1}|,i≠k}
    NEXT
ELSE
    FOR k = 1 TO |P_{t+1}|
    A_{t+1} = A_{t+1} + {P_{k,t+1} | P_{k,t+1} ≺ A_{i,t} OR P_{k,t+1} ⋄ A_{i,t} ,i=1,2,…,|P_{t+1}|,i≠k}
    NEXT
END IF
```

图 2-3-8　Archive 集更新算法

（5）*AdaptiveGridArchive*：计算目标空间中 Archive 集的网格信息及粒子的密度信息。在进化过程中，Archive 集的内容在不断变化，需要对其中的粒子在目标空间重新定位，算法的实现见图 2-3-9。AGDEA 计算得到 Archive 集在目标空间的网格信息（保存在 *Grid*[]中）和粒子的密度估计值（保存在 *Archive_obj*[]中），为 Pareto 最优解搜索和 Archive 修剪算法提供依据。

（6）*PruneArchive*：完成对 Archive 集的截断操作。当 Archive 集中的粒子数超过规定数目时，需要删除多余的粒子以维持稳定的 Archive 集规模。算法的具体实现见图 2-3-10。

（7）其他功能

为了改善算法的性能，一般来说，需要对群体或者 Archive 集中的粒子施加简单或专门设计的变异操作，由 *Mutation* 完成。*GetArchiveInfos* 根据问题的实际需求，计算 Archive 集中粒子的相关信息。*OutputArchive* 以指定的格式输出 Archive 中的粒子。

AdaptiveGridArchive

参数：A_{t+1}

输出：Archive 集的网格信息和粒子的密度值

A. 计算 Archive 集目标空间的边界

$(minF_1^t , maxF_1^t),(maxF_1^t , maxF_1^t),\cdots,(minF_D^t , maxF_D^t)$

B. 计算 $\Delta F_1^t , \Delta F_2^t \cdots, \Delta F_D^t$

C. 计算 Archive 集中粒子的网格信息和密度值

FOR j = 1 TO $|A_{t+1}|$

1）计算 j 粒子所在网格的编号，存入 Archive_obj[j,D+2]

2）FOR i = 1 TO G

计算网格 i 中的粒子数，存入 Grid[i,2]

Archive_obj[j,D+1] = Grid[i,2]

NEXT

NEXT

图 2-3-9　AGDEA 算法

PruneArchive

参数：A_{t+1}

输出：A_{t+1}

A. 计算网格中要删除的粒子数

DO WHILE Grid[i,2] > 1

按（2-4）式计算删除的粒子数 PN；Grid[i,3]= PN

LOOP

B. 删除多余的粒子

FOR j = 1 TO $|A_{t+1}|$

IF Grid[Archive_obj[j,D+2],3] > 0 THEN

清除 A_{t+1} 中第 j 个粒子的有效标志

END IF

NEXT

图 2-3-10　Archive 集的截断算法

3.3　AG-MOPSO 算法的性能测试与分析

3.3.1　非劣解的质量评价指标

评价优化算法的性能指标包括解的质量和生成解需要的计算资源。关于后者的一般做法是，统计算法中适应值评价的次数或者在一个特定计算环境下需要计算的总时间，这和单目标优化算法一样。前者在多目标优化算法中要复杂得多，在单目标优化算法里，可以通过比较目标函数的大小来定义解的质量，在多目标优化算法中，非劣解集质量的含义难以定义，是目标空间中到最优前沿的距离最近，还是覆盖目标空间的范围最宽？通过图形方式仍然是算法间进行非劣解集比较的常用方法。

为了定量评价多目标算法的性能，研究者们从下面三个方面出发，提出了系列评价指标[86,89,100]：①用搜索到的非劣解集和真 Pareto 前沿的距离来评价算法收敛性能；②基于个体间某种意义的距离作为评价解的分布性准则；③非劣解集对真 Pareto 前沿的覆盖范围。

1. 收敛性能评价指标

（1）Generational Distance（GD）[86]

GD 用来评价非劣解集与真 Pareto 最优前沿的距离，由下式定义：

$$GD = \frac{\sqrt{\sum_{i=1}^{n} d_i^2}}{n} \tag{2-3-6}$$

式中：n 为非劣解个数，d 是非劣解和真 Pareto 前沿中每两个解的最小欧氏距离。显然，当非劣解全部收敛到真 Pareto 前沿时，$GD = 0$，GD 越大表明非劣解越远离真 Pareto 前沿。

（2）标准 C[85,100]

设算法 A 和 B 搜索到的非劣解集大小相等，算法 A 非劣解集中弱 Pareto 优于 B 的解的个数 N_{AB} 作为判断算法 A 和 B 的收敛比较情况。

$$N_{AB} = \left| \{ b \in B \mid \exists a \in A: \ a \preceq b \} \right| \tag{2-3-7}$$

如果 N_{AB} 大于 N_{BA}，说明算法 A 的收敛情况比 B 要好；反之亦然。

函数 C 映射序对（A,B）到[0,1]中：

$$C(A,B) = \frac{N_{AB}}{|B|} \tag{2-3-8}$$

1）$C(A,B) = 1$ 意味着 A 中的所有元素 Pareto 优于 B；

2）$C(A,B) = 0$ 表示 A 中没有元素 Pareto 优于 B；

3）$C(A,B)$ 不一定等于 $1 - C(B,A)$。

（3）Error ratio（ER）[86]

ER 表示非劣解集中不是真 Pareto 最优解所占的比例。

$$ER = \frac{\sum_{i=1}^{n} e_i}{n} \tag{2-3-9}$$

式中：n 表示非劣解个数，如果非劣解集中的成员 i 在真 Pareto 最优解集中，

则 $e_i = 0$ ，否则 $e_i = 1$ 。最理想的情况是 $ER = 0$ ， ER 越小表示有更多的解位于真 Pareto 最优前沿中。

2. 多样性评价指标

Space（SP）[86]用来评价非劣解在目标空间分布的均匀程度。由于当前 Pareto 前沿的边界是已知的，由下式定义的标准来判断相邻解的距离

$$SP = \sqrt{\frac{1}{N-1}\sum_{i=1}^{N-1}(d_i - \overline{d})^2} \tag{2-3-10}$$

式中： d_i 为非劣解集中连续两个矢量的欧氏距离， $d_i = \min_{j}(\left| f_1^i(x) - f_1^j(x) \right|$ $+ \left| f_2^i(x) - f_2^j(x) \right|)$ ， $i,j = 1,\cdots,n$ ； $\overline{d}$ 为所有 d_i 的平均； n 为 Pareto 前沿中解的个数。 SP 越小表示算法搜索到的非劣解的分布越均匀。

由于大于两维目标函数空间的"连续矢量"的概念不好定义，所以 SP 标准仅适用于两维目标函数空间的优化问题。

3. 覆盖 Pareto 最优前沿范围的评价指标

Maximum Spread（MS）[123]用来评价非劣解集覆盖真 Pareto 前沿的程度。

$$MS = \sqrt{\frac{1}{M}\sum_{m=1}^{M}[(\max_{i=1}^{n} f_m^i - \min_{i=1}^{n} f_m^i)/(F_m^{\max} - F_m^{\min})]^2} \tag{2-3-11}$$

式中： n 是非劣解的个数， M 是目标空间维数， f_m^i 是个体 i 的第 m 个目标函数值， $F_m^{\max}$ 和 $F_m^{\min}$ 是真 Pareto 前沿中第 m 个目标的最大和最小值。

3.3.2 典型测试函数

由于两维目标的优化问题足以反映算法的基本特点，所以一般用两维目标优化函数来对算法的性能进行测试。文献[91,100]提供的系列函数是测试多目标优化算法最常用的函数。

设： $T(x) = (f_1(x), f_2(x))$

优化问题为：

$$\begin{cases} \text{Minimize} \quad T(x) \\ \text{subject to } f_2(x) = g(x_2,\cdots x_m)h(f_1(x), g(x_2,\cdots x_m)) \\ x = (x_1,\cdots,x_m) \end{cases} \tag{2-3-12}$$

（1）测试函数 ZDT1

$$f_1(x) = x_1$$

$$g(x_2,\cdots,x_m) = 1 + 9 \cdot \sum_{i=2}^{m} x_i /(m-1) \tag{2-3-13}$$

$$h(f_1, g) = 1 - \sqrt{f_1/g}$$

式中：$m = 30$，$x_i \in [0,1]$。

ZDT1 的 Pareto 最优前沿是凸的，由 $g(x) = 1$ 的 $T(x)$ 构成，即 $x_i = 0, i = 2, \ldots, m$。

（2）测试函数 ZDT2

$$f_1(x) = x_1$$
$$g(x_2, \cdots, x_m) = 1 + 9 \cdot \sum_{i=2}^{m} x_i / (m-1) \tag{2-3-14}$$
$$h(f_1, g) = 1 - (f_1/g)^2$$

式中：$m = 30$，$x_i \in [0,1]$。

ZDT2 的 Pareto 最优前沿是非凸的，由 $g(x) = 1$ 的 $T(x)$ 构成，即 $x_i = 0$，$i = 2, \ldots, m$。

（3）测试函数 ZDT3

$$f_1(x) = x_1$$
$$g(x_2, \cdots, x_m) = 1 + 9 \cdot \sum_{i=2}^{m} x_i / (m-1) \tag{2-3-15}$$
$$h(f_1, g) = 1 - \sqrt{f_1/g} - (f_1/g)\sin(10\pi f_1)$$

式中：$m = 30$，$x_i \in [0,1]$，即 $x_i = 0, i = 2, \ldots, m$。

ZDT3 代表了求解问题目标空间的不连续特性，它是由于函数 $h()$ 中的函数 sin() 引起的，其 Pareto 最优前沿是由几个不相邻的凸曲线构成的，由 $g(x) = 1$ 的 $T(x)$ 构成。

（4）测试函数 ZDT4

$$f_1(x) = x_1$$
$$g(x_2, \cdots, x_m) = 1 + 10(m-1) + \sum_{i=2}^{m} (x_i^2 - 10\cos(4\pi x_i)) \tag{2-3-16}$$
$$h(f_1, g) = 1 - \sqrt{f_1/g}$$

式中：$m = 30$，$x_1 \in [0,1]$，$x_2, \cdots, x_m \in [-5,5]$。

ZDT4 包含了 21^9 个局部 Pareto 最优前沿，它用来测试算法处理多峰函数的能力。ZDT4 的全局最优 Pareto 前沿是由 $g(x) = 1$ 的 $T(x)$ 构成，局部最优 Pareto 前沿由 $g(x) = 1.25$ 的 $T(x)$ 构成。注意并不是目标空间中所有的局部 Pareto 最优前沿都是有明显区别的。

（5）测试函数 ZDT6

$$f_1(x) = 1 - \exp(-4x_1)\sin^6(6\pi x_1)$$
$$g(x_2, \cdots, x_m) = 1 + 9 \cdot \left(\sum_{i=2}^{m} x_i / (m-1) \right)^{0.25} \tag{2-3-17}$$
$$h(f_1, g) = 1 - (f_1/g)^2$$

式中：$m = 10$，$x_i \in [0,1]$。

ZDT6 的特点是单峰和非均匀分布的目标空间。求解的困难有：①Pareto 最优解沿全局 Pareto 最优前沿的分布不均匀；②Pareto 最优前沿附近解的多样性不高。ZDT6 用来测试算法搜索解的多样性的能力，其 Pareto 最优前沿是非凸的，由 $g(x) = 1$ 的 $T(\boldsymbol{x})$ 构成，即 $x_i = 0, i = 2, \ldots, m$。

此外，还用到了以下几个测试函数。

（6）SPH-m

$$f_j(\boldsymbol{x}) = \sum_{1 \leqslant i \leqslant n, i \neq j} (x_i)^2 + (x_j - 1)^2 \tag{2-3-18}$$
$$1 \leqslant j \leqslant m, \quad m = 2,3, \quad n = 100, \quad \boldsymbol{x} \in [-10^3, 10^3]^n$$

SPH-m 是由球模型产生的多目标函数，球模型一般用来对进化策略进行理论分析和经验研究。一般考虑 SPH-2 和 SPH-3。SPH-m 函数有很大的决策域，本文用来测试算法在大规模决策空间搜索 Pareto 最优解集的能力。

（7）QV

$$f_1(x) = \left(\frac{1}{n} \sum_{i=1}^{n} (x_i^2 - 10\cos(2\pi x_i) + 10) \right)^{0.25}$$
$$f_2(x) = \left(\frac{1}{n} \sum_{i=1}^{n} ((x_i - 1.5)^2 - 10\cos(2\pi(x_i - 1.5)) + 10) \right)^{0.25} \tag{2-3-19}$$
$$n = 100, \quad \boldsymbol{x} \in [-5,5]^n$$

QV 是两目标的多峰函数，其 Pareto 最优前沿非常凹，求解的困难在于那些极端点的多样性不好。

（8）Schaffer's F2

多目标优化算法中最简单的一个测试函数是著名的 Schaffer F2。

$$\text{minimize} f_2(\boldsymbol{x}) = (g(x), h(x))$$
$$g(x) = x^2 \tag{2-3-20}$$
$$h(x) = (x - 2)^2$$

式中：$\boldsymbol{x} \in [-10^3, 10^3]^n$。显然，Pareto 最优前沿在区间 $x \in [0,2]$ 内。

3.3.3　网格密度对算法性能的影响

Archive 集中粒子的密度信息和网格信息是 AG-MOPSO 算法的基础，网格密度对算法的计算开销、解的多样性等有较大的影响。下面通过一个具体的实例来说明网格密度对算法性能的影响，以及如何选择合适的网格密度参数。

以函数 Schaffer_F2 为例，用图 2-3-2 中的 M 代表网格密度，研究网格密度和计算时间、解的多样性的关系。为了不失一般性，M 由下式计算：

$$M = \frac{|A|}{a} \qquad (2\text{-}3\text{-}21)$$

式中，$|A|$ 表示给定的 Archive 集规模，a 为网格密度系数，$a \in [1, |A|)$，a 越大，网格密度越小，反之越大。

AG-MOPSO 算法的相关参数见表 2-3-3，Pareto 最优解搜索算法采用随机搜索。表中的 w 和 χ 由式（2-3-5）计算。a 值以步长 0.5 从 1 到 10 共计算 20 次，计算结果的 a 值、计算时间和 SP 值的关系见图 2-3-11。图中横坐标为 a 值，左右纵坐标分别为计算时间和 SP 值。

表 2-3-3　算法参数表

群体规模	30	Archive 集规模	60
学习因子 c_1, c_2	2.05	进化代数	300
惯性权重 w	0.4～0.9	收缩因子 χ	0.6～1.0

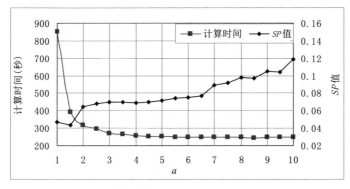

图 2-3-11　网格密度系数值与计算时间及 SP 值的关系

从图 2-3-11 可以看出，SP 随着 a 的增大而增大，计算时间随着 a 的增大而减小。在 a 较小的时候，SP 和计算时间对 a 的变化比较敏感，当 a 增加到一定值后，SP 和计算时间的变化将减小。对于 Schaffer_F2 函数在表 2-3-3 的参数下，当 a 大于 3 后，增大 a 对计算时间的减少影响不大，但 SP 却在变坏。图 2-3-11 也表明，算法在有限的进化代数内，计算结果有一定的随机性。

需要说明的是，不同的优化对象在不同的参数下计算得到的结论可能是不一样的，应该根据具体的优化对象和计算要求，选择不同的 a 值，在计算开销和解的质量间达到平衡。实践表明，a 取 2 左右能够满足一般优化任务的要求。

3.3.4 *e*-Pareto 最优下 *e* 对算法性能的影响

由于 Archive 集的初始值对算法有一定的影响，尽可能快地获得品质较好、规模可观的 Archive 集的初始群体对算法也是比较重要的。这里，我们基于 *e*-Pareto 最优关系，通过少量代数的进化获得 Archive 集的初始群体。通过实例计算，分析 *e* 在不同取值下非劣解集的性能，为算法中 *e* 值的选取策略提供依据。

选用函数 ZDT1 进行不同 *e* 值的进化计算，算法的有关参数见表 2-3-4。计算结果中不同 *e* 值、非劣解数和 *GD* 值的关系见图 2-3-12。结果表明，*e* 越大，在规定进化代数内得到的非劣解越多，但解的总体质量也随着下降，原因是那些远离真 Pareto 前沿的解也由于 *e* 的增大而被保留在 Archive 集中。

表 2-3-4　算法参数表

群体规模	100	Archive 集大小	300
学习因子 c_1, c_2	2.05	进化代数	200
惯性权重 w	0.4～0.9	收缩因子 χ	0.6～1.0
网格密度系数 a	1.5	决策变量维数	30

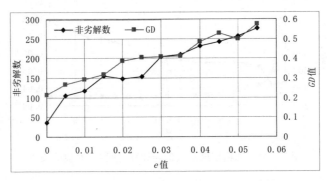

图 2-3-12　*e* 与非劣解数及 *GD* 值的关系

选取 *e* 值的策略一般为：在进化初期可以选择较大的 *e* 值，得到分布较广、数量较多的非劣解集，以改善算法对整个决策空间的搜索能力，*e* 值随进化过程快速减少，以减少计算成本，提高搜索精度。

3.3.5 典型测试函数下算法性能的比较分析

为了分析比较 AG-MOPSO 算法在处理不同优化问题时的性能，我们选择一组有代表性的测试函数进行计算。在搜索到的 Pareto 最优前沿、评价指标 *SP*、

GD、ER、MS 和非劣解数方面，对 AG-MOPSO 和 6 个典型的 MOEAs 进行分析比较。选择的测试函数有 ZDT1、ZDT2、ZDT3、ZDT4、ZDT6、SPH-2 和 QV，由于算法的当前版本不能处理离散的优化问题，故没有选择 ZDT5。比较的算法有 NSGA、SOEA、SPEA、PESA、NSGA2 和 SPEA2，这些算法的计算结果来源于文献[125]的资料，AG-MOPSO 算法的有关参数见表 2-3-5。

表 2-3-5 算法参数表

群体规模	100	Archive 集规模	100
学习因子 c_1,c_2	2.05	惯性权重 w	0.4～0.9
收缩因子 χ	0.6～1.0	网格密度系数 a	2.0
ZDT1,2,3,4 进化代数	5000	独立计算次数	30
ZDT6,SPH-2,QV 进化代数	8000		

30 次独立计算中，各算法最好结果的 Pareto 最优前沿比较示意图如图 2-3-13～图 2-3-19 所示，图中 TRUE 为真 Pareto 前沿。SP、GD、ER、非劣解数和 MS 等性能指标的比较结果分别见表 2-3-6～表 2-3-10 和图 2-3-20～图 2-3-24。图 2-3-20～图 2-3-24 中竖线的上、中、下 3 条短横线分别代表相应算法收敛性能评价指标值的最大值、平均值和最小值，A-MOPSO 为 AG-MOPSO 的简写。由于在文献中没有找到 SPH-2 和 QV 的真 Pareto 前沿，故关于两种算法的 SP、GD 和 ER 在本文中没有计算。AG-MOPSO 与 NSGA、SOEA、SPEA、NSGA2、SPEA2 关于 C 指标的比较见图 2-3-25。

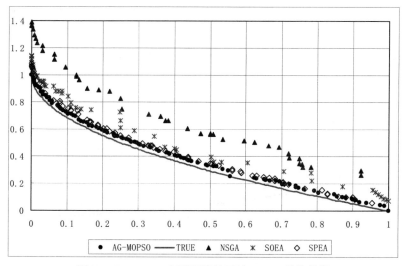

图 2-3-13 ZDT1 在不同算法下的 Pareto 最优前沿

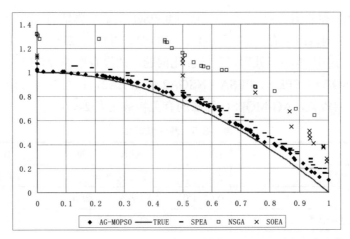

图 2-3-14　ZDT2 在不同算法下的 Pareto 最优前沿

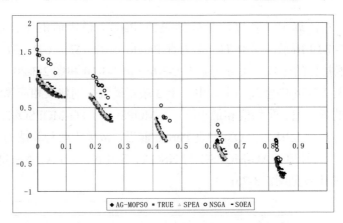

图 2-3-15　ZDT3 在不同算法下的 Pareto 最优前沿

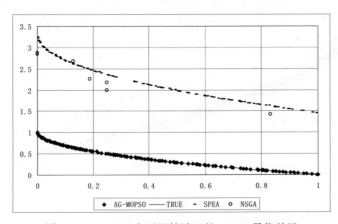

图 2-3-16　ZDT4 在不同算法下的 Pareto 最优前沿

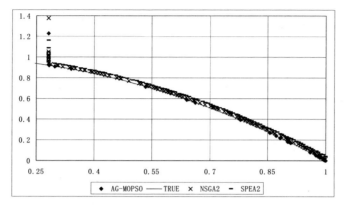

图 2-3-17　ZDT6 在不同算法下的 Pareto 最优前沿

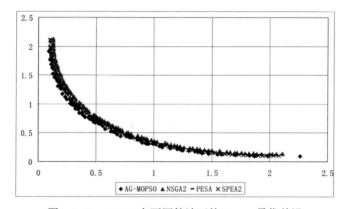

图 2-3-18　SPH 2 在不同算法下的 Pareto 最优前沿

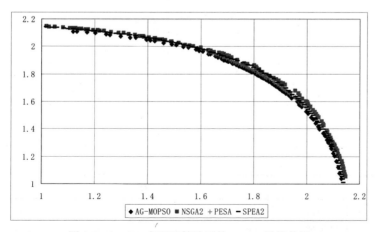

图 2-3-19　QV 在不同算法下的 Pareto 最优前沿

表 2-3-6 ZDT1 计算结果的性能指标

算法		SP	GD	ER	非劣解数
NSGA	平均值	0.0296	0.1173	1	43
	最大值	0.0351	0.1491	1	51
	最小值	0.023	0.0964	1	32
SOEA	平均值	0.0297	0.0156	1	52
	最大值	0.0297	0.0156	1	52
	最小值	0.0297	0.0156	1	52
SPEA	平均值	0.0147	0.0043	0.7252	74
	最大值	0.0179	0.0055	0.931	88
	最小值	0.0127	0.0021	0.325	55
AG-MOPSO	平均值	0.0120	0.0021	0.3391	109
	最大值	0.0203	0.0048	0.9245	122
	最小值	0.0084	0.0016	0.0769	74

表 2-3-7 ZDT2 计算结果的性能指标

算法		SP	GD	ER	非劣解数
NSGA	平均值	0.0697	0.2304	1	21
	最大值	0.1033	0.2970	1	29
	最小值	0.0442	0.1682	1	16
SOEA	平均值	0.1256	0.0949	1	18
	最大值	0.1256	0.0949	1	18
	最小值	0.1256	0.0949	1	18
SPEA	平均值	0.0282	0.0123	0.9912	44
	最大值	0.0395	0.0222	1	57
	最小值	0.0192	0.0058	0.8864	31
AG-MOPSO	平均值	0.0151	0.0089	0.8231	73
	最大值	0.02	0.0276	1	83
	最小值	0.011	0.0075	0.7111	60

表 2-3-8 ZDT3 计算结果的性能指标

算法		SP	GD	ER	非劣解数
NSGA	平均值	0.057	0.1756	1	47
	最大值	0.0859	0.2377	1	66
	最小值	0.0401	0.1364	1	37

续表

算法		SP	GD	ER	非劣解数
SOEA	平均值	0.094	0.0275	1	38
	最大值	0.094	0.0275	1	38
	最小值	0.094	0.0275	1	38
SPEA	平均值	0.042	0.0057	0.8873	69
	最大值	0.0532	0.0079	0.9861	87
	最小值	0.0349	0.0035	0.6	46
AG-MOPSO	平均值	0.031	0.0049	0.884	108
	最大值	0.034	0.0060	0.983	118
	最小值	0.028	0.0036	0.708	94

表 2-3-9　ZDT4 计算结果的性能指标

算法		SP	GD	ER	非劣解数
NSGA	平均值	0.2183	28.5321	1	7
	最大值	0.3766	99.2613	1	11
	最小值	0.0394	2.9663	1	3
SPEA	平均值	0.1005	27.4224	1	66
	最大值	0.3223	86.3949	1	184
	最小值	0.0217	5.8236	1	6
AG-MOPSO	平均值	0.0114	0.014	0.368	118
	最大值	0.041	0.041	1	132
	最小值	0.0055	0	0	72

表 2-3-10　ZDT6 计算结果的性能指标

算法		SP	GD	ER	非劣解数
NSGA2	平均值	0.1068	0.033	0.06	100
	最大值	0.422	0.1872	0.08	100
	最小值	0.0063	0.0006	0.03	100
PESA	平均值	0.0088	0.0007	0	100
	最大值	0.01	0.0011	0	100
	最小值	0.0078	0.0005	0	100

续表

算法		SP	GD	ER	非劣解数
SPEA2	平均值	0.0527	0.0732	0.07	100
	最大值	0.3342	0.1934	0.3	100
	最小值	0.0032	0.001	0	100
AG-MOPSO	平均值	0.1471	0.0558	0.091	65
	最大值	0.1994	0.0958	0.222	73
	最小值	0.0048	0.0082	0	53

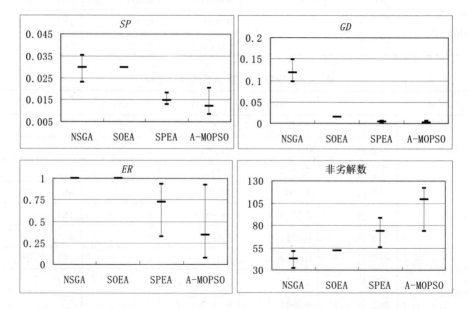

图 2-3-20　各算法在 ZDT1 函数关于 *SP*、*GD*、*ER* 和非劣解数方面的比较示意图

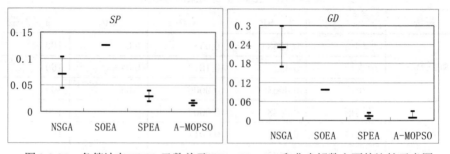

图 2-3-21　各算法在 ZDT2 函数关于 *SP*、*GD*、*ER* 和非劣解数方面的比较示意图

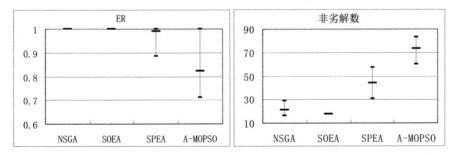

图 2-3-21　各算法在 ZDT2 函数关于 SP、GD、ER 和非劣解数方面的比较示意图（续图）

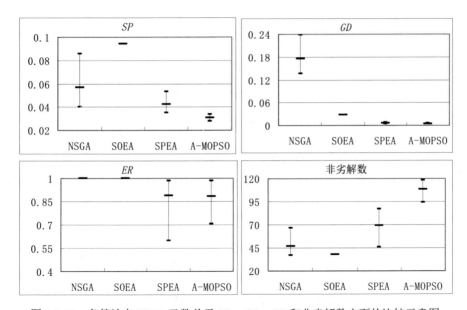

图 2-3-22　各算法在 ZDT3 函数关于 SP、GD、ER 和非劣解数方面的比较示意图

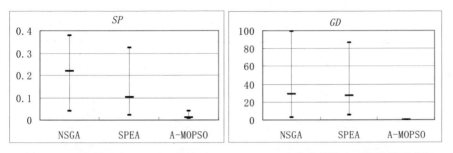

图 2-3-23　各算法在 ZDT4 函数关于 SP、GD、ER 和非劣解数方面的比较示意图

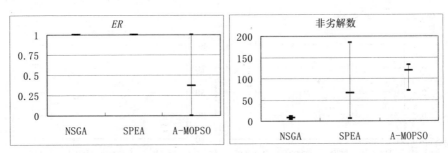

图 2-3-23　各算法在 ZDT4 函数关于 *SP*、*GD*、*ER* 和非劣解数方面的比较示意图（续图）

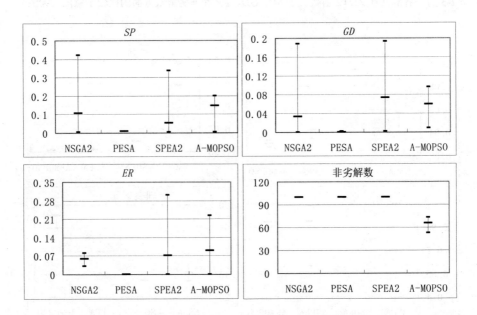

图 2-3-24　各算法在 ZDT6 函数关于 *SP*、*GD*、*ER* 和非劣解数方面的比较示意图

图 2-3-25　AG-MOPSO 算法和其他算法关于指标 *C* 的比较示意图

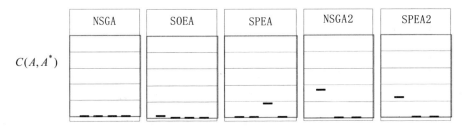

图 2-3-25　AG-MOPSO 算法和其他算法关于指标 C 的比较示意图（续图）

图中，A^* 代表 AG-MOPSO，A 分别代表 NSGA,SOEA,SPEA,NSGA2 和 SPEA2,横坐标表示不同的优化函数,纵坐标为 C 值。上排的 5 个图分别表示指标 C(AG-MOPSO,A)的比较结果,下排则表示 C(A,AG-MOPSO)的比较结果。NSGA,SOEA 和 SPEA 的横坐标从左到右依次为 ZDT1,ZDT2,ZDT3 和 ZDT4,NSGA2 和 SPEA2 依次为 ZDT6,SPH-2 和 QV。图中每个方框底端的坐标为 0,顶端为 1。

　　ZDT1 函数用来测试算法解决 Pareto 最优前沿是凸的优化问题的能力。结果表明，AG-MOPSO 在 SP、GD、ER 和非劣解数指标方面要略优于 SPEA，优于 NSGA 和 SOEA。在处理凸优化问题的时，AG-MOPSO 和 SPEA 收敛到 Pareto 前沿的能力和非劣解的多样性要好于 NSGA 和 SOEA。

　　ZDT4 函数用来测试算法处理多峰函数和跳出局部最优的能力。NSGA 和 SPEA 计算 ZDT4 的效果很差，都不同程度地陷入了局部 Pareto 最优前沿（SOEA 搜索到的非劣解质量更差,没有在图中画出来）。NSGA 平均只搜索到 7 个非劣解，SPEA 虽然平均搜索到了 66 个非劣解，但最少的时候只有 6 个，而且 NSGA 和 SPEA 搜索到的非劣解都收敛到远离真 Pareto 前沿的局部最优（GD 的平均值达到 28.5321 和 27.4224，最小值也有 2.9663 和 5.8236）。AG-MOPSO 成功地求解了该问题,计算结果中最好的非劣解全部收敛到真 Pareto 最优前沿（$ER=0$ 和 $GD=0$），GD 的平均值为 0.014，远远小于 NSGA 和 SPEA，SP 的最小值达到 0.0055，解的多样性也比较理想。在非劣解数量方面，平均值和最小值的差距不大，算法收敛情况稳定。结果表明,AG-MOPSO 在处理多峰函数和全局收敛能力较强，与 NSGA 和 SPEA 等比较有较大的优势。

　　函数 ZDT3 用来测试算法求解不连续目标空间优化问题的能力。在计算结果中，AG-MOPSO 和 SPEA 的收敛效果较 NSGA、SOEA 要好，说明 AG-MOPSO 和 SPEA 在处理不连续目标空间的优化问题时性能较好，AG-MOPSO 搜索到的非劣解比 SPEA 要多。整体上看，AG-MOPSO 算法在处理这类问题时略优于 SPEA。

　　函数 ZDT2 用来测试算法处理 Pareto 最优前沿是非凸优化问题的能力。计算表明，AG-MOPSO 在 SP、GD 和 ER 指标方面要略优于 SPEA，得到的非劣解数量优势较明显。

函数 ZDT6 主要用来测试算法搜索解的多样性的能力。结果表明，PESA 的收敛性能最好，AG-MOPSO、NSGA2、SPEA2 在 SP、GD 和 ER 指标方面各有优势，非劣解数量少于其他算法。可能是为了减少计算复杂度，AG-MOPSO 在 Archive 集的截断算法中，采用随机选择的方法删除网格中多余的粒子，当优化问题的 Pareto 前沿分布性不均匀时，会出现某些网格中的粒子过于集中的现象，这时，随机选择的删除算法可能会删除有进化潜力的粒子，影响算法的收敛性能。

SPH-2 和 QV 函数主要是用来测试算法处理大范围决策空间和大规模优化问题的能力，QV 函数的 Pareto 最优前沿非常凹，求解的困难在于那些极端点的多样性不好。从图 2-3-18 和图 2-3-19 的 Pareto 最优前沿比较图上可以看出，AG-MOPSO 得到的 Pareto 前沿比 NSGA2、SPEA2 和 PESA 都要靠近真 Pareto 最优前沿，表明 AG-MOPSO 在处理这类优化问题的能力较其他几种算法有优势。

图 2-3-25 中指标 C 的比较结果表明，AG-MOPSO 的收敛性能要明显优于 NSGA、SOEA、SPEA，在函数 ZDT6 中和 NSGA2、SPEA2 的收敛性能接近，在函数 SPH-2 和 QV 下要优于 NSGA2 和 SPEA2。

从前面的分析结果可以看出，和几种有代表性的 MOEAs 比较，AG-MOPSO 在处理多峰函数能力、全局优化能力、处理大范围决策空间和大规模优化问题的能力，以及求解目标空间不连续的优化问题的能力方面等有较大的优势，但处理多样性不好的优化问题的能力有待进一步提高。

3.4 基于 AG-MOPSO 算法的梯级多目标调度

市场环境下梯级电站调度的目标除了发电、防洪外，还涉及到生态、航运、灌溉等综合利用方面的要求，发电效益不再是单独追求发电量最大，容量效益的作用日趋重要。梯级电站的运行必须均衡考虑上游、下游防洪、发电、航运以及环境保护等相互矛盾的要求。因此，大规模、多目标、复杂约束条件等是梯级水电调度的新特点，对求解算法提出了更高的要求。

基于 AG-MOPSO 算法对梯级电站多目标发电、防洪和水电联合优化调度问题进行研究，最后以三峡梯级电站调度问题为背景，获得各调度问题的多目标非劣调度方案集，为梯级电站调度决策的制定提供数据准备。

3.4.1 多目标发电调度

发电量和保证出力是梯级电站优化调度的两个主要指标，保证出力是电站发挥容量效益的根本条件，具有保证出力，就可以通过系统的电力电量平衡来研究是否具有替代容量的可能性。发电量最大则是充分利用水资源的体现，是发电公司效益的保障。由于发电量和保证出力是两个不可公度的指标，且两者的值成反比关系[126]。如何协调两者的关系，根据电站的实际运行情况，使发电公司的综合效益最大是一个需要研究解决的问题。

本节以梯级年发电量和保证出力最大为目标，建立基于 AG-MOPSO 算法的梯级电站多目标发电优化调度模型，以三峡梯级电站优化调度问题为应用背景，得到关于年发电量和保证出力的非劣调度方案集。

（1）数学模型

给定调度期内的径流过程，建立如下调度模型：

$$PE = \max \sum_{t=1}^{T} \sum_{i=1}^{N} P_{i,t} \cdot N_{i,t} \cdot \Delta t \qquad (2\text{-}3\text{-}22)$$

$$PF = \max \min_{1 \leqslant t \leqslant T} \left\{ \sum_{i=1}^{N} N_{i,t} \right\} \qquad (2\text{-}3\text{-}23)$$

式中，PE 为梯级电站调度期内的总发电效益，PF 为系统保证出力，T 为调度期内的总时段数，N 为梯级电站个数，$P_{i,t}$ 和 $N_{i,t}$ 分别为时段 t 电站 i 的电价和出力，Δt 为时段长度。式（2-3-22）的目标函数为发电效益最大，当 $P_{i,t}$ 等于 1 时，该目标函数即为梯级电站的发电量最大。式（2-3-23）的目标函数类似于保证出力最大，可使系统的破坏深度最低。

（2）算法实现

梯级电站多目标调度算法的结构见图 2-3-5，其中决策变量为各水库调度时段的上游水位。由于 AG-MOPSO 算法通用性较好，在用来求解梯级电站发电多目标调度问题时，只需要修改少部分内容。下面对图 2-3-5 的 AG-MOPSO 算法需要修改的部分作简要说明。

初始化操作。初始化要赋值的参数有：①梯级各水库和电站的特征数据，包括各水库的水位库容关系曲线、下泄流量与下游水位关系曲线、电站的出力系数等；②入库径流；③约束条件，包括调度期内各时段的调节库容、出力和下泄流量范围限制、由航运等要求的时段间水位和流量的变幅限制、调度期末水位限制等；④AG-MOPSO 算法的相关参数，包括进化代数、群体规模、Archive 集大小、网格密度系数、学习因子、惯性权重、决策空间和目标空间维数等。

更新粒子操作 *UpdateParticle* 中，决策变量可行域的计算见图 2-2-2，速度的最大值为相应决策变量的最大值，最小值为其负最大值；*Evaluate* 按式（2-3-22）

和式（2-3-23）计算群体中各粒子的目标函数矢量值；*GetArchiveInfos* 计算 Archive 集中各粒子的下泄流量过程线、出力过程线、弃水量等；*OutputArchive* 输出 Archive 集中各非劣解的水位过程线、下泄流量过程线、出力过程线、调度期总发电量、保证出力等。

约束条件的处理仍然是一个关键问题，在有综合利用要求的梯级电站调度问题中，除了发电、防洪任务外，还有其他综合利用要求，这给问题的求解增加了难度，尤其是对不善于处理等式约束的随机优化算法来说，复杂的约束条件使得计算成本大大增加。我们把对下泄流量、出力、下游水位等的约束限制转换到对上游水位的限制上，即对决策变量可行域的限制，这样梯级调度问题就变成了无约束的优化问题，简化了问题的求解。

（3）三峡梯级多目标发电调度

以三峡水库典型设计径流为入库流量，以梯级年发电量最大和保证出力最大为目标，对三峡梯级的多目标发电调度问题进行研究。

1）参数设置

相关参数及约束条件的设置见表 2-3-11 和表 2-3-12。AG-MOPSO 算法的惯性权重和收缩因子的计算见式（2-3-5）。

表 2-3-11　AG-MOPSO 算法相关参数

参数名称	进化代数	群体规模	决策空间维数	目标空间维数	Archive集大小	网格密度系数	学习因子
参数值	5000	100	24	2	100	1.5	2.05

表 2-3-12　三峡梯级相关参数

参数名	三峡	葛洲坝
下泄流量范围（m^3/s）	[1580, 98800]	[3200, 86000]
上游水位范围（m）	[135, 156]	[63, 66.5]
下游水位范围（m）	[63, 71.8]	[38, 58.63]
出力变化范围（万 kW）	[0, 1820]	[0, 271.5]
出力系数	8.5	8.4
起调水位（m）	155	64.5

2）调度结果分析

对 0.99 和 0.5 的设计径流进行调度计算，算法分别搜索到 116 和 107 个关于年发电量和保证出力的非劣调度方案，见图 2-3-26 和图 2-3-27。图中，横坐标表示年发电量,单位为亿 kW·H;纵坐标表示保证出力,单位为万 kW。

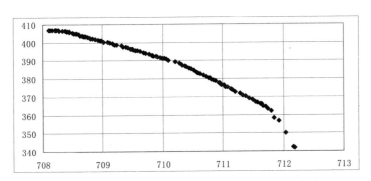

图 2-3-26 三峡梯级多目标发电调度结果(入库径流概率为 0.99)

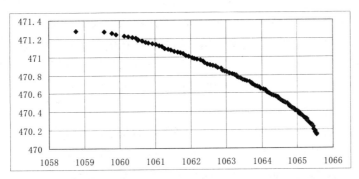

图 2-3-27 三峡梯级多目标发电调度结果(入库径流概率为 0.5)

从图 2-3-26 的结果可以看出,发电量从 407.0 亿 kW·H 增加 712.2 亿 kW·H,而保证出力则从 407.0 万 kW 降低到 342.1 万 kW,发电量和保证出力的变化范围比较大,说明在枯水年份保证出力和年发电量的反比关系比较明显。原因是:在给定用水量的枯水期水库调度中,保证出力越大,就要求水库预留更多的库容来发这部分出力,水库可利用的库容就会减少,年发电量就越小;反之,保证出力越小,则水库可利用库容就越大,年发电量就越大。

当调度期内来水较丰,如果水库的调节能力较大,能够对来水进行完全调节,保证出力就不会随发电量的增加而减少。但三峡水库为季调节水库,而且还有防洪、航运等限制,加上三峡流域来水的时空分布很不均匀(如 0.5 的典型设计径流中,7 月份平均流量为 29500m³/s,1 月份则为 4300m³/s),因此不能够将年内来水在时间上完全重新分配,即在汛期会产生弃水,枯水期却会出现出力不足的情况。图 2-3-27 所示的结果说明了这点,年发电量的变化范围为 1065.6~1058.8 亿 kW·H,保证出力的变化范围为 471.3~468.0 万 kW,虽然保证出力随发电量的变化不大，但还是有一定的变化，说明枯水期出力有不足的情况，而且年内有少量弃水。

3.4.2 多目标洪水调度

洪水优化调度是防洪非工程措施的主要手段之一。洪水调度合理与否不仅直接关系着大坝本身和上下游人民的生命财产安全，也关系着水库能否蓄满、汛后兴利经济效益的大小。

在洪水调度中，目标函数间往往相互冲突，例如：防洪和发电，大坝安全、上游防洪和下游防洪，发电与上游航运，上游航运和下游航运等。对电站发电而言，希望水库尽量保持最高水位，以满足电站充分出力，但对调节性能不好的水库，汛期必须保持在较低水位运行，腾空库容以拦蓄洪水，水库防洪与发电为争夺库容存在矛盾。为了确保大坝安全和上游淹没损失最小，要求水库尽可能多地泄洪，使在一次调洪中的最高水位越低越好。而在确保下游防护区损失最小的目标中，则要求水库尽可能多蓄洪，使下泄的洪峰流量越小越好，上游防洪目标与下游防洪目标存在矛盾。对有航运要求的水库，电站发电与上游航运之间、上游航运和下游航运之间也存在矛盾[127]。

洪水调度是一个多目标、多属性、多阶段的复杂决策过程，如何在冲突目标间达到平衡，获得满足各个调度目标的折衷调度方案，是一个迫切需要解决的问题。本节以一次调洪中动用的防洪库容最小和下泄洪峰流量最小为目标函数，建立多目标洪水优化调度模型，以三峡梯级洪水调度问题为应用背景，得到非劣调度方案集，为多属性洪水调度决策提供数据准备。

（1）数学模型

梯级水库防洪调度的目标大体可以分为确保大坝和堤防安全、下游和上游淹没损失最小。坝体安全和上游淹没损失主要与水库蓄洪量有关，用水库最高水位及高水位历时两个指标进行调控，下游淹没损失主要与分洪量及其分洪最大流量有关，堤防安全与河道行洪流量及高水位历时有关[128]。建立多目标洪水优化调度模型的目标函数如下：

1）大坝安全与上游防洪目标

大坝安全与上游防洪目标以一次调洪中动用的防洪库容最小为原则。对于汛期防洪调度，要尽可能缩短高水位历时，使库水位落到期望值（如汛限水位）。以防后继可能到来的大洪水。目标函数为：

$$\min VF_i = \max_{t \in T}[(V_i(t) - V_i(0)), 0] \tag{2-3-24}$$

式中：$V_i(0)$ 为第 i 水库汛期调度期望蓄水量；$V_i(t)$ 为第 i 水库 t 时刻的蓄水量。

2）下游堤防安全

对堤防威胁最大的是河道最高水位，堤防安全以通过防洪控制点的最大洪峰流量最小为准则，目标函数为：

$$\min L = Q_{max} \tag{2-3-25}$$

式中：Q_{max} 为下游防洪控制点通过的洪峰流量最大值。

下游堤防安全的约束条件除了 2.2.2 小节的内容之外，还有梯级水库的防洪、航运调度规程等。

（2）算法实现

算法中除了以下内容外，其余的同 3.4.1 节。

1）初始化读入防洪、航运调度规程等数据；

2）*Evaluate* 按式（2-3-24）和式（2-3-25）计算群体中各粒子的目标函数矢量值；

3）*GetArchiveInfos* 计算 Archive 集中各粒子的最高水位、最高水位历时、下泄洪峰流量、下泄洪峰流量历时、调度期末水位等调度方案指标；

4）*OutputArchive* 输出 Archive 集中各非劣调度方案的水位过程线及 *GetArchiveInfos* 计算的各指标。

（3）三峡梯级多目标洪水调度

三峡梯级水利枢纽集防洪、蓄水、发电、航运等综合利用功能为一体，在汛期的主要任务是防洪，但三峡水库的防洪库容（221.5 亿 m³）相对于入库多年平均年径流量（4510 亿 m³）来说，库容系数不足 5%，相对较小，大坝安全与下游防洪、防洪与发电为争夺库容存在矛盾。通过科学的洪水调度，协调目标间的矛盾，在取得巨大防洪效益的同时，也可以得到可观的发电效益。

1）三峡水库防洪调度规程、特征水位和流量

三峡洪水调度采用"对荆江补偿调度方式"[129]，考虑到宜昌至枝城区间的清江洪水，当遇百年一遇及其以下洪水时，控制水库下泄流量最大不超过 55000m³/s；当遇千年一遇及其以下洪水时，控制水库下泄流量最大不超过 78000m³/s。假定葛洲坝水位一直保持防洪限制水位，三峡水库起调水位为防洪限制水位 145m，调度期末水位尽量回落到 145m。

三峡梯级水库特征数据见表 2-3-13。

2）调度结果分析

基于 AG-MOPSO 算法，以一次调洪中最高库水位最低和下泄洪峰流量最小为目标，研究典型设计洪水下三峡水库的洪水调度问题。

表 2-3-13　三峡梯级水库特征数据

项目	三峡	葛洲坝
正常蓄水位（m）	175	
防洪限制水位（m）	145	
千年一遇洪水位（m）	175	
设计泄洪流量（m³/s）	98800	86000
校核洪水流量（m³/s）	124300	
设计洪水位（千年一遇）（m）	175	66
校核洪水位（万年一遇）（m）	180.4	67

算法相关参数及约束条件的设置见表 2-3-14。AG-MOPSO 算法的惯性权重和收缩因子按式（2-3-5）计算。

表 2-3-14　AG-MOPSO 算法相关参数

参数名称	进化代数	群体规模	决策空间维数	目标空间维数	Archive集大小	网格密度系数	学习因子
参数值	4000	100	80	2	100	2.5	2.05

以 1981 年 5%、1%、0.5%和 0.2%的洪水为入库洪水，对三峡水库进行洪水调度计算，得到了关于一次调洪中最高库水位和下泄洪峰流量的非劣洪水调度方案集，见图 2-3-28～图 2-3-31，调度方案集的参数统计见表 2-3-15。图中，横坐标表示调度期内各调度方案的最高库水位，单位为 m；纵坐标表示各调度方案下泄洪峰流量，单位为 m³/s。

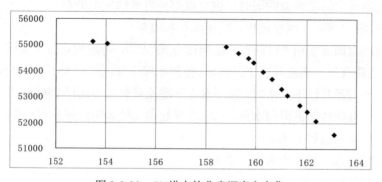

图 2-3-28　5%洪水的非劣调度方案集

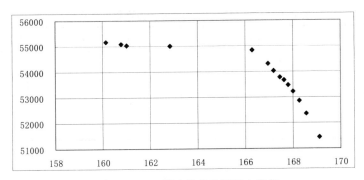

图 2-3-29　1%洪水的非劣调度方案集

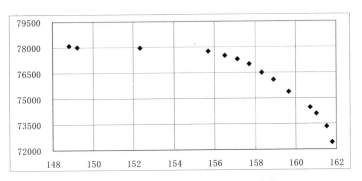

图 2-3-30　0.5%洪水的非劣调度方案集

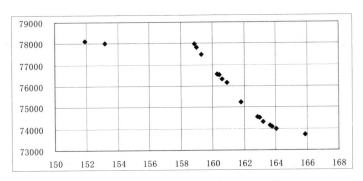

图 2-3-31　0.2%洪水的非劣调度方案集

计算结果表明，调度方案集中下泄洪峰流量随最高库水位的增大而减少，即大坝安全和上游防洪风险增加的同时，下游防洪风险在减少；反之亦然。

表 2-3-15   多目标洪水调度非劣方案集参数统计表

入库洪水概率	库水位范围	下泄流量范围	调度方案数
5%	[153.49 , 161.84]	[51545 , 55133]	14
1%	[160.15 , 169.09]	[51444 , 55158]	14
0.5%	[148.82 , 161.68]	[72401 , 78072]	14
0.2%	[151.91 , 165.84]	[73719 , 78117]	17

3.5   基于 AG-MOPSO 算法的水电联合调度

对于后汛期的洪水调度，汛末拦蓄洪尾方案直接决定了发电效益，拦蓄洪尾越多，汛末水位越高，发电效益越大，但由于目前的预报方法无法准确预报后续洪水，因此防后续洪水的风险也越大。本节以调度期末水位为发电效益指标，最高库水位为上游防洪风险指标，基于 AG-MOPSO 算法研究三峡梯级的多目标优化调度，得到协调防洪和发电的非劣调度方案集。

3.5.1   数学模型及算法实现

目标函数为：

$$\max G = Z_T \tag{2-3-26}$$
$$\min Z = \max\{Z_i(t),\ t = 1, 2, \cdots, T\} \tag{2-3-27}$$

式中：Z_T 为调度期末库水位，$Z_i(t)$ 为第 i 水库 t 时刻的水位。

目标函数（2-3-26）为调度期末水位最高，（2-3-27）为一次洪水调度中最高库水位最低。

约束条件同 3.4.2 节的约束条件。

求解算法中，*Evaluate* 按式（2-3-26）和式（2-3-27）计算群体中各粒子的目标函数矢量值，其他部分同 3.4.2 节内容。

3.5.2   三峡梯级汛末不同拦蓄洪尾方案下的水电联合调度

基于 AG-MOPSO 算法，以汛末一次洪水调度过程中调度期末水位最高和最高库水位最低为目标，研究典型设计洪水下的三峡梯级水电联合调度问题。算法参数同 3.4.2 节的相关参数。

以 1981 年 5%、1%、0.5%和 0.2%的典型洪水为入库洪水，对三峡水库进行调度计算，得到关于调度期末水位和水库最高库水位的非劣调度方案集，见

表 2-3-16～表 2-3-19。表中，水位单位为 m，流量单位为 m^3/s，历时单位为 6 小时。结果表明，随着调度期末水位的升高，最高库水位也上升，即上游防洪风险增加。

表 2-3-16 0.2%洪水的非劣调度方案集

方案编号	最高库水位	最高水位历时	下泄洪峰流量	下泄洪峰流量历时	调度期末水位
1	151.91	9	78156	2	151.36
2	152.32	1	76996	3	152.32
3	153.33	5	75836	2	153.33
4	154.32	1	74676	4	154.32
5	155.34	1	73516	9	155.34
6	156.33	1	72356	4	156.33
7	157.32	1	71196	2	157.32
8	158.32	1	70036	4	158.32
9	159.32	1	68876	5	159.32
10	160.32	2	67716	2	160.32
11	161.44	9	66556	1	161.40
12	163.74	10	65396	1	162.88
13	164.32	3	64236	5	164.32
14	165.32	1	63076	1	165.32
15	167.12	1	61916	1	167.12
16	168.33	1	60756	5	168.33
17	169.31	1	59596	5	169.31
18	170.33	1	58436	3	170.33
19	171.33	1	57276	3	171.33
20	172.32	2	56116	1	172.32
21	175.00	3	54956	1	175.00

表 2-3-17 0.5%洪水的非劣调度方案集

方案编号	最高库水位	最高水位历时	下泄洪峰流量	下泄洪峰流量历时	调度期末水位
1	148.82	9	78140	10	148.39
2	149.32	1	77108	10	149.32
3	150.32	6	76076	8	150.32

续表

方案编号	最高库水位	最高水位历时	下泄洪峰流量	下泄洪峰流量历时	调度期末水位
4	151.34	1	75044	10	151.34
5	152.32	1	74012	6	152.32
6	153.33	1	72980	6	153.33
7	154.32	1	71948	1	154.32
8	155.33	1	70916	1	155.33
9	156.33	1	69884	6	156.33
10	157.32	1	68852	1	157.32
11	158.32	1	67820	1	158.32
12	159.33	1	66788	4	159.33
13	160.32	1	65756	3	160.32
14	161.56	8	64724	1	161.56
15	163.32	1	63692	2	163.32
16	164.34	1	62660	4	164.34
17	165.34	1	61628	6	165.34
18	166.33	3	60596	3	166.33
19	167.31	1	59564	1	167.31
20	168.34	1	58532	4	168.34
21	169.31	1	57500	5	169.31
22	170.12	1	56468	1	170.12
23	171.33	1	55436	2	171.33
24	172.00	1	54404	1	172.00
25	173.35	1	53372	1	173.35
26	175.00	5	52340	4	175.00

表 2-3-18　1%洪水的非劣调度方案集

方案编号	最高库水位	最高水位历时	下泄洪峰流量	下泄洪峰流量历时	调度期末水位
1	160.21	7	55185	4	160.04
2	161.02	1	55000	2	161.02
3	162.03	1	54815	5	162.03
4	163.03	1	54630	4	163.03
5	164.02	1	54445	10	164.02

方案编号	最高库水位	最高水位历时	下泄洪峰流量	下泄洪峰流量历时	调度期末水位
6	165.02	1	54260	6	165.02
7	166.02	1	54075	3	166.02
8	167.02	1	53890	3	167.02
9	167.8	11	53705	1	167.77
10	168.95	11	53520	3	168.90
11	170.00	1	53335	1	170.00
12	170.92	9	53150	1	170.92
13	171.73	3	52965	1	171.73
14	173.03	1	52780	4	173.03
15	174.03	1	52595	4	174.03
16	175.00	7	52410	1	175.00

表 2-3-19 5%洪水的非劣调度方案集

方案编号	最高库水位	最高水位历时	下泄洪峰流量	下泄洪峰流量历时	调度期末水位
1	153.49	9	55164	6	153.10
2	154.02	3	54257	2	154.02
3	155.02	2	53350	5	155.02
4	156.03	1	52443	3	156.03
5	157.02	1	51536	4	157.02
6	158.03	1	50629	3	158.03
7	159.02	1	49722	2	159.02
8	160.02	1	48815	3	160.02
9	161.05	1	47908	1	160.94
10	161.93	10	47001	1	161.93
11	163.03	1	46094	3	163.03
12	164.11	3	45187	1	163.88
13	165.02	1	44280	1	165.02
14	166.03	1	43373	1	166.03
15	167.03	2	42466	3	167.03
16	168.02	1	41559	2	168.02
17	168.92	5	40652	1	168.92

方案编号	最高库水位	最高水位历时	下泄洪峰流量	下泄洪峰流量历时	调度期末水位
18	170.11	1	39745	1	170.11
19	170.68	4	38838	1	170.68
20	171.27	2	37931	1	171.27
21	172.04	1	37024	1	172.04
22	173.20	1	36117	1	173.20

3.6 小结

本章提出了非劣解密度自适应网格估计算法（AGDEA）、基于 AGDEA 的 Pareto 最优解搜索算法和非劣解集截断算法，在此基础上，给出了 AG-MOPSO 算法的具体实现，选择典型测试函数对 AG-MOPSO 算法在处理凸、非凸、目标空间不连续、多峰、局部 Pareto 最优前沿众多、目标空间分布不均匀、大范围决策域和大规模的优化问题的能力进行了测试、比较和分析。结果表明，和几种著名的 MOEAs 比较，AG-MOPSO 算法在处理多峰函数、大范围决策空间和大规模优化问题以及目标空间不连续的优化问题时，在非劣解的多样性、收敛到真 Pareto 最优前沿的能力以及非劣解的数量方面有较大的优势，处理多样性不好的优化问题的能力有待进一步提高。

研究了基于 AG-MOPSO 算法的水库多目标调度问题，并以三峡水库调度应用为背景，得到了各调度问题的非劣调度方案集，为调度决策提供数据准备。

（1）保证出力和发电量是发电调度中重要的指标，基于 AG-MOPSO 算法，以发电量最大和保证出力最大为目标研究多目标发电调度问题，得到了协调发电量和保证出力的非劣调度方案集。结果表明：对于枯水期的调度，发电量和保证出力的反比关系比较明显。对于调节能力不好的水库，在一般来水年份，在年内产生少量弃水的情况下，保证出力会随年发电量的增加有所减少。

（2）水库防洪任务包括确保大坝安全在内的上游防洪及确保下游防洪控制区和堤坝安全的下游防洪任务，对于调节能力有限的水库来说，两者存在矛盾。基于 AG-MOPSO 算法，以一次调洪中动用的防洪库容最小和下泄洪峰流量最小为目标，研究了三峡水库洪水优化调度问题，得到了协调上游防洪和下游防洪的非劣调度方案。

（3）对于后汛期的洪水调度，不同的拦蓄洪尾方案对年发电效益和上游防洪都有较大的影响，以调度期末水位为发电效益指标，最高库水位为上游防洪风险指标，基于 AG-MOPSO 算法研究了三峡水库的调度问题，得到了协调防洪和发电的非劣调度方案集。

（4）基于 AG-MOPSO 的水库多目标调度算法有以下特点：通用性较好，对于单库、梯级的目标各异的发电、防洪多目标优化调度问题，只需要修改初始化和计算目标矢量的 *Evaluate* 的内容即可；由于粒子一直在决策变量的可行域中进化，使得复杂约束的梯级调度问题变为无约束的优化问题，减少了计算成本。

第4章 基于广义集对分析的梯级多属性调度决策

4.1 引言

由模糊、随机、中介和信息不完全导致的不确定性是普遍存在的一种客观现象，由于梯级联合优化调度决策中存在市场电价、用电行为、天然径流过程、用水过程等不确定性问题，加上大规模、复杂非线性目标函数和约束条件的相互耦合和冲突，以及不完备的决策信息，使得决策过程非常复杂，给传统的调度决策理论和方法带来了挑战。研究新的不确定性分析理论和方法是一个迫切需要解决的问题。

研究不确定性问题的常用方法有随机和模糊理论，前者强调被观察对象的相对独立性，然而有时难以检验这种独立性，后者的研究始于 20 世纪 60 年代 Zadeh 提出的模糊集合论，它用[0,1]区间的一个值来刻画一个元素对指定集的隶属程度，但其本质上仍然沿用传统数学的理论与方法，通过"截集"把模糊集转化为经典集，再用经典集的理论和方法处理模糊对象。所以，尽管一个元素对指定集的隶属程度客观上是在某个范围内游离的，即具有不确定性，但仍用[0,1]区间的一个值来刻画，这种处理方法丢弃了研究对象变化范围这个极为重要的信息，加上在有的情况下，元素对指定集的隶属程度缺少客观标准，从而使模糊数学失掉了本来应有的特征[130]，因此在处理不确定性问题时存在局限性。

集对分析（Set Pair Analysis，SPA）是赵克勤在 1989 年提出的一种研究不确定系统的系统分析方法[109]，其基本概念、研究思路、处理不确定性信息的方式与传统的研究方法有根本性的区别。集对分析采取了对不确定性加以客观承认、系统刻画、具体分析的态度，从同、异、反三个方面研究事物的确定性与不确定性，从而全面刻画了不同事物间的联系，使研究结果更加贴近实际。集对分析的思想方法近年来已开始应用于人工智能、管理、决策等领域[82,110,111,114]。集对分析用联系数来统一刻画系统中的各种不确定性信息，由于对刻画系统的认知过程受到系统本身信息的不完备性、认识过程的片面性、主观性和任意性的限制，认知结果带有主观不确定性，是对系统的一种近似描述[82]，所以联系数本身的描述应该具有模糊性，而不是经典集对分析中简单的确定性定义，为了便于应用，借助模糊隶属度的概念来定义该意义下的联系数，称之为模糊联系数，并称包括模糊联系数概念在内的集对分析为广义集对分析。

相对于模糊集等较为成熟的不确定性系统分析方法，集对分析的理论和应用研究还比较薄弱，本章首先对集对分析联系数理论进行了全面深入的研究，并提出基于广义集对分析的多属性决策方法，然后对三峡梯级多目标调度的非劣方案集进行决策分析。

4.2 广义集对分析的联系数理论

4.2.1 联系数理论

（1）联系数的表示形式

在集对分析中，用同异反联系数（度）来统一描述系统中的各种不确定性，把对不确定性的辩证认识转换成一个具体的数学工具，其基本含义如下[109]：

$$\mu = a + bi + cj \qquad (2\text{-}4\text{-}1)$$

式中，a 表示两个集合的同一程度，称为同一度；b 表示两个集合的差异不确定程度，称为差异度；c 表示两个集合的对立程度，称为对立度。i 和 j 有双重含义：第一种含义是 i 和 j 分别作为 b 和 c 的系数，且规定：i 在[-1,1]区间视不同情况取不确定值；j 在一般情况下规定其取值-1；第二种含义是不计较 i 和 j 的取值情况，此时 i 和 j 仅仅起着标记的作用，即表示 b 是差异度，c 是对立度，并以这两个标记称之为联系数。根据定义，a、b、c 为非负实数，且满足归一化条件 $a+b+c=1$。

联系数是集对分析的基础，通过式（2-4-1）对确定性与不确定性作出了定量描述。由于 i 为区间[-1,1]的一待定不确定数，联系数具有动态性、多值性、不确定性，当 a、b、c 确定时，i 仍具有不确定性，因此联系数是把确定性测度 a 与 c，以及不确定性测度 b 有机联系起来的一种结构函数。这种相对性是由于客观对象的复杂性和可变性以及对客观对象认识与刻画的主观性和模糊性造成的不确定性，因而式（2-4-1）是一种确定不确定结构函数，它体现了确定不确定系统的对立统一关系，具有较深刻的方法论意义[131]。

定义 2.4.1 称联系数 $\mu^- = c + bi + aj$ 和 $\mu = a + bi + cj$ 互为补联系数。

（2）联系数的优先关系

设联系数 $\mu = a + bi + cj$，$\mu_1 = a_1 + b_1 i + c_1 j$，$\mu_2 = a_2 + b_2 i + c_2 j$

定义 2.4.2 特殊联系数及其优先关系。

对于联系数 μ，若 $a = b = 0$，$c = 1$，称 μ 的值为-1，表示两个集合完全对立，

记为 $\mu_{-1} = 0 + 0i + 1j$；若 $a = c = 0$，$b = 1$，称 μ 的值为 0，表示两个集合的关系完全无法确定，记为 $\mu_0 = 0 + 1i + 0j$；若 $b = c = 0$，$a = 1$，称 μ 的值为 1，表示两个集合完全相同，记为 $\mu_{+1} = 1 + 0i + 0j$。若 μ 为任一联系数，则 μ 优于 μ_{-1}，μ_{+1} 优于 μ，记为 $\mu_{-1} \preceq \mu \preceq \mu_{+1}$。$\mu_{-1}$、$\mu_0$ 和 μ_{+1} 的优先关系为 $\mu_{-1} \preceq \mu_0 \preceq \mu_{+1}$。

定义 2.4.3　等价关系[109]

若 $a_1 = a_2$，$c_1 = c_2$，则称联系数 μ_1 和 μ_2 等价或者相等，记为 $\mu_1 = \mu_2$。

定义 2.4.4　优先关系[109]

若 $a_1 \leqslant a_2$，$c_1 \geqslant c_2$，则称联系数 μ_2 优于 μ_1，记为 $\mu_1 \preceq \mu_2$。若 $a_1 < a_2$，$c_1 > c_2$，则称联系数 μ_2 严格优于比 μ_1，记为 $\mu_1 \prec \mu_2$。

联系度的优先关系满足下面的基本性质[132]：

1）自反性：对任意 μ 有：$\mu = \mu$。

2）反对称性：若 $\mu_1 \preceq \mu_2$，$\mu_2 \preceq \mu_1$，则 $\mu_1 = \mu_2$。

3）传递性：若 $\mu_1 \preceq \mu_2$，$\mu_2 \preceq \mu_3$，则 $\mu_1 \preceq \mu_3$。

（3）联系数的运算规则

设有 N 个联系数 $\mu_i = a_i + b_i i + c_i j$，$i = 1, 2, \cdots, N$

1）加法法则[109,130,132]

$$\mu_1 + \mu_2 + \cdots + \mu_N = \frac{1}{N}\left(\sum_{i=1}^{N} a_i\right) + \frac{1}{N}\left(\sum_{i=1}^{N} b_i\right)i + \frac{1}{N}\left(\sum_{i=1}^{N} c_i\right)j \tag{2-4-2}$$

2）减法法则

文献[109]定义了如下联系数减法法则：

$$\mu_1 - \mu_2 = (a_1 - a_2) + (b_1 - b_2)i + (c_1 - c_2)j \tag{2-4-3}$$

式（2-4-3）的减法法则可能出现负系数的情况，且不满足归一化条件，重新定义减法法则如下：

$$\mu_1 - \mu_2 = \max(0, a_1 - a_2) + \max(b_1, b_2)j \tag{2-4-4}$$

式（2-4-4）说明当 $\mu_1 = \mu_2$ 时，$\mu_1 - \mu_2$ 的差异度不为 0，这和联系数的定义是相符合的。根据归一化条件，也可以求得 $\mu_1 - \mu_2$ 的对立度 c。

3）乘法法则

首先规定 i 和 j 的运算规则如下[109]：

$i \cdot i = i$　　　（"差异性" · "差异性" = "差异性"）

$i \cdot j = j$　　　（"差异性" · "对立性" = "对立性"）

$j \cdot j = j$　　　（"对立性" · "对立性" = "对立性"）

$jj = 1$　　　（"对立" 之 "对立" = "同一"）

$ij = ji = i$　　　（"差异的对立性" = "对立的差异性" = "差异性"）

则联系数 μ_1 和 μ_2 的乘法法则为

$$\mu_1 \cdot \mu_2 = (a_1 + b_1 i + c_1 j) \cdot (a_2 + b_2 i + c_2 j)$$
$$= a_1 a_2 + (a_1 b_2 + a_2 b_1)i + b_1 b_2 i \cdot i + (b_1 c_2 + b_2 c_1)i \cdot j + (a_1 c_2 + a_2 c_1)j + c_1 c_2 j \cdot j$$
$$= a_1 a_2 + (a_1 b_2 + a_2 b_1 + b_1 b_2)i$$

$$(2\text{-}4\text{-}5)$$

在联系数中，由于 b 和 i 的存在，使得制定通用的联系数运算规则变得困难，可根据实际求解问题的特点制定不同的联系数运算规则。比如，文献[75]在制定联系数 μ_1 和 μ_2 的乘法规则时，把 μ_1 的对立度 $c_1 j$ 乘 μ_2 的肯定度 a_2 项 $(c_1 j) \cdot a_2$，把 μ_2 的肯定部分 a_2 转化为非肯定部分，即不确定与对立部分，然后按这两部分的比重来分配 a_2。

（4）联系数距离

为了度量两个联系数之间的差异，可将泛函分析中的距离概念拓展到联系数之间的距离概念。

定义 2.4.5 联系数 $\mu_1 = a_1 + b_1 i + c_1 j$ 和 $\mu_2 = a_2 + b_2 i + c_2 j$ 的加权闵可夫斯基（Minkowski）距离为：

$$d_q(\mu_1, \mu_2) = \sqrt[q]{w_a(a_1 - a_2)^q + w_b(b_1 - b_2)^q + w_c(c_1 - c_2)^q} \quad (2\text{-}4\text{-}6)$$

式中，q 为参数距离，w_a、w_b 和 w_c 为权重。常用的距离有三种形式：

1）当 $q = 1$ 时为汉明（Hamming）距离（线性距离）：

$$d_1(\mu_1, \mu_2) = w_a |a_1 - a_2| + w_b |b_1 - b_2| + w_c |c_1 - c_2| \quad (2\text{-}4\text{-}7)$$

2）当 $q = 2$ 时为欧氏（Euclidean）距离：

$$d_2(\mu_1, \mu_2) = \sqrt{w_a(a_1 - a_2)^2 + w_b(b_1 - b_2)^2 + w_c(c_1 - c_2)^2} \quad (2\text{-}4\text{-}8)$$

3）当 $q \to \infty$ 时为切比雪夫（Chebyshev）距离：

$$d_\infty(\mu_1, \mu_2) = \max(w_a |a_1 - a_2|, w_b |b_1 - b_2|, w_c |c_1 - c_2|) \quad (2\text{-}4\text{-}9)$$

（5）联系数贴近度函数

联系数间的相似程度刻画是集对分析用于模式识别、人工智能的基础。由于集对分析的联系数同时反映了系统中同、异、反信息，使得寻求一种联系数相似度的完全刻画变得困难，这里，我们借用模糊集理论贴近度函数[133,134]的概念来描述集对分析联系数间的相似程度，称为联系数的贴近度函数，在不引起混淆的情况下，简称贴近度，用 $\rho(\mu_1, \mu_2)$ 表示联系数 μ_1 和 μ_2 的贴近度。

对于定义的贴近度函数，我们给出一组准则来检验其合理性。

定理 2.4.1 设有联系数 $\mu_1 = a_1 + b_1 i + c_1 j$，$\mu_2 = a_2 + b_2 i + c_2 j$，$\mu_3 = a_3 + b_3 i + c_3 j$，$\rho(\mu_1, \mu_2)$、$\rho(\mu_1, \mu_3)$、$\rho(\mu_2, \mu_3)$ 分别表示联系数 μ_1 和 μ_2，μ_1 和 μ_3，μ_2 和 μ_3 间的贴近度函数，则 $\rho(\mu_1, \mu_2)$、$\rho(\mu_1, \mu_3)$、$\rho(\mu_2, \mu_3)$ 必须满足下面的准则：

准则 1: $0 \leqslant \rho(\mu_1, \mu_2) \leqslant 1$。

准则 2: (单调性) 若 $\mu_1 \preceq \mu_2 \preceq \mu_3$, 则 $\rho(\mu_1, \mu_3) \leqslant \min(\rho(\mu_1, \mu_2), \rho(\mu_2, \mu_3))$。

准则 3: (对称性) $\rho(\mu_1, \mu_2) = \rho(\mu_2, \mu_1)$。

准则 4: $\rho(\mu_1, \mu_2) = 0$ 当且仅当 $\mu_1 = 1 + 0i + 0j$, $\mu_2 = 0 + 0i + 1j$; $\rho(\mu_1, \mu_2) = 1$ 当且仅当 $\mu_1 = \mu_2$, 即 $a_1 = a_2$, $c_1 = c_2$。

准则 5: $\rho(\mu_1, \mu_2) = \rho(\mu_1^-, \mu_2^-)$。

定义 2.4.6 设有联系数 $\mu = a + bi + cj$, 则:

1) $H(\mu) = a/c$ 称为 μ 的集对势或联系势[109]。

2) $C(\mu) = a - c$ 称为 μ 的核。

3) $C^{\omega}(\mu) = \omega_a \cdot a + \omega_b \cdot b + \omega_c \cdot c$ 称为 μ 的加权核, ω_a、ω_b 和 ω_c 为 a、b、c 的加权系数, 满足约束关系 $\omega_a \geqslant \omega_c \geqslant 0 \geqslant \omega_b$。

4) $S(\mu) = a(1 + \alpha \cdot b)$ 称为 μ 的同一程度; $D(\mu) = c(1 + \beta \cdot b)$ 称为 μ 的对立程度, $\alpha, \beta \in [0,1]$ 反映了决策者的风险偏好, α 越大表示 μ 中的差异度转化为同一度的比例越大, 即决策者越乐观; β 越大表示 μ 中的差异度转化为对立度的比例越大, 即决策者越悲观。

在多属性决策中, 差异度 b 可以理解为 μ 的未知程度, 同一度 a 为 μ 的确定程度, 对立度 c 为 μ 的对立程度。在差异度 b 中同时蕴涵了同一和对立的倾向, 不同的决策活动影响着 b 向 a 和 c 的不同转化, 受上一轮决策结果的影响, 部分属于 b 的内容可能会转移到 a 中, 部分可能会转移到 c 中。$S(\mu)$ 中包含了由 b 转换后的同一程度, $D(\mu)$ 中包含了由 b 转换后的对立程度。

例如: $\mu = 0.4 + 0.3i + 0.3j$, $S(\mu) = 0.4(1 + 0.3\alpha)$, $D(\mu) = 0.3(1 + 0.3\beta)$, 当 $\alpha = \beta = 1$ 时, $S(\mu) = 0.52$, $D(\mu) = 0.39$, 表示经过决策活动后, 0.3 的 b 中有 0.12 可能会转移到 a 中, 0.09 可能会转移到 c 中。$S(\mu)$ 和 $D(\mu)$ 也可以用投票模型解释, $\mu = 0.4 + 0.3i + 0.3j$ 解释为"一次投票结果中, 投赞成票的有 40%, 反对票 30%, 弃权票 30%", $S(\mu) = 0.4(1 + 0.3)$ 可解释为"30% 的弃权票中有 12% 的可能会投到赞成票中", $D(\mu) = 0.3(1 + 0.3)$ 可解释为"30% 的弃权票中有 9% 的可能会投到反对票中"。

由于 μ 中的不确定信息在不同的问题处理背景 (决策环境) 下向同一和对立转移的倾向不同, 因此, 定义联系数贴近度时, 在满足联系数贴近度规则和分辨率要求的同时, 如何反映不确定信息带来的影响也很重要。究竟如何考虑不确定信息的影响, 应该和处理问题的具体背景以及决策者的主观意愿有关。考虑到某些特定问题的要求, 我们把联系数的贴近度函数分为确定贴近度函数和不确定贴近度函数两类。

设联系数 $\mu_1 = a_1 + b_1 i + c_1 j$，$\mu_2 = a_2 + b_2 i + c_2 j$，有：

1）不考虑不确定性信息的确定贴近度函数

定义 2.4.7 用距离表示的联系数贴近度函数

$$\rho(\mu_1,\mu_2) = 1 - \frac{d_q(\mu_1,\mu_2)}{2^{1/q}} \qquad (2\text{-}4\text{-}10)$$

式中，$d_q(\mu_1,\mu_2)$ 为 μ_1 和 μ_2 的闵可夫斯基（Minkowski）距离。

以 $q = 2$ 为例说明贴近度函数（2-4-10）是否满足定理 2.4.1 中的准则。对于准则 1、3、4 和 5，贴近度函数（2-4-10）显然都满足，下面证明也满足准则 2。

证明 设联系数 μ_1，μ_2 和 μ_3 满足关系 $\mu_1 \leq \mu_2 \leq \mu_3$，即 $a_1 \leq a_2 \leq a_3$ 且 $c_1 \geq c_2 \geq c_3$，有：

$$\begin{cases} (c_1-c_3)^2 \geq (c_1-c_2)^2, (c_1-c_3)^2 \geq (c_2-c_3)^2 \\ (a_1-a_3)^2 \geq (a_1-a_2)^2, (a_1-a_3)^2 \geq (a_2-a_3)^2 \end{cases}$$

上式可以写成：

$$\begin{cases} (c_1-c_3)^2 \geq \max\{(c_1-c_2)^2, (c_2-c_3)^2\} \\ (a_1-a_3)^2 \geq \max\{(a_1-a_2)^2, (a_2-a_3)^2\} \end{cases}$$

上式两边相加，整理得：

$$((a_1-a_3)^2 + (c_1-c_3)^2)^{1/2} \geq \max\{((a_1-a_2)^2 + (c_1-c_2)^2)^{1/2}, ((a_2-a_3)^2 + (c_2-c_3)^2))^{1/2}\}$$

$$d(\mu_1,\mu_3) \geq \max\{d(\mu_1,\mu_2), d(\mu_2,\mu_3)\}$$

$$1 - d(\mu_1,\mu_3) \leq \min\{1 - d(\mu_1,\mu_2), 1 - d(\mu_2,\mu_3)\}$$

故

$\rho(\mu_1,\mu_3) \leq \min\{\rho(\mu_1,\mu_2), \rho(\mu_2,\mu_3)\}$，满足准则 2。

定义 2.4.8 定义 μ_1 和 μ_2 的贴近度函数为：

$$\rho(\mu_1,\mu_2) = 1 - \frac{d_q(\mu_1,\mu_2)}{2^{1/q}} - \frac{|C(\mu_1) - C(\mu_2)|}{2} \qquad (2\text{-}4\text{-}11)$$

可以证明，式（2-4-11）定义的贴近度函数满足定理 2.4.1 中的各准则。

2）考虑不确定性信息影响的不确定贴近度函数

定义 2.4.9 定义 μ_1 和 μ_2 的贴近度函数为：

$$\rho(\mu_1,\mu_2) = 1 - \frac{|C(\mu_1) - C(\mu_2)|}{2} - \frac{|S(\mu_1) - S(\mu_2)| + |D(\mu_1) - D(\mu_2)|}{2} \qquad (2\text{-}4\text{-}12)$$

式（2-4-12）定义的贴近度函数显然满足准则 1、3、4 和 5，下面证明它也满足准则 2。

证明 设 $S(\mu)$ 和 $D(\mu)$ 中系数 $\alpha = \beta = 1$，有

$$\rho(\mu_1, \mu_2) = 1 - \frac{|\Delta a_{12} - \Delta c_{12}|}{2}$$

$$- \frac{|[2 - (a_1 + a_2)]\Delta a_{12} - (a_1 c_1 - a_2 c_2)| + |[2 - (c_1 + c_2)]\Delta c_{12} - (a_1 c_1 - a_2 c_2)|}{2}$$

式中：$\Delta a_{12} = a_1 - a_2$，$\Delta c_{12} = c_1 - c_2$。

设 $c_1 = c_2 = c$ 时，有：

$$\rho(\mu_1, \mu_2) = 1 - f_1 |\Delta a_{12}| \tag{2-4-13}$$

设 $a_1 = a_2 = a$ 时，有：

$$\rho(\mu_1, \mu_2) = 1 - f_2 |\Delta c_{12}| \tag{2-4-14}$$

式中：$f_1 = \dfrac{1 + |4 - 2c - (a_1 + a_2)|}{2}$，$f_2 = \dfrac{1 + |4 - 2a - (c_1 + c_2)|}{2}$。

当 $a_1 \leqslant a_2 \leqslant a_3$ 且 $c_1 \geqslant c_2 \geqslant c_3$ 时，$|\Delta a_{13}| \gtrless |\Delta a_{12}|$，$|\Delta a_{13}| \gtrless |\Delta a_{23}|$，满足 $|\Delta a_{13}| \gtrless \max\{|\Delta a_{12}|, |\Delta a_{23}|\}$，由式（2-4-13）和式（2-4-14）可得，$\rho(\mu_1, \mu_3) \leqslant \min\{\rho(\mu_1, \mu_2), \rho(\mu_2, \mu_3)\}$，故满足准则 2。

下面用一组实例对定义 2.4.7～定义 2.4.9 的贴近度函数的应用进行说明，计算结果见表 2-4-1。

表 2-4-1　联系数贴近度函数的一组实例

编号	μ_1		μ_2		贴近度函数			
	a_1	c_1	a_2	c_2	2.4.7	2.4.8	2.4.9(1)	2.4.9(2)
1	0.1	0.5	0.1	0.5	1.0000	1.0000	1.0000	1.0000
2	0.0	1.0	1.0	0.0	0.0000	0.0000	0.0000	0.0000
3	1.0	0.0	0.0	1.0	0.0000	0.0000	0.0000	0.0000
4	0.2	0.5	0.3	0.4	0.9000	0.8000	0.7700	0.7850
5	0.4	0.1	0.5	0.2	0.9000	0.9000	0.9200	0.9190
6	0.2	0.5	0.1	0.4	0.9000	0.9000	0.9200	0.9010
7	0.2	0.5	0.1	0.6	0.9000	0.8000	0.7700	0.7850
8	0.2	0.5	0.3	0.4	0.9000	0.8000	0.7700	0.7850
9	0.2	0.5	0.3	0.6	0.9000	0.9000	0.9600	0.9210
10	0.1	0.5	0.4	0.6	0.7764	0.6764	0.7200	0.7360
11	0.1	0.5	0.2	0.8	0.7764	0.6764	0.8200	0.7360
12	0.4	0.6	0.2	0.8	0.8000	0.6000	0.6000	0.6000
13	0.6	0.4	0.8	0.2	0.8000	0.6000	0.6000	0.6000

表中，2.4.7 和 2.4.8 列的内容为用定义 2.4.8 和定义 2.4.9 计算的贴近度值，2.4.9(1)为定义 2.4.9 中系数 $\alpha = \beta = 1$ 的计算结果，2.4.9(2)则为系数 $\alpha = 0.8$，$\beta = 0.2$ 的计算结果。编号为 1~3 行的计算结果表明定义 2.4.7~定义 2.4.9 的贴近度函数满足准则 4，12~13 行的计算结果表明满足准则 5。4~9 行的结果表明，对给定的两组联系数，当对应的 Δa_{12} 和 Δc_{12} 相等时，定义 2.4.7 的贴近度函数分辨不出其区别，2.4.8 和 2.4.9 的分辨率比 2.4.7 要高。2.4.9 和 2.4.8 的结果比较，2.4.9 计算的贴近度差值比后者的要大，说明 2.4.9 的贴近度函数的分辨率比 2.4.8 的要大。改变 2.4.9 的参数 α 和 β，其得到的贴近度也发生了改变。可根据实际问题的需要选取适当的贴近度函数。

（6）联系数排序

联系数排序是集对分析用于多属性决策的基础，目前的排序方法主要有基于势级排序方法[109]和相对贴近度方法[82,110]两种。

所谓势，是指被研究对象的某种状态和可能的趋势，由联系数中各联系分量的大小表示。联系数的势级排序描述系统处于某一态势，并反映系统各种态势之间的强弱程度[135]。其具体实现方法是根据联系数中各分量的大小关系，把联系数的势划分成带有强弱关系的不同等级以描述系统所处的状态和可能的变化趋势，把划分好的等级列成一张表，称为同异反势排序表，见表 2-4-2[110,135]。

表 2-4-2　同异反势排序表

序号	a,b,c 的大小关系	集对势	含义
1	$a>c$，$b=0$	准同势	有确定的同一趋势
2	$a>c$，$b<c$，$b \neq 0$	强同势	以同一趋势为主
3	$a>c$，$a>b \geq c$	弱同势	同一趋势较弱
4	$a>c$，$b \geq a$	微同势	同一趋势微弱
5	$a=c$，$b=0$	准均势	同一趋势与对立趋势平衡
6	$a=c$，$b<a$	强均势	同一趋势与对立趋势明显相等
7	$a=c$，$b=a$	弱均势	同一趋势与对立趋势相等，但不确定
8	$a=c$，$b>a$	微均势	同一与对立趋势相等但微弱
9	$a<c$，$b=0$	准反势	有确定的对立趋势
10	$a<c$，$b<a$，$b \neq 0$	强反势	以对立趋势为主
11	$a<c$，$b>a$	弱反势	对立趋势比较弱
12	$a<c$，$b>c$	微反势	在不确定性的作用下对立趋势显得微弱

分析表 2-4-2 的内容，不难发现存在以下问题：

1）对处于同一势级的联系数不能分辨其优先关系。例如，设 $\mu_1 = 0.3 + 0.5i + 0.2j$ 和 $\mu_2 = 0.2 + 0.7i + 0.1j$ 都处于微同势，无法区分其优先关系。只要是通过势等级的方法排序，无论怎样划分势级，上述问题都无法避免。

2）势级的排序结果存在不合理现象。例如，$\mu_1 = 0.09 + 0.9i + 0.01j$，$\mu_2 = 0.5 + 0.5j$，根据势级排序结果，$\mu_1$ 处在微同势，μ_2 属于准均势，$\mu_1 \succ \mu_2$。但直观来看，μ_1 的同一度只有 0.09，远小于 μ_2 的 0.5，虽然 μ_1 的不确定性较大，但系统的演化结果不一定能使 μ_1 的同一度大于 0.5，故认为 μ_1 优于 μ_2 有失偏颇。

3）势级排序方法是一种静态分级方法，没有考虑系统在演化过程中不确定性对同一度和对立度的影响。演化中的动态系统，当不确定性所占的比例很大时（$b > a + c$），不确定性就成为系统演化的主导因子。用一个具体的例子说明，当系统中不确定性占主导作用时，势级排序方法的不合理性。

设 $\mu_1 = 0.51 + 0.49j$，$\mu_2 = 0.09 + 0.8i + 0.11j$，$\mu_1$ 代表一个确定系统，μ_2 代表的系统中不确定性起主导作用（$b \gg a + c$）。根据势级排序方法，μ_1 属于准同势，处于势排序表的第一位，μ_2 为微反势，则排在最末位，根据势级排序结果，显然 $\mu_1 \succ\succ \mu_2$。但当考查不确定性对系统的影响时，上述结果则不尽合理。在 μ_2 中，当 60% 的 b 转化为同一度时，μ_2 演变为 $\mu_2' = 0.57 + 0.32i + 0.11j$，在势级排序表中由原来的微反势上升到准同势，且 $\mu_2' \succ \mu_1$，可见对于动态系统，不确定因素的影响不能忽略。

文献[82,110]定义 $\kappa = a/(a+c)$ 为联系数 μ 的相对贴近度，并以此作为 μ 的排序依据。但不难发现，当 μ 处于均势（$a = c$）时，κ 将失去分辨能力。而且其排序结果也存在不合理现象，如联系数 $\mu_1 = 0.09 + 0.9i + 0.01j$，$\mu_2 = 0.7 + 0.2i + 0.1j$，由于 $\kappa_1 = 0.9000$ 大于 $\kappa_2 = 0.8750$，$\mu_1 \succ \mu_2$，这明显不合理。

提出一组新的联系数排序方法，以得到尽可能合理的排序结果。

定义 2.4.10 设联系数 $\mu = a + bi + cj$，则

1）μ 的相对确定可能势 $P(\mu)$ 为：

$$P(\mu) = \frac{2a}{b+c} - \frac{c}{a+b} \tag{2-4-15}$$

2）μ 的相对乐观可能势 $P_o(\mu)$ 为：

$$P_o(\mu) = \frac{2a + \gamma b}{(1-\gamma)b + c} - \frac{c}{a+b} \tag{2-4-16}$$

3）μ 的相对悲观可能势 $P_p(\mu)$ 为：

$$P_p(\mu) = \frac{2a}{b+c} - \frac{c+\gamma b}{a+(1-\gamma)b} \qquad (2\text{-}4\text{-}17)$$

式中 γ 为不确定演化因子，$\gamma \in [0,1]$。式（2-4-15）～式（2-4-17）中的第一项代表系统中同一趋势所占比例，第二项则代表对立趋势所占比例。$P(\mu)$ 为 $P_o(\mu)$ 和 $P_p(\mu)$ 中 γ 为 0 的特例。

$P(\mu)$ 不考虑不确定因素 b 的变化带来的影响，$P_o(u)$ 认为 b 有向同一度转变的趋势，$P_p(\mu)$ 则认为 b 有向对立度转移的趋势，$P_o(\mu)$ 和 $P_p(\mu)$ 能够反映系统在演化过程中不确定因素向同一度和对立度转变的趋势。联系数的可能势越大，所刻画系统的同一度趋势也越大；反之，则对立度趋势越大。

基于 $P(\mu)$ 的排序由于不受不确定因素的影响，因此是稳定的，基于 $P_o(\mu)$ 和 $P_p(\mu)$ 的排序结果随 γ 在 [0,1] 间的变化可能会发生改变，因此需要对其进行稳定性分析。

对 $P_o(\mu)$ 排序的稳定性分析

设两联系数在 $\gamma = 0$ 时的排序名次为 k 和 l，记两联系数为 μ_k 和 μ_l，排序结果为 $P_o^k(\mu) < P_o^l(\mu)$，代入式（2-4-16），有

$$\frac{2a_k}{b_k+c_k} - \frac{c_k}{a_k+b_k} < \frac{2a_l}{b_l+c_l} - \frac{c_l}{a_l+b_l} \qquad (2\text{-}4\text{-}18)$$

当 $\gamma \neq 0$ 时，设排序结果保持不变，把 $P_o^k(\mu) < P_o^l(\mu)$ 代入式（2-4-16），则

$$\frac{2a_k+\gamma b_k}{(1-\gamma)b_k+c_k} - \frac{c_k}{a_k+b_k} < \frac{2a_l+\gamma b_l}{(1-\gamma)b_l+c_l} - \frac{c_l}{a_l+b_l} \qquad (2\text{-}4\text{-}19)$$

求解式（2-4-18）和式（2-4-19），可得到保持排序结果不变的 γ 的范围为

$$0 < \gamma < \min\left\{1, \frac{a_l b_l(1-a_k)^2 - a_k b_k(1-a_l)^2}{a_l b_l b_k - a_k b_k b_l}\right\} \qquad (2\text{-}4\text{-}20)$$

对 $P_p(\mu)$ 排序的稳定性分析

设两联系数在 $\gamma = 0$ 下的排序名次为 k 和 l，排序结果为 $P_p^k(\mu) < P_p^l(\mu)$，当 $\gamma \neq 0$ 时，排序结果不变，代入式（2-4-18），有

$$\frac{2a_k}{b_k+c_k} - \frac{c_k+\gamma b_k}{a_k+(1-\gamma)b_k} < \frac{2a_l}{b_l+c_l} - \frac{c_l+\gamma b_l}{a_l+(1-\gamma)b_l} \qquad (2\text{-}4\text{-}21)$$

求解式（2-4-18）和式（2-4-21），可得到保持排序结果不变的 γ 的范围为

$$0 < \gamma < \min\left\{1, \frac{b_l(1-c_k)^2 - b_k(1-c_l)^2}{b_l b_k(c_l-c_k)}\right\} \qquad (2\text{-}4\text{-}22)$$

对基于 $P_o(\mu)$ 或者 $P_p(\mu)$ 的一组排序结果，用式（2-4-20）或者式（2-4-22）对

联系数两两计算其 γ 的容许范围，分析排序结果的稳定性，以寻求更多合理的排序结果。

根据式（2-4-15）～式（2-4-17）的定义，有下面的结论成立。

定理 2.4.2　设两联系数 $\mu_1 = a_1 + b_1 i + c_1 j$，$\mu_2 = a_2 + b_2 i + c_2 j$，如果 $P(\mu_1) > P(\mu_2)$，或者 $P_o(u_1) > P_o(u_2)$，或者 $P_p(\mu_1) > P_p(\mu_2)$，则 $\mu_1 \succ \mu_2$。$P(\mu_1)$，$P_o(\mu_1)$ 和 $P_p(\mu_1)$ 的值越大，则 μ_1 的同一趋势越大，对立趋势越小。

下面用一组实例来说明可能势排序的应用，见表 2-4-3。表中 a、b、c 分别表示联系数的同一、差异和对立度，"势级"为文献[135]定义的态势排序方法的计算结果，"势级"栏的第一列表示该行联系数的态势级别，第二列表示在势排序表中的序号、6、7、8 栏的第一列分别表示用 $P(\mu)$、$\gamma = 0.4$ 的 $P_o(u)$ 和文献[82]中 γ 的计算结果，第二列表示按第一列结果的降序排列后该联系数所在排序结果中的序号。

表 2-4-3　联系数可能势的一组实例

序号	a	b	c	势级		$P(\mu)$		$P_o(\mu)(\gamma = 0.4)$		[82]	
1	0.6	0.1	0.3	准同势	1	2.5714	3	3.0159	3	0.6667	4
2	0.6	0.2	0.1	准同势	1	3.8750	2	5.6932	2	0.8571	2
3	0.7	0.2	0.1	准同势	1	4.5556	1	6.6162	1	0.8750	3
4	0.4	0.4	0.2	强同势	2	1.0833	4	1.9318	4	0.6667	4
5	0.09	0.9	0.01	弱同势	3	0.1877	9	0.9717	8	0.9000	1
6	0.5	0	0.5	准均势	4	1.0000	5	1.0000	7	0.5000	6
7	0.4	0.2	0.4	强均势	5	0.6667	7	1.0256	5	0.5000	6
8	0.45	0.1	0.45	强均势	5	0.8182	6	1.0250	6	0.5000	6
9	0.2	0.6	0.2	弱均势	6	0.2500	8	0.8929	9	0.5000	6
10	0.1	0.8	0.1	弱均势	6	0.1111	10	0.7854	10	0.5000	6
11	0.4	0	0.6	准反势	7	-0.1667	11	-0.1667	12	0.4000	11
12	0.1	0	0.9	准反势	7	-8.7778	15	-8.7778	15	0.1000	15
13	0.3	0.1	0.6	准反势	7	-0.6429	14	-0.5303	13	0.3333	12
14	0.1	0.3	0.6	准反势	7	-1.2778	13	-1.0897	14	0.1429	14
15	0.1	0.6	0.3	弱反势	9	-0.2063	12	0.2381	11	0.2500	13

从表 2-4-3 的计算结果可以得出以下结论：

1）基于可能势的排序方法解决了势级排序中分辨率低的问题。如 $\mu_{1\sim3}$（表中 1～3 行的联系数）均为准同势，$\mu_{11\sim14}$ 均为准反势，处于同级别势的联系数中，a

越大，c 越小的联系数的 $P(\mu)$ 越大。

2）避免了势级排序结果中的不合理问题。如 μ_5（表中第 5 行的联系数）为弱同势，μ_6 为准均势，按照势级排序结果 μ_5 的势级要高于 μ_6，这不符合实际情况，但 $P(\mu_5) = 0.1877 < P(\mu_6) = 1.0000$，因此 $\mu_6 \succ \mu_5$，结论是合理的。

3）表中，$P(\mu_3)$ 最大（等于 4.5556），$P(\mu_{12})$ 最小（等于 -8.7778），因为 μ_3 的 a 最大（等于 0.7），c 最小（等于 0.1），μ_{12} 的 c 最大（等于 0.9），a 最小（等于 0.1），结论是合理的。

4）联系数中 b 越大，γ 变化时由 $P_o(\mu)$ 和 $P_p(\mu)$ 给出的排序结果就越不稳定，当 γ 超过范围时，联系数的优先关系将发生变化。如表中 μ_5 当 $\gamma = 0.4$ 时，$P_o(\mu)$ 由 0.1877 增加到 0.9717，排序结果由原来的 9 上升到 8，这是由系统中的不确定因素转化到同一度的可能性加大引起的。因此，联系数的乐观可能势和悲观可能势能够根据系统的实际运行环境和决策人员的风险偏好，动态反映系统在演化过程同一度和对立度的变化趋势。

4.2.2　模糊联系数理论

（1）模糊集对分析的概念

人们对事物的认知过程实际是主体对客体的一种认识和表征。由于客体自然表现的不完备性，客体所提供的信息与主体的知识背景、思想方法及对信息接受、处理、利用的能力有关，加上认识过程存在片面性、主观性和任意性，所以刻画结果是主体对客体的近似描述，带有主观不确定性，因而差异不确定必然存在[82]，所以由联系数刻画的认识客体的确定性与不确定性、同一性和对立性的概念是模糊的、相对的、可变的。由此，式（2-4-1）中的 a、b、c 应该具有模糊性，下面给出模糊隶属度概念下的联系数的定义。

定义 2.4.11　模糊联系数 $\tilde{\mu}$ 的定义如下：

$$\tilde{\mu} = \tilde{a} + \tilde{b}i + \tilde{c}j \tag{2-4-23}$$

式中，$\tilde{a}$、$\tilde{b}$ 和 $\tilde{c}$ 为由模糊隶属度函数表示的同一度、差异度和对立度，称之为模糊同一度、差异度和对立度。

模糊联系数式（2-4-23）形式上是模糊数学与集对分析的结合，但它不同于传统的模糊数学。后者通过隶属度函数对认知的客体进行一次非对立刻画，这种刻画是非对称和非独立的，对信息的表现是不完善的。模糊集对分析对认知的客体从确定性与不确定性、同一性和对立性进行两次对立刻画，避免认识上的片面性，保证了信息表现的完整性。

（2）模糊联系数的运算规则及距离

由于区间数和三角模糊数是梯形模糊数的特殊形式，只给出当模糊联系数各分量是梯形模糊数时的运算规则及其距离的计算公式。

有模糊联系数 $\tilde{\mu}_1 = \tilde{A}_1 + \tilde{B}_1 i + \tilde{C}_1 j$，$\tilde{\mu}_2 = \tilde{A}_2 + \tilde{B}_2 i + \tilde{C}_2 j$，$\tilde{A}_i$、$\tilde{B}_i$ 和 $\tilde{C}_i$ 为梯形模糊数，$i = 1,2$。

设：$\tilde{\mu}_1 = (a_{11}, a_{12}, a_{13}, a_{14}) + (b_{11}, b_{12}, b_{13}, b_{14})i + (c_{11}, c_{12}, c_{13}, c_{14})j$，

$\tilde{\mu}_2 = (a_{21}, a_{22}, a_{23}, a_{24}) + (b_{21}, b_{22}, b_{23}, b_{24})i + (c_{21}, c_{22}, c_{23}, c_{24})j$

有

$$\begin{aligned}
\tilde{\mu}_1 + \tilde{\mu}_2 = &(a_{11} + a_{21}, a_{12} + a_{22}, a_{13} + a_{23}, a_{14} + a_{24}) \\
&+ (c_{11} + c_{21}, c_{12} + c_{22}, c_{13} + c_{23}, c_{14} + c_{24})j
\end{aligned} \quad (2\text{-}4\text{-}24)$$

$$\begin{aligned}
\tilde{\mu}_1 - \tilde{\mu}_2 = &(a_{11} - a_{24}, a_{12} - a_{22}, a_{13} - a_{23}, a_{14} - a_{21}) \\
&+ (c_{11} - c_{24}, c_{12} - c_{22}, c_{13} - c_{23}, c_{14} - c_{21})j
\end{aligned} \quad (2\text{-}4\text{-}25)$$

$$\begin{aligned}
\mu_1 \cdot \mu_2 = &(a_{11}a_{21}, a_{12}a_{22}, a_{13}a_{23}, a_{14}a_{24}) + \\
&(a_{11}c_{21} + c_{11}a_{21} + c_{11}c_{21}, a_{12}c_{22} + c_{12}a_{22} + c_{12}c_{22}, \\
&a_{13}c_{23} + c_{13}a_{23} + c_{13}c_{23}, a_{14}c_{24} + c_{14}a_{24} + c_{14}c_{24})j
\end{aligned} \quad (2\text{-}4\text{-}26)$$

$$d_q(\tilde{\mu}_1, \tilde{\mu}_2) = \begin{cases} \left\{ \dfrac{1}{4} \left(\sum\limits_{i=1}^{4} |a_{1i} - a_{2i}|^q + \sum\limits_{i=1}^{4} |b_{1i} - b_{2i}|^q + \left(\sum\limits_{i=1}^{4} |c_{1i} - c_{2i}|^q \right) \right) \right\}^{1/q} & q \in [1, \infty) \\ \max(\max\limits_i(|a_{1i} - a_{2i}|), \max\limits_i(|b_{1i} - b_{2i}|), \max\limits_i(|c_{1i} - c_{2i}|)) & q \to \infty \end{cases}$$

$$(2\text{-}4\text{-}27)$$

式（2-4-27）中，$d_q(\tilde{\mu}_1, \tilde{\mu}_2)$ 为 $\tilde{\mu}_1$ 和 $\tilde{\mu}_2$ 间的距离，q 为参数距离，常用的有 3 种形式，$q=1$（Hamming 距离），$q=2$（Euclidean 距离），$q \to \infty$（Chebyshev 距离）。

（3）模糊联系数贴近度函数

当模糊联系数中各分量分别为三角模糊数、梯形模糊数和区间数等特殊模糊数时，根据特殊模糊数的运算规则[84,102]，重新定义模糊联系数的贴近度函数。

模糊联系数 $\tilde{\mu} = \tilde{A} + \tilde{B}i + \tilde{C}j$，$\tilde{\mu}$ 的模糊核 $C(\tilde{\mu})$，模糊同一程度 $S(\tilde{\mu})$，模糊对立程度 $D(\tilde{\mu})$ 在三角模糊数下的定义如下：

设 $\tilde{\mu} = (a_1, a_2, a_3) + (b_1, b_2, b_3)i + (c_1, c_2, c_3)j$，有

$$C(\tilde{\mu}) = (a_1 - c_3, a_2 - c_2, a_3 - c_1) \quad (2\text{-}4\text{-}28)$$

$$S(\tilde{\mu}) = (a_1(1 + \alpha b_1), a_2(1 + \alpha b_2), a_3(1 + \alpha b_3)) \quad (2\text{-}4\text{-}29)$$

$$D(\tilde{\mu}) = (c_1(1 + \alpha b_1), c_2(1 + \alpha b_2), c_3(1 + \alpha b_3)) \quad (2\text{-}4\text{-}30)$$

设 $\tilde{\mu}_1 = (a_{11}, a_{12}, a_{13}) + (b_{11}, b_{12}, b_{13})i + (c_{11}, c_{12}, c_{13})j$，

$\tilde{\mu}_2 = (a_{21}, a_{22}, a_{23}) + (b_{21}, b_{22}, b_{23})i + (c_{21}, c_{22}, c_{23})j$，

$\tilde{\mu}_1$ 和 $\tilde{\mu}_2$ 的贴近度函数为 $\rho(\tilde{\mu}_1, \tilde{\mu}_2)$，重新定义式（2-4-10）～式（2-4-12）的贴近度函数如下：

$$\rho(\tilde{\mu}_1, \tilde{\mu}_2) = 1 - \frac{d_q(\tilde{\mu}_1, \tilde{\mu}_2)}{2^{1/q}} \qquad (2\text{-}4\text{-}31)$$

式中，$d_q(\tilde{\mu}_1, \tilde{\mu}_2)$ 为 $\tilde{\mu}_1$ 和 $\tilde{\mu}_2$ 的距离。

$$\rho(\tilde{\mu}_1, \tilde{\mu}_2) = 1 - \frac{d_q(\tilde{\mu}_1, \tilde{\mu}_2)}{2^{1/q}} - \frac{|\delta(\Delta C(\tilde{\mu}_{12}))|}{2} \qquad (2\text{-}4\text{-}32)$$

式 中，$\Delta C(\tilde{\mu}_{12}) = (a_{11} - c_{13} - a_{23} + c_{21}, a_{12} - c_{12} - a_{22} + c_{22}, a_{13} - c_{11} - a_{21} + c_{23})$，$\delta(\Delta C(\tilde{\mu}_{12}))$ 为模糊数 $\Delta C(\tilde{\mu}_{12})$ 的明晰数[102]。

$$\rho(\tilde{\mu}_1, \tilde{\mu}_2) = 1 - \frac{|\delta(\Delta C(\tilde{\mu}_{12}))|}{2} - \frac{|\delta(\Delta S(\tilde{\mu}_{12})| + |\delta(\Delta D(\tilde{\mu}_{12})|}{2} \qquad (2\text{-}4\text{-}33)$$

式中，$\Delta S(\tilde{\mu}_{12}) = S(\tilde{\mu}_1) - S(\tilde{\mu}_2)$，$\Delta D(\tilde{\mu}_{12}) = D(\tilde{\mu}_1) - D(\tilde{\mu}_2)$，$\delta(\Delta S(\tilde{\mu}_{12})$ 和 $\delta(\Delta D(\tilde{\mu}_{12})$ 分别为模糊数 $\Delta S(\tilde{\mu}_{12})$ 和 $\Delta D(\tilde{\mu}_{12})$ 的明晰数。$S(\tilde{\mu}_1)$ 和 $S(\tilde{\mu}_2)$ 按式（2-4-29）计算，$D(\tilde{\mu}_1)$ 和 $D(\tilde{\mu}_2)$ 按式（2-4-30）计算。

在区间数和梯形模糊数下模糊联系数贴近度函数的定义类似三角模糊数。

（4）模糊联系数排序

给出模糊联系数 $\tilde{\mu} = \tilde{A} + \tilde{B}i + \tilde{C}j$ 的各分量为梯形特殊模糊数时 $P(\tilde{\mu})$ 的计算公式（$P_o(\mu)$ 和 $P_p(\mu)$ 类似）。

设 $\tilde{A} = (a_1, a_2, a_3, a_4)$，$\tilde{B} = (b_1, b_2, b_3, b_4)$，$\tilde{C} = (c_1, c_2, c_3, c_4)$，有

$$P(\tilde{\mu}) = \left(\frac{2a_1}{b_4 + c_4} - \frac{c_4}{b_1 + c_1}, \frac{2a_2}{b_3 + c_3} - \frac{c_3}{b_2 + c_2}, \frac{2a_3}{b_2 + c_2} - \frac{c_2}{b_3 + c_3}, \frac{2a_4}{b_1 + c_1} - \frac{c_1}{b_4 + c_4} \right)$$

$$(2\text{-}4\text{-}34)$$

$P(\tilde{\mu})$ 也是特殊模糊数，根据模糊数的排序方法[84,102]，基于 $P(\tilde{\mu})$ 对模糊联系数进行排序。也可先将 $P(\tilde{\mu})$ 的各模糊分量明晰化为一个实数，将其简化为一个普通的联系数，再排序。

设 $\tilde{\mu} = \tilde{A} + \tilde{B} + \tilde{C}j$ 中各分量明晰化后为 $\delta(\tilde{A})$、$\delta(\tilde{B})$ 和 $\delta(\tilde{C})$，则 $\tilde{\mu}$ 的可能势 $P(\tilde{\mu})$ 为

$$P(\tilde{\mu}) = \frac{2\delta(\tilde{A})}{\delta(\tilde{A}) + \delta(\tilde{C})} - \frac{\delta(\tilde{C})}{\delta(\tilde{A}) + \delta(\tilde{B})} \qquad (2\text{-}4\text{-}35)$$

式中，当用 λ 均值面积和均值面积度量法明晰化模糊数时，$\delta(\tilde{A})$ 分别为特殊模糊数 $\tilde{A}$ 的 $s_\lambda(\tilde{A})$ 和 $s(\tilde{A})$，当用重心法明晰化模糊数时，$\delta(\tilde{A})$ 可用 $m(\tilde{A})$ 和 $\sigma(\tilde{A})$ 的简单组合。$\delta(\tilde{B})$ 和 $\delta(\tilde{C})$ 的含义同 $\delta(\tilde{A})$。

4.3 基于集对分析的多属性决策方法

多属性决策是多目标决策问题的另一个主要内容，又称为有限方案的多目标决策，这类问题的决策根据决策者的偏好结构，从事先拟定的有限方案中进行显示选择的决策，其实质是利用已有的决策信息，通过一定的方式对有限个备选方案进行排序并择优[83,84]。主要内容由两部分组成：①获取决策信息，决策信息一般包括属性权重和属性值；②通过一定的方式对决策信息进行集结，并对方案进行排序和择优。

决策活动是人类的一种思维过程，决策者对认识客体的描述由于受到认识过程的主观性和片面性，认识客体的不确定性，加上工程实际中决策的目标函数、约束条件等很难用精确数学公式描述等方面的限制，决策信息的正确性与完备性得不到满足，因此决策过程日趋复杂，不确定性、多目标、多层次、半结构性成为其主要特征[102]。

用传统的多属性决策方法处理这类决策问题时，由于没有充分利用决策过程中的有用信息，忽略了决策过程中不确定信息对决策结果带来的影响，因此不同的决策方法可能得到不同的结果，各决策结果间往往难以比较其优劣，对决策结果也很难作进一步的分析比较，决策结果的可信度不高[82]，达不到柔性决策的要求。集对分析的发展为解决这类决策问题提供了一种新的思路，集对分析重视信息处理中的相对性和模糊性，从问题本身分离出相对确定性信息和相对不确定性信息，在相对确定条件下进行决策，然后利用相对不确定性信息对决策结果进行稳定性分析，进而尽可能地寻找所有的决策结果[110]。

4.3.1 联系数决策矩阵

在多属性决策问题中，决策矩阵中的备选方案和理想方案组成集对，在相对接近程度意义下定义这些集对的联系数，我们把由这些联系数组成的矩阵称为联系数决策矩阵，它是多属性决策的基础，用来刻画各备选方案与理想方案（或者决策者给定的满意方案）组成的集对在相对接近程度意义下的同一对立趋势。理想方案包括正理想方案和负理想方案。

多属性决策问题可描述为 $D(A,U,W,F)$ ，其中有限备选方案集 $A = \{A_l\}$ ，$l = 1,2,\cdots,n$ ；有限属性集 $U = \{U_k\}$ ；属性权重 $W = \{w_k\}$ ，$k = 1,2,\cdots,m$ ；决策矩阵 $F = \{f_{kl}\}_{m \times n}$ ，与 F 对应的相对优属度矩阵为 $R = \{r_{kl}\}_{m \times n}$ ，记 $R = \{R_1,\cdots,R_l,\cdots,R_n\}$ ，其中 R_l 为第 l 个备选方案的相对优属度向量，$R_l = \{r_{1l},r_{2l},\cdots,r_{ml}\}^T$ ，$R_k = \{r_{k1},r_{k2},$

$\cdots,r_{kn}\}$ 表示第 k 目标对应的相对优属度矩阵中的目标向量。

含有不同类型属性的决策矩阵可以通过相对优属度矩阵转化为效益型指标[84]，本文在相对优属度矩阵 R 的基础上，提出了四种联系数决策矩阵的实现方法：与正理想方案相对接近程度法、与负理想方案相对接近程度法、综合理想方案法和相对满意度法，下面给出它们的具体实现。

（1）与正理想方案相对接近程度法

设 R 的正理想方案为 $R^+=\{r_k^+\}$ ，$r_k^+=\max\limits_l(r_{kl})$ ，$k=1,2\cdots,m$ ，$l=1,2,\cdots,n$ 。

集对 $\{r_{kl},r_k^+\}$ 在相对接近程度意义下的联系数定义为

$$\mu_{kl}^+=\frac{r_{kl}}{r_k^+}+\left(\frac{r_k^+-r_{kl}}{r_k^+}\right)j \qquad (2\text{-}4\text{-}36)$$

式中，令 $a_{kl}^+=\dfrac{r_{kl}}{r_k^+}$ 、$b_{kl}^+=0$ 和 $c_{kl}^+=\dfrac{r_k^+-r_{kl}}{r_k^+}$ 分别为 μ_{kl}^+ 的同一度、差异度和对立度。μ_{kl}^+ 是对集对 $\{r_{kl},r_k^+\}$ 的一种相对确定性的同一对立刻画，r_{kl} 越接近 r_k^+ ，μ_{kl}^+ 的同一度越大，对立度越小；反之同一度越小，对立度越大。当 $r_{kl}=r_k^+$ 时，$\mu_{kl}^+=1+0j$ ，表示集对 $\{r_{kl},r_k^+\}$ 完全确定。

备选方案 f_l 与正理想方案组成的集对 $\{R_l,R^+\}$ 在相对接近程度意义下的联系数为

$$\mu_l^+=\left(\sum_{k=1}^m w_k\cdot a_{kl}^+\right)+\left(\sum_{k=1}^m w_k\cdot c_{kl}^+\right)j \qquad (2\text{-}4\text{-}37)$$

式中，$a_l^+=\displaystyle\sum_{k=1}^m w_k\cdot a_{kl}^+$ 为 μ_l^+ 的同一度，$c_l^+=\displaystyle\sum_{k=1}^m w_k\cdot c_{kl}^+$ 为 μ_l^+ 的对立度。

（2）与负理想方案相对接近程度法

设 R 的负理想方案为 $R^-=\{r_k^-\}$ ，$r_k^-=\min\limits_l(r_{kl})$ ，$k=1,2\cdots,m$ ，$l=1,2,\cdots,n$ 。

集对 $\{r_{kl},r_k^-\}$ 在相对接近程度意义下的联系数定义为

$$\mu_{kl}^-=\frac{r_k^-}{r_{kl}}+\left(\frac{r_{kl}-r_k^-}{r_{kl}}\right)j \qquad (2\text{-}4\text{-}38)$$

式中，令 $a_{kl}^-=\dfrac{r_k^-}{r_{kl}}$ 、$b_{kl}^-=0$ 和 $c_{kl}^-=\dfrac{r_{kl}-r_k^-}{r_{kl}}$ 分别为 μ_{kl}^- 的同一度、差异度和对立度。

μ_{kl}^- 是对集对 $\{r_{kl},r_k^-\}$ 的一种相对确定性的同一对立刻画，r_{kl} 越远离 r_k^- ，μ_{kl}^- 的同一度越小，对立度越大；反之同一度越小，对立度越大。当 $r_{kl}=r_k^-$ 时，$\mu_{kl}^-=1+0j$ ，表示集对 $\{r_{kl},r_k^-\}$ 完全确定。

备选方案 f_l 与负理想方案组成的集对 $\{R_l, R^-\}$ 在相对接近程度意义下的联系数为

$$\mu_l^- = \left(\sum_{k=1}^{m} w_k \cdot a_{kl}^-\right) + \left(\sum_{k=1}^{m} w_k \cdot c_{kl}^-\right)j \qquad (2\text{-}4\text{-}39)$$

式中，$a_l^- = \sum_{k=1}^{m} w_k \cdot a_{kl}^-$ 为 μ_l^- 的同一度，$c_l^- = \sum_{k=1}^{m} w_k \cdot c_{kl}^-$ 为 μ_l^- 的对立度。

（3）综合理想方案法

在一些决策问题中，接近正理想方案的备选方案不一定同时远离负理想方案[84]，而且，前面两种方法得到的联系数都是确定的，不能对决策结果进行稳定性分析，决策过程中也不能方便地引入决策者的偏好信息。为此，应该综合考虑这两方面的因素。

式（2-4-36）中的 a_{kl}^+ 和式（2-4-38）中 c_{kl}^- 分别表示 r_{kl} 接近 r_k^+ 和远离 r_k^- 的趋势，c_{kl}^+ 和 a_{kl}^- 则分别表示 r_{kl} 远离 r_k^+ 和接近 r_k^- 的趋势，用 $a_{kl}^+ \times c_{kl}^-$ 综合考虑 r_{kl} 对 r_k^+ 的接近程度和对 r_k^- 的远离程度，用 $c_{kl}^+ \times a_{kl}^-$ 综合表示 r_{kl} 对 r_k^+ 的远离程度和对 r_k^- 接近程度。刻画 r_{kl} 在区间 $[r_k^-, r_k^+]$ 上接近 r_k^+ 并且远离 r_k^- 的联系数为

$$\mu_{kl} = a_{kl} + b_{kl}i + c_{kl}j \qquad (2\text{-}4\text{-}40)$$

式中：$a_{kl} = a_{kl}^+ \times c_{kl}^- = \dfrac{r_{kl}}{r_k^+} - \dfrac{r_k^-}{r_k^+}$，$c_{kl} = c_{kl}^+ \times a_{kl}^- = \dfrac{r_k^-}{r_{kl}} - \dfrac{r_k^-}{r_k^+}$，$b_{kl} = 1 - \dfrac{r_{kl} + 2r_k^-}{r_k^+} - \dfrac{r_k^-}{r_{kl}}$。

当决策属性为成本型时，r_{kl} 的比较区间为 $[r_k^+, r_k^-]$，描述 r_{kl} 接近 r_k^- 并且远离 r_k^+ 相对程度的联系数为

$$\mu_{kl} = \left(\dfrac{r_k^-}{r_{kl}} - \dfrac{r_k^-}{r_k^+}\right) + \left(1 + \dfrac{2r_k^- - r_{kl}}{r_k^+} - \dfrac{r_k^-}{r_{kl}}\right)i + \left(\dfrac{r_{kl}}{r_k^+} - \dfrac{r_k^-}{r_k^+}\right)j \qquad (2\text{-}4\text{-}41)$$

比较式（2-4-40）和式（2-4-41），可以看出，μ_{kl} 具有良好的对称性，是在确定的比较空间中对备选方案接近正理想方案且远离负理想方案的一种相对不确定的同一对立刻画。

另外，在（2-4-40）式中，当 $r_{kl} = r_k^+$ 时，$a_{kl} + b_{kl} = 1$，其中 $a_{kl} = \dfrac{r_k^+ - r_k^-}{r_k^+}$ 取得最大值；当 $r_{kl} = r_k^-$ 时，$c_{kl} + b_{kl} = 1$，$c_{kl} = \dfrac{r_k^+ - r_k^-}{r_k^+}$ 取得最大值，但此时联系数的同一度（或者对立度）却不为 1，也就是说，在判断同一性和对立性上具有不确定性，这也说明联系数对系统不确定性的刻画方法与传统的模糊数学不同，联系数的这种性质称为两级刻画的模糊性[82]。

备选方案 f_l 在相对接近程度意义下基于综合理想方案的联系数为

$$\mu_l = \left(\sum_{k=1}^{m} w_k \cdot a_{kl}\right) + \left(\sum_{k=1}^{m} w_k \cdot b_{kl}\right) i + \left(\sum_{k=1}^{m} w_k \cdot c_{kl}\right) j \qquad （2\text{-}4\text{-}42）$$

式中，$a_l = \sum_{k=1}^{m} w_k \cdot a_{kl}$ 为 μ_l 的同一度，$b_l = \sum_{k=1}^{m} w_k \cdot b_{kl}$ 为 μ_l 的差异度，$c_l = \sum_{k=1}^{m} w_k \cdot c_{kl}$ 为 μ_l 对立度。

（4）相对满意度法

在决策过程中为了能够更方便、准确地反映决策者的意图，决策者根据需求和对领域知识的理解制定出满意方案，相对满意度法基于备选方案对满意方案在接近程度意义下定义决策联系数。

定义 2.4.12[136] 称满足

1）$F_l = \{f_{kl} \in F \mid u_{kl} \geqslant \lambda_k^U, k = 1,2,\cdots,m\}$ 为第 l 个方案的同一目标集；

2）$A_l = \{f_{kl} \in F \mid u_{kl} \leqslant \lambda_k^D, k = 1,2,\cdots,m\}$ 为第 l 个方案的对立目标集；

3）$N_l = \{f_{kl} \in F \mid \lambda_k^D \leqslant u_{kl} \leqslant \lambda_k^U, k = 1,2,\cdots,m\}$ 为第 l 个方案的差异目标集。

式中，$\lambda^U = \{\lambda_1^U, \lambda_2^U, \cdots, \lambda_m^U\}$ 为决策者对各目标能够接受满意度下界，$\lambda^D = \{\lambda_1^D, \lambda_2^D, \cdots, \lambda_m^D\}$ 为决策者对各目标能够接受的不满意度上界。$u_{kl} \geqslant \lambda_k^U$、$u_{kl} \leqslant \lambda_k^D$ 和 $\lambda_k^D \leqslant u_{kl} \leqslant \lambda_k^U$ 分别表示决策值 u_{kl} 对第 k 个目标是满意的、不满意的和中立的。

对于备选方案 $f_l \in F$，集对 $\{f_l, \lambda^U\}$ 和 $\{f_l, \lambda^D\}$ 在相对接近程度意义下的联系数表示 m 个目标上，f_l 对决策者要求的相对满意程度和相对不满意程度，则备选方案 f_l 的联系数定义如下：

$$\mu_l = a_l + b_l i + c_l j \qquad （2\text{-}4\text{-}43）$$

式中，$a_l = \dfrac{\sum\limits_{k \in J_1} w_k \cdot u_{kl}}{\sum\limits_{k=1}^{m} w_k u_{kl}}$，$c_l = \dfrac{\sum\limits_{k \in J_2} w_k \cdot u_{kl}}{\sum\limits_{k=1}^{m} w_k u_{kl}}$，$b_l = 1 - a_l - c_l$，$J_1 = \{k \mid f_k \in F_l\}$，$J_2 = \{k \mid f_k \in A_l\}$。

在决策过程中，决策者可以根据系统的背景知识、决策偏好和系统的运行情况，设定决策者要求的满意度上限和不满意度下限，动态调整系统在演化过程中的决策结果，以取得最佳的决策效果。该方法要求决策者有完备的领域知识，满意度上下限的设定带有主观性和任意性，给该方法的应用会带来一定的困难。

4.3.2　决策方法

（1）决策实现

1）数据预处理

通过把决策矩阵变换为目标优属度矩阵，使任意属性下性能优越的方案变换后属性值越大，并消除量纲对决策结果的影响。

2）联系数决策矩阵的计算

根据问题的特点和决策需求，选择不同的方法计算联系数决策矩阵，得到各个备选方案的决策联系数值。

3）备选方案的排序及稳定性分析

用式（2-4-15）～式（2-4-17）计算各备选方案决策联系数的 $P(u)$、$P_o(u)$ 和 $P_p(u)$，并以此为依据对备选方案进行排序。对联系数决策矩阵中的任意两备选方案，用式（2-4-20）或者式（2-4-22）计算其 γ 值，对 γ 按升序排序，根据不同的 γ 区间计算所有可能的排序结果。如果 γ 最小值不小于 1，则表明排序结果是稳定的。对于用相对满意度法计算的决策联系数，还可以通过调整其 λ^D 和 λ^U 得到不同的排序结果。

当决策矩阵或权重矢量为模糊数时，根据模糊数的运算规则计算决策联系数矩阵及其各备选方案的模糊联系数，然后用式（2-4-34）计算各备选方案的模糊相对确定可能势，根据模糊数的排序规则[84,102]对其进行排序，得到最终的决策结果。

（2）实例研究与分析

用基于集对分析的多属性决策方法对文献[84]中 3.9 节进行计算。该问题有 6个目标和 5个备选方案，其中目标 f_3、f_4 和 f_5 属于效益型，f_1 属于成本型，f_2 属于固定型。各个防御要点的目标值由决策矩阵 F 给出。

$$F = \begin{array}{c} \\ f_1 \\ f_2 \\ f_3 \\ f_4 \\ f_5 \\ f_6 \end{array} \begin{array}{c} \begin{matrix} A_1 & A_2 & A_3 & A_4 & A_5 \end{matrix} \\ \begin{bmatrix} 1250 & 750 & 1370 & 1250 & 2200 \\ 250 & 984 & 766 & 1861 & 2161 \\ 0.34 & 0.23 & 0.39 & 0.36 & 0.29 \\ 83 & 110 & 130 & 234 & 176 \\ 14 & 25 & 10 & 26 & 14 \\ 中等 & 好 & 差 & 好 & 差 \end{bmatrix} \end{array} \qquad (2\text{-}4\text{-}44)$$

经过专家评判确定，各目标的权重向量为

$$w = (0.24, 0.18, 0.18, 0.12, 0.12, 0.16)^T \qquad (2\text{-}4\text{-}45)$$

将式（2-4-44）变换为目标相对优属度矩阵

$$R = \begin{matrix} & A_1 & A_2 & A_3 & A_4 & A_5 \\ R_1 \\ R_2 \\ R_3 \\ R_4 \\ R_5 \\ R_6 \end{matrix} \begin{bmatrix} 0.60 & 1.0 & 0.55 & 0.60 & 0.34 \\ 0.55 & 0.79 & 0.70 & 0.72 & 0.62 \\ 0.87 & 0.59 & 1.0 & 0.92 & 0.74 \\ 0.35 & 0.47 & 0.56 & 1.0 & 0.75 \\ 0.54 & 0.95 & 0.38 & 1.0 & 0.54 \\ 0.75 & 1.0 & 0.50 & 1.0 & 0.50 \end{bmatrix} \qquad (2\text{-}4\text{-}46)$$

由式（2-4-46）得到正负理想方案为

$$R^+ = (1.00, 0.79, 1.00, 1.00, 1.00, 1.00) \qquad (2\text{-}4\text{-}47)$$

$$R^- = (0.34, 0.55, 0.59, 0.35, 0.38, 0.5) \qquad (2\text{-}4\text{-}48)$$

基于与正负理想方案相对接近程度法的计算结果见表 2-4-4。

表 2-4-4　基于与正负理想方案相对接近程度法的决策结果

备选方案	与正理想方案相对接近程度法			与负理想方案相对接近程度法		
	a	c	$P(\mu)$	a	c	$P(\mu)$
A_1	0.6527	0.3473	3.2269	0.7492	0.2508	5.6391
A_2	0.8566	0.1434	11.7796	0.6043	0.3957	2.3992
A_3	0.6643	0.3357	3.4522	0.7510	0.2490	5.7003
A_4	0.8737	0.1263	13.6845	0.5565	0.4435	1.7131
A_5	0.5909	0.4091	2.1959	0.6836	0.3164	3.8591
排序	A_4　A_2　A_3　A_1　A_5			A_4　A_2　A_5　A_1　A_3		

从表 2-4-4 可以看出，用与正理想方案相对接近程度法计算的结果中，方案 A_3 比 A_5 更接近正理想方案，但用与负理想方案相对接近程度法计算的结果中，方案 A_5 比 A_3 更远离负理想方案，说明接近正理想方案的备选方案不一定同时远离负理想方案。与正理想方案相对接近程度法的计算结果与文献[84]的最小隶属度偏差法、最大隶属度偏差法、相对比值法的 $q=1$ 和极大极小法的计算结果相同。

基于综合理想方案法的各备选方案决策联系数及排序结果见表 2-4-5。

表 2-4-5　基于综合理想方案法的决策结果

备选方案	联系数			$P(\mu)$	$P_o(\mu)$ (γ=0.6114)	$P_p(\mu)$ (γ=1.00)
	a	b	c			
A_1	0.2864	0.4713	0.2423	0.4829	1.7039	-0.7113
A_2	0.4788	0.4142	0.1070	1.7175	4.3990	0.5791
A_3	0.2908	0.4632	0.2460	0.4938	1.7038	-0.7111
A_4	0.4992	0.4173	0.0835	1.9025	5.0116	0.7935
A_5	0.2212	0.4586	0.3202	0.0971	0.9792	-1.1300

　　根据 $P(\mu)$ 的排序结果为 $A_4 \succ A_2 \succ A_3 \succ A_1 \succ A_5$，由式（2-4-16）计算得到 $P_o(\mu)$ 中 γ 的变化范围有[0,0.6113]和[0.6113,1]，因此得到基于 $P_o(\mu)$ 的两种排序结果分别为 $A_4 \succ A_2 \succ A_3 \succ A_1 \succ A_5$ 和 $A_4 \succ A_2 \succ A_1 \succ A_3 \succ A_5$。由式（2-4-17）计算得到 $P_p(\mu)$ 中的 γ 值大于1，因此基于 $P_p(\mu)$ 的排序结果是稳定的，同 $P(\mu)$。

　　基于相对满意度法的各备选方案的决策联系数及排序结果见表 2-4-6 和表 2-4-7。

表 2-4-6　决策联系数及其相对确定可能势的计算结果

(λ^D, λ^U)	备选方案	A_1	A_2	A_3	A_4	A_5
(0,0.36)	a	0.9330	1.0000	1.0000	1.0000	0.8546
	b	0.0670	0.0000	0.0000	0.0000	0.1454
	c	0.0000	0.0000	0.0000	0.0000	0.0000
	$P(\mu)$	27.8286	∞	∞	∞	11.7549
(0.4,0.85)	a	0.2500	0.6277	0.2854	0.6740	0.0000
	b	0.6830	0.3723	0.6424	0.3260	0.7940
	c	0.0670	0.0000	0.0723	0.0000	0.2060
	$P(\mu)$	0.5948	3.3727	0.7207	4.1345	-0.2594
	$P_o(\mu),\gamma$=0.9425	10.6904	75.035	10.69	88.3038	2.7142
(0.65,0.85)	a	0.2500	0.6277	0.2854	0.6740	0.0000
	b	0.1916	0.1737	0.1997	0.1544	0.3977
	c	0.5584	0.1986	0.5149	0.1716	0.6023
	$P(\mu)$	-0.5980	3.1249	-0.2629	3.9274	-1.5143

表 2-4-7 排序结果

(λ^D,λ^U)	γ 容许范围	方案排序
(0,0.36)	[0,1]	$A_2 \sim A_3 \sim A_4 \sim A_1 \sim A_5$
(0.4,0.85)	[0,0.9425)	$A_4 \succ A_2 \succ A_3 \succ A_1 \succ A_5$
	[0.9425,1]	$A_4 \succ A_2 \succ A_1 \succ A_3 \succ A_5$
(0.65,0.85)	[0,1]	$A_4 \succ A_2 \succ A_3 \succ A_1 \succ A_5$

从上面的计算结果可以看出，设定不同的 λ^D 和 λ^U，得到的排序结果有所不同。但总地来说，决策结果还是比较稳定的，其结果和其他方法基本相符合。基于 $P_p(\mu)$ 的排序结果同 $P(\mu)$，而且 γ 的容许范围为[0,1]，因此排序结果也是稳定的。

当式（2-4-44）中的 f_6 用三角模糊数(l,m,t)表示时，有

$$f_6 = \begin{array}{c} l \\ m \\ t \end{array} \begin{matrix} A_1 & A_2 & A_3 & A_4 & A_5 \\ \begin{bmatrix} 0.5 & 0.85 & 0.35 & 0.85 & 0.35 \\ 0.75 & 1.00 & 0.50 & 1.00 & 0.50 \\ 0.85 & 1.00 & 0.75 & 1.00 & 0.75 \end{bmatrix} \end{matrix} \qquad (2\text{-}4\text{-}49)$$

基于综合理想方案法计算得到的各备选方案的模糊联系数见表 2-4-8。

表 2-4-8 模糊决策矩阵的计算结果

备选方案		A_1	A_2	A_3	A_4	A_5
	l	0.2464	0.4548	0.2668	0.4752	0.1972
	m	0.2864	0.4788	0.2908	0.4992	0.2212
	t	0.3072	0.4788	0.3308	0.4992	0.2612
	l	0.4142	0.3503	0.3765	0.3533	0.3720
	m	0.4713	0.4143	0.4631	0.4173	0.4586
	t	0.5198	0.4383	0.5234	0.4413	0.5189
	l	0.2338	0.1069	0.2099	0.0835	0.2839
	m	0.2423	0.1069	0.2461	0.0835	0.3202
	t	0.2786	0.1709	0.2927	0.1475	0.3668
	l	0.1479	1.3146	0.1829	1.4664	-0.3151
	m	0.4631	1.6322	0.4731	1.8269	0.1569
	t	0.6553	1.9190	0.8713	2.1439	0.4759
		0.4324	1.6245	0.5001	1.8160	0.1186

表中，$P(\tilde{\mu})$ 为用式（2-4-34）计算，$s(P(\tilde{\mu}))$ 为用均值面积度量法计算的 $P(\tilde{\mu})$

明晰化值。根据 $s(P(\tilde{\mu}))$ 的大小排序，各备选方案的排序结果为 $A_4 \succ A_2 \succ A_3 \succ A_1 \succ A_5$。

4.4　基于模糊集对分析的多属性决策方法

4.4.1　模糊联系数决策矩阵的建立

多目标决策问题可描述为 $D(A,U,W,F)$，其中有限备选方案集 $A = \{A_l\}$，$l = 1,2,\cdots,n$；有限属性集 $U = \{U_k\}$；属性权重 $W = \{w_k\}$，$k = 1,2,\cdots,m$；决策矩阵 $F = \{f_{kl}\}_{m \times n}$。与 F 对应的相对优属度矩阵为 $R = \{r_{kl}\}_{m \times n}$，$r_{kl}$ 为方案 l 属性 k 的相对优属度值。R 的理想方案为 $R^+ = \{r_k^+\}$，$r_k^+ = \max_l (r_{kl})$，负理想方案为 $R^- = \{r_k^-\}$，$r_k^- = \min_l (r_{kl})$，$k = 1,2\cdots,m$，$l = 1,2,\cdots,n$。方案 A_l 对应的联系数为 $\mu_l = a_l + c_l j$，a_l 和 c_l 分别是 μ_l 的同一度和对立度。当 W 和 F 中的元素为三角模糊数时，$\tilde{R} = \{r_{kl}^l, r_{kl}^m, r_{kl}^r\}_{m \times n}$，$\tilde{W} = \{w_k^l, w_k^m, w_k^r\}$，$\tilde{R}^+ = \{r_k^{+l}, r_k^{+m}, r_k^{+r}\}$，$\tilde{R}^- = \{r_k^{-l}, r_k^{-m}, r_k^{-r}\}$，方案 A_l 的联系数为 $\tilde{\mu}_l = \tilde{a}_l + \tilde{c}_l j$，$\tilde{a}_l$ 和 $\tilde{c}_l$ 为 l 方案对应的模糊联系数 $\tilde{\mu}_l$ 的模糊同一度和和模糊对立度，在 $\tilde{R}$、$\tilde{W}$、$\tilde{R}$ 和 $\tilde{R}^-$ 中，l、m 和 r 为其下界值、均值和上界值的标志。

（1）理想方案法

在一些决策问题中，接近理想方案的备选方案不一定同时远离负理想方案，因此，应该综合考虑这两方面的因素。

设在相对接近程度意义下用 $\dfrac{r_{kl}}{r_k^+}$ 和 $\dfrac{r_{kl} - r_k^-}{r_{kl}}$ 分别表示 r_{kl} 接近 r_k^+ 且远离 r_k^- 的趋势，用 $\dfrac{r_k^+ - r_{kl}}{r_k^+}$ 和 $\dfrac{r_k^-}{r_{kl}}$ 分别表示 r_{kl} 远离 r_k^+ 且接近 r_k^- 的趋势，在区间 $[r_k^-, r_k^+]$ 描述 r_{kl} 接近 r_k^+ 并且远离 r_k^- 的联系数定义为

$$\mu_{kl} = \frac{r_{kl} - r_k^-}{r_k^+} + \frac{r_k^-(r_k^+ - r_{kl})}{r_{kl} \cdot r_k^+} j \qquad (2\text{-}4\text{-}50)$$

式中，μ_{kl} 的两分量分别为 a_{kl} 和 c_{kl}，$b_{kl} = 1 - a_{kl} - c_{kl}$。

在式（2-4-50）中，当 F 中的元素为模糊数时，$\tilde{\mu}_{kl}$ 中同一度 $\tilde{a}_{kl}$ 和对立度 $\tilde{c}_{kl}$ 的定义为

$$\tilde{a}_{kl} = \left(\frac{r_{kl}^l - r_k^{-r}}{r_k^{+r}}, \frac{r_{kl}^m - r_k^{-m}}{r_k^{+m}}, \frac{r_{kl}^r - r_k^{-l}}{r_k^{+l}} \right)$$

$$\tilde{c}_{kl} = \left(\frac{r_k^{-l}(r_k^{+l} - r_{kl}^r)}{r_{kl}^r \cdot r_k^{+r}}, \frac{r_k^{-m}(r_k^{+m} - r_{kl}^m)}{r_{kl}^m \cdot r_k^{+m}}, \frac{r_k^{-r}(r_k^{+r} - r_{kl}^l)}{r_{kl}^l \cdot r_k^{+l}} \right)$$

备选方案 A_l 在相对接近程度意义下基于综合理想方案的联系数为

$$\mu_l = \left(\sum_{k=1}^m w_k \cdot a_{kl} \right) + \left(\sum_{k=1}^m w_k \cdot c_{kl} \right) j$$

式中，μ_l 的两个分量分别为同一度 a_l 和对立度 c_l，差异度 $b_l = 1 - a_l - c_l$。$\tilde{\mu}_l$ 中 $\tilde{a}_l$ 和 $\tilde{c}_l$ 的定义如下

$$\tilde{a}_l = \left(\sum_{k=1}^m w_k^l \cdot a_{kl}^l, \sum_{k=1}^m w_k^m \cdot a_{kl}^m, \sum_{k=1}^m w_k^r \cdot a_{kl}^r \right)$$

$$\tilde{c}_l = \left(\sum_{k=1}^m w_k^l \cdot c_{kl}^l, \sum_{k=1}^m w_k^m \cdot c_{kl}^m, \sum_{k=1}^m w_k^r \cdot c_{kl}^r \right)$$

（2）相对满意度法

在决策过程中为了能够更方便、准确地反映决策者的意图，决策者根据需求和对领域知识的理解制定出满意方案，相对满意度法基于备选方案对满意方案在接近程度意义下定义决策联系数。

定义[136] 称满足

1）$F_l = \{f_{kl} \in F \mid r_{kl} \geq \lambda_k^U, k = 1, 2, \cdots, m\}$ 为第 l 个方案的同一目标集；

2）$A_l = \{f_{kl} \in F \mid r_{kl} \leq \lambda_k^D, k = 1, 2, \cdots, m\}$ 为第 l 个方案的对立目标集；

3）$N_l = \{f_{kl} \in F \mid \lambda_k^D \leq r_{kl} \leq \lambda_k^U, k = 1, 2, \cdots, m\}$ 为第 l 个方案的差异目标集。

式中，$\lambda^U = \{\lambda_1^U, \lambda_2^U, \cdots, \lambda_m^U\}$ 为决策者对各目标能够接受满意度下界，$\lambda^D = \{\lambda_1^D, \lambda_2^D, \cdots, \lambda_m^D\}$ 为决策者对各目标能够接受的不满意度上界。$r_{kl} \geq \lambda_k^U$、$r_{kl} \leq \lambda_k^D$ 和 $\lambda_k^D \leq r_{kl} \leq \lambda_k^U$ 分别表示决策值 r_{kl} 对第 k 个目标是满意的、不满意的和中立的。

对于备选方案 $f_l \in F$，集对 $\{f_l, \lambda^U\}$ 和 $\{f_l, \lambda^D\}$ 在相对接近程度意义下的联系数表示 m 个目标上 f_l 对决策者要求的相对满意程度和相对不满意程度，则备选方案 f_l 的联系数定义如下：

$$\mu_l = \left(\frac{\sum_{k \in J_1} w_k \cdot r_{kl}}{\sum_{k=1}^m w_k \cdot r_{kl}} \right) + \left(\frac{\sum_{k \in J_2} w_k \cdot r_{kl}}{\sum_{k=1}^m w_k \cdot r_{kl}} \right) j$$

式中，μ_l 的第一项为 a_l，第二项为 c_l，$b_l = 1 - a_l - c_l$，$J_1 = \{k \mid f_k \in F_l\}$，$J_2 = \{k \mid f_k \in A_l\}$。$\tilde{\mu}_l$ 中 $\tilde{a}_l$ 和 $\tilde{c}_l$ 的定义如下

$$\tilde{a}_l = \left(\frac{\sum\limits_{k \in J_1} w_k^l \cdot r_{kl}^l}{\sum\limits_{k=1}^{m} w_k^r \cdot r_{kl}^r}, \frac{\sum\limits_{k \in J_1} w_k^m \cdot r_{kl}^m}{\sum\limits_{k=1}^{m} w_k^m \cdot r_{kl}^m}, \frac{\sum\limits_{k \in J_1} w_k^r \cdot r_{kl}^r}{\sum\limits_{k=1}^{m} w_k^l \cdot r_{kl}^l} \right)$$

$$\tilde{c}_l = \left(\frac{\sum\limits_{k \in J_2} w_k^l \cdot r_{kl}^l}{\sum\limits_{k=1}^{m} w_k^r \cdot r_{kl}^r}, \frac{\sum\limits_{k \in J_2} w_k^m \cdot r_{kl}^m}{\sum\limits_{k=1}^{m} w_k^m \cdot r_{kl}^m}, \frac{\sum\limits_{k \in J_2} w_k^r \cdot r_{kl}^r}{\sum\limits_{k=1}^{m} w_k^l \cdot r_{kl}^l} \right)$$

在决策过程中，决策者可以根据系统的背景知识和决策偏好，设定决策者要求的满意度上限和不满意度下限，动态调整系统在演化过程中的决策过程，以取得最佳的决策效果。

4.4.2 模糊联系数的排序方法

定义 2.4.13 设模糊联系数 $\tilde{\mu} = \tilde{a} + \tilde{b}i + \tilde{c}j$，其中 $\tilde{a} = (a^l, a^m, a^r)$，$\tilde{b} = (b^l, b^m, b^r)$，$\tilde{c} = (c^l, c^m, c^r)$，$l$、$m$ 和 r 是三角模糊数 $\tilde{a}$、$\tilde{b}$ 和 $\tilde{c}$ 中下界值、均值和上界值的标志。则：

（1）$\tilde{\mu}$ 的相对确定可能势 $P(\tilde{\mu})$：

$$P(\tilde{\mu}) = \frac{2\tilde{a}}{\tilde{b} + \tilde{c}} - \frac{\tilde{c}}{\tilde{a} + \tilde{b}} = \left(\frac{2a^l}{b^r + c^r} - \frac{c^r}{a^l + b^l}, \right.$$
$$\left. \frac{2a^m}{b^m + c^m} - \frac{c^m}{a^m + b^m}, \frac{2a^r}{b^l + c^l} - \frac{c^l}{a^r + b^r} \right)$$

（2-4-51）

（2）$\tilde{\mu}$ 的相对乐观可能势 $P_o(\tilde{\mu})$：

$$P_o(\tilde{\mu}) = \frac{2\tilde{a} + \gamma\tilde{b}}{(1-\gamma)\tilde{b} + \tilde{c}} - \frac{\tilde{c}}{\tilde{a} + \tilde{b}} = \left(\frac{2a^l + \gamma b^l}{(1-\gamma)b^r + c^r} - \frac{c^r}{a^l + b^l}, \right.$$
$$\left. \frac{2a^m + \gamma b^m}{(1-\gamma)b^m + c^m} - \frac{c^m}{a^m + b^m}, \frac{2a^r + \gamma b^r}{(1-\gamma)b^l + c^l} - \frac{c^l}{a^r + b^r} \right)$$

（2-4-52）

（3）$\tilde{\mu}$ 的相对悲观可能势 $P_p(\tilde{\mu})$：

$$P_p(\tilde{\mu}) = \frac{2\tilde{a}}{\tilde{b} + \tilde{c}} - \frac{\tilde{c} + \gamma\tilde{b}}{\tilde{a} + (1-\gamma)\tilde{b}} = \left(\frac{2a^l}{b^r + c^r} - \frac{c^r + \gamma b^r}{a^l + (1-\gamma)b^l}, \frac{2a^m}{b^m + c^m} \right.$$
$$\left. - \frac{c^m + \gamma b^m}{a^m + (1-\gamma)b^m}, \frac{2a^r}{b^l + c^l} - \frac{c^l + \gamma b^l}{a^r + (1-\gamma)b^r} \right)$$

（2-4-53）

式中，γ 为不确定演化因子，$\gamma \in [0,1]$。式（2-4-51）～式（2-4-53）式中的第一项代表系统中同一趋势所占比例，第二项则代表对立趋势所占比例。联系数的可能势越大，所描述系统的同一度趋势也越大；反之，则对立度趋势越大。

$P(\tilde{\mu})$ 不考虑 $\tilde{b}$ 的变化带来的影响，$P_o(\tilde{\mu})$ 认为 $\tilde{b}$ 有向同一度转变的趋势，$P_p(\tilde{\mu})$ 则认为 $\tilde{b}$ 有向对立度转移的趋势。$P_o(\tilde{\mu})$ 和 $P_p(\tilde{\mu})$ 能够反映系统在演化过程中不确定因素向同一度和对立度转变的趋势。

基于 $P(\tilde{\mu})$ 的排序由于不受不确定因素的影响，是稳定的，基于 $P_o(\tilde{\mu})$ 和 $P_p(\tilde{\mu})$ 的排序，当 γ 在 [0,1] 间变化时，会影响排序结果的稳定性，因此需要在 γ 变化时对排序结果的稳定性进行分析。

4.5　多属性调度决策（Ⅰ）

4.5.1　问题描述

确保坝体安全和使下游防洪控制区的洪灾损失最小是水库防洪的两个主要任务，前者以一次调洪中动用的防洪库容为依据，后者以下泄洪峰流量为指标，两者相互冲突，多属性防洪调度决策折衷考虑两个目标，从非劣调度方案集中选择决策者满意的方案。

以三峡水库一次调洪中最高库水位最低和下泄洪峰流量最小为目标，1981 年 0.5%洪水为入库洪水的决策矩阵见表 2-4-9，表中共有 14 个备选方案，以最高库水位、下泄洪峰流量和调度期末水位为指标，其中前两个目标为成本型，第三个为固定型，其最佳目标值为三峡水库的防洪限制水位 145m。为了后面论述的简便，简称最高库水位、下泄洪峰流量和调度期末水位为目标 1、2 和 3。

首先把决策矩阵转换为目标相对优属度矩阵，对于效益型、成本型和固定型目标，相对优属度的计算公式分别为[84]：

$$u_{ij} = [f_{ij}/f_{i\max}]^{p_i} \tag{2-4-54}$$

$$u_{ij} = \begin{cases} 1-[f_{ij}/f_{i\max}]^{p_i}, & f_{i\min}=0 \\ (f_{i\min}/f_{ij})^{p_i}, & f_{i\min}\neq 0 \end{cases} \tag{2-4-55}$$

$$u_{ij} = [f_i^*/(f_i^*+|f_{ij}-f_i^*|)]^{p_i} \tag{2-4-56}$$

式中，p_i 为决策者给定的参数，其目的是使目标相对优属度更分散，f_i^* 为决策者事先给定的第 i 个目标的最佳值，且

$$\begin{cases} f_{i\max} = \max\limits_{1<j<n}\{f_{ij}\} \\ f_{i\min} = \min\limits_{1<j<n}\{f_{ij}\} \end{cases} \qquad (2\text{-}4\text{-}57)$$

表 2-4-9　三峡水库洪水调度决策矩阵

方案编号	最高库水位	下泄洪峰流量	调度期末水位
1	148.82	78072	145
2	149.23	77986	145
3	152.32	77975	145.73
4	155.70	77765	145
5	156.51	77497	152.69
6	157.13	77278	155.56
7	157.72	77008	160.04
8	158.31	76400	145
9	158.61	76301	145
10	159.65	75377	145.15
11	160.70	74442	145
12	161.00	74102	152.69
13	161.51	73336	153.66
14	161.68	72401	155.56

利用式（2-4-54）～式（2-4-56）转换后的相对优属度矩阵见表 2-4-10。

表 2-4-10　三峡水库洪水调度目标相对优属度矩阵

方案编号	最高库水位	下泄洪峰流量	调度期末水位
1	1.0000	0.4704	1.0000
2	0.9729	0.4756	1.0000
3	0.7926	0.4763	0.9510
4	0.6364	0.4893	1.0000
5	0.6042	0.5065	0.5965
6	0.5808	0.5211	0.4951
7	0.5594	0.5396	0.3727
8	0.5389	0.5841	1.0000
9	0.5288	0.5918	1.0000

方案编号	最高库水位	下泄洪峰流量	调度期末水位
10	0.4954	0.6684	0.9897
11	0.4639	0.7573	1.0000
12	0.4554	0.7928	0.5965
13	0.4412	0.8796	0.5599
14	0.4366	1.0000	0.4951

在该决策问题中，假定以确保坝体安全和下游防洪目标为主，调度期末水位次之，给定各目标的权重向量为

$$w = (0.4, 0.4, 0.2) \tag{2-4-58}$$

由表 2-4-10 的目标相对优属度矩阵得到正、负理想方案为

$$R^+ = (1.0000, 1.0000, 1.0000) \tag{2-4-59}$$

$$R^- = (0.4366, 0.4704, 0.3727) \tag{2-4-60}$$

4.5.2 决策分析

对表 2-4-9 的决策问题，分别用传统方法（简单线性加权法、极大极小法、极大极大法）和基于集对分析的决策方法（与正理想方案相对接近程度法、与负理想方案相对接近程度法、综合理想方案法、相对满意度法）进行决策分析，结果见表 2-4-11。综合理想方案法的 $P(\mu)$ 栏结果为用式（2-4-15）计算的相对确定可能势的排序结果；$P_o(\mu)$ 栏的内容为用式（2-4-16）计算的相对乐观可能势的排序结果，γ 由式（2-4-20）计算；$P_p(\mu)$ 栏的内容为用式（2-4-17）计算的相对悲观可能势的排序结果，γ 由式（2-4-22）计算；(λ^D, λ^U) 为相对满意度法中对目标能够接受的不满意度上界和满意度的下界；线性加权为简单线性加权法，即各目标的相对优属度值乘相应的权重后求和；极大极小法和极大极大法[84]中，"无权重"为不考虑权重信息，直接用目标优属度值进行比较；"有权重"考虑权重信息，即目标优属度值乘相应权重后进行比较。

从表 2-4-10 的相对优属度矩阵可以看出，方案 1 中目标 1 和 3 的相对优属度值为最好值 1，方案 2 次之，所以在绝大多数决策结果中，它们为最满意和次满意方案是合理的。方案 8 和 9 中，目标 1 和 2 都为中间值，目标 3 为最好值，所以在比较悲观的排序方法中，两方案为满意方案。对于方案 14，虽然目标 2 为最好值，但其他两个目标的相对优属度值都很小，所以在不同的决策方法中，其排

序位置波动比较大，在极大极大法考虑权重的决策中，由于其权重大，所以为次满意方案，在相对满意度法的（λ^D,λ^U）为（0.65,0.85）的决策结果中为第 3 满意方案，在其他决策方法中，该方案的满意度都比较低。

表 2-4-11　决策结果

决策方法			决策结果
线性加权法			1≻2≻3≻11≻14≻10≻4≻8≻9≻13≻12≻5≻6≻7
极大极小法		无权重	8≻9≻5≻1≻6≻4≻3≻2≻1≻11≻12≻13≻14≻7
		有权重	8~9≻10≻4≻2≻3≻1≻11≻5≻12≻13≻6≻14≻7
极大极大法		无权重	1~2~3~4~5~11~14≻10≻3≻13≻12≻6≻6≻7
		有权重	1~14≻2≻13≻12≻11≻10≻4≻5≻9≻8≻6≻7
与正理想方案相对接近程度法			1≻2≻3≻14≻11≻10≻4≻13≻8≻9≻12≻5≻6≻7
与负理想方案相对接近程度法			1≻2≻3≻11≻10≻8≻9≻4≻12≻13≻14≻5≻6≻7
综合理想方案法	$P(\mu)$		1≻2≻3≻11≻10≻8≻9≻4≻14≻13≻12≻5≻6≻7
	$P_o(\mu)$	$\gamma\in[0.88,1.00]$	1≻2≻3≻11≻10≻8≻9≻4≻13≻14≻5≻6≻7
		$\gamma\in[0.00,0.88)$	1≻2≻3≻11≻10≻8≻9≻4≻13≻12≻14≻5≻6≻7
	$P_p(\mu)$	$\gamma\in[0.00,0.36)$	1≻2≻3≻11≻10≻8≻9≻4≻14≻13≻12≻5≻6≻7
		$\gamma\in[0.36,0.87)$	1≻2≻3≻11≻10≻8≻4≻9≻14≻13≻12≻5≻6≻7
		$\gamma\in[0.87,1.00]$	1≻2≻3≻11≻10≻4≻8≻9≻14≻13≻12≻5≻6≻7
相对满意度法	(λ^D,λ^U)	(0.00,0.50)	8~9≻1≻2≻5≻3≻11≻10≻13≻4≻6≻7≻12≻14
		(0.45,0.75)	1≻2≻11≻3≻14≻13≻12≻9≻8≻4≻10≻5~6≻7
		(0.55,0.65)	1≻2≻10≻11≻3≻14≻13≻12≻4≻9≻8≻5≻7≻6
		(0.55,0.75)	1≻2≻3≻11≻14≻13≻12≻4≻10≻8≻9≻5~6≻7
		(0.65,0.85)	1≻2≻14≻13≻11≻10≻3≻12≻9≻4≻8≻6≻7≻5

与正理想方案相对接近程度法和与负理想方案相对接近程度法的决策结果比较相近，但也有不同，说明该多属性决策问题接近正理想方案的解不一定远离负理想方案。与负理想方案相对接近程度法和综合理想方案法的决策结果非常接近，只有方案12、13 和 14 的排序位置发生了变化，其他方案满意度相同，而且不同 γ 的结果也基本稳定，说明该决策问题在综合理想方案法下的决策结果是比较稳定的。

从相对满意度法的决策结果中可以看出，（λ^D,λ^U）取不同的值，决策结果基本上包含了前面几种方法的结果，因此可以根据决策需要选择不同的（λ^D,λ^U）值，

再用 γ 值进行稳定性分析，得到决策者满意的结果。

最高库水位和下泄洪峰流量是两个主要目标，下面基于相对满意度法，分别以最高库水位和下泄洪峰流量为主要影响因素对决策结果进行分析。

（1）最高库水位对决策结果的影响

设目标 1、2 和 3 的 (λ^D, λ^U) 分别为[0.45,0.75]、[0.8,0.8]和[0.8,0.8]，以尽量排除目标 2 和 3 的影响。决策结果为 1≻2≻3≻4≻14≻13≻8≻9≻10≻11≻7≻6≻5≻12。结果表明，最高库水位的大小基本上决定了方案的优劣排序。

（2）下泄洪峰流量对决策结果的影响

设三个目标的 (λ^D, λ^U) 为[0.8,0.8]、[0.45,0.75]和[0.8,0.8]，以尽量突出目标 2 的作用，决策结果为 1≻14≻13≻2≻11≻12≻10≻9≻8≻4≻7≻6≻5≻3。结果表明，除了方案 1 和 2 外，目标 2 基本上决定了其余方案的排序结果。由于方案 1 和 2 中目标 1 和 3 的相对优属度值都大于 0.8，在决策过程中，两个目标的相对优属度值都加到联系数的同一度 a 中，故在方案 1 和 2 中没能够过滤掉目标 1 和 3 的影响，也说明方案 1 和 2 的综合评价结果要高于其他方案。

4.6 多属性调度决策（II）

4.6.1 问题描述

对于调节性能不好的水库，解决好防洪和发电的矛盾是必须的。在后汛期的洪水调度中，调度期末水位的高低对水库在供水期的发电效益有很大的影响。水位越高，拦蓄洪尾水量越大，显然对发电越有利，但过高的调度期末水位会占用水库过多的防洪库容，降低了水库拦蓄后续洪水的能力，增加了防洪风险。多属性调度决策根据决策需要均衡两者的矛盾，得到决策者满意的调度方案。

以一次调洪中三峡水库调度期末水位最高和最高库水位最低为目标，以最高库水位及其历时、下泄洪峰流量及其历时、调度期末水位为指标，以 1981 年 1% 典型洪水为入库洪水，进行三峡水库多属性决策分析。决策矩阵见表 2-4-12，表中共有 16 个备选方案，为了后面论述的方便，分别简称最高库水位、最高库水位历时、下泄洪峰流量、下泄洪峰流量历时和调度期末水位为目标 1、2、3、4 和 5，其中目标 1、2、3 和 4 为成本型目标，目标 5 为效益性目标。用式（2-4-55）和式（2-4-54）转换为目标相对优属度矩阵见表 2-4-12。

在决策过程中，认为目标 1 和目标 5 为主要目标，故权重较大，由于目标 3

和 5 是一致的，所以目标 3 的权重取较小的值，给定各目标的权重向量为

$$w = (0.4, 0.1, 0.1, 0.1, 0.3) \tag{2-4-61}$$

表 2-4-12   目标相对优属度矩阵

方案编号	最高库水位	最高水位历时	下泄洪峰流量	下泄洪峰流量历时	调度期末水位
1	1.0000	0.1333	0.4160	0.0494	0.4092
2	0.9508	0.6667	0.4404	0.1600	0.4349
3	0.8932	0.6667	0.4664	0.0331	0.4630
4	0.8399	0.6667	0.4940	0.0494	0.4924
5	0.7905	0.6667	0.5233	0.0091	0.5231
6	0.7439	0.6667	0.5545	0.0237	0.5559
7	0.7003	0.6667	0.5876	0.0816	0.5905
8	0.6595	0.6667	0.6229	0.0816	0.6271
9	0.6295	0.0870	0.6604	0.4444	0.6558
10	0.5879	0.0870	0.7003	0.0816	0.7013
11	0.5526	0.6667	0.7427	0.4444	0.7484
12	0.5236	0.1053	0.7879	0.4444	0.7899
13	0.4994	0.2857	0.8360	0.4444	0.8281
14	0.4631	0.6667	0.8873	0.0494	0.8930
15	0.4372	0.6667	0.9419	0.0494	0.9459
16	0.4135	0.1333	1.0000	0.4444	1.0000

由表 2-4-12 得到正、负理想方案为

$$R^+ = (1.0000, 0.6667, 1.0000, 0.4444, 1.0000) \tag{2-4-62}$$

$$R^- = (0.4135, 0.0870, 0.4160, 0.0091, 0.4092) \tag{2-4-63}$$

4.6.2   决策分析

对表 2-4-23 的决策问题，分别用传统决策方法（简单线性加权法、极大极小法、极大极大法）和基于集对分析的决策方法（与正理想方案相对接近程度法、与负理想方案相对接近程度法、综合理想方案法和相对满意度法）进行决策分析，结果见表 2-4-13～表 2-4-15，表中符号的含义同表 2-4-11。

表 2-4-13　决策结果

决策方法		决策结果
线性加权		$2\succ11\succ15\succ16\succ14\succ3\succ13\succ4\succ5\succ7\succ8\succ6\succ1\succ12\succ9\succ10$
极大极	无权重	$11\succ13\succ2\succ16\succ12\succ9\succ7\succ8\succ10\succ1\succ4\succ14\succ15\succ3\succ6\succ5$
小法	有权重	$11\succ13\succ2\succ16\succ12\succ9\succ7\succ8\succ10\succ1\succ4\succ14\succ15\succ3\succ6\succ5$
极大极	无权重	$1\sim16\succ2\succ15\succ3\succ14\succ4\succ13\succ5\succ12\succ11\succ6\succ10\succ7\succ8\succ9$
大法	有权重	$1\succ2\succ3\succ4\succ5\succ16\succ6\succ15\succ7\succ14\succ8\succ9\succ13\succ12\succ10\succ11$
与正理想方案相对接近法		$11\succ2\succ16\succ13\succ15\succ14\succ3\succ4\succ12\succ7\succ8\succ9\succ5\succ6\succ1\succ10$
与负理想方案相对接近法		$11\succ8\succ7\succ13\succ4\succ2\succ6\succ14\succ3\succ15\succ12\succ9\succ10\succ16\succ5\succ1$

表 2-4-14　综合理想方案法的决策结果

排序方法	γ 范围	决策结果
$P(\mu)$		$11\succ2\succ13\succ16\succ15\succ14\succ4\succ7\succ3\succ8\succ6\succ12\succ9\succ5\succ1\succ10$
	[0.18,0.44)	$11\succ2\succ13\succ15\succ16\succ14\succ7\succ8\succ4\succ3\succ6\succ12\succ9\succ5\succ1\succ10$
	[0.44,0.62)	$11\succ2\succ13\succ7\succ8\succ15\succ14\succ43\succ16\succ6\succ12\succ9\succ5\succ1\succ10$
	[0.62.0.75)	$11\succ2\succ13\succ7\succ8\succ4\succ14\succ15\succ3\succ6\succ16\succ12\succ9\succ5\succ1\succ10$
$P_o(\mu)$	[0.75.0.82)	$11\succ2\succ13\succ8\succ7\succ4\succ14\succ15\succ3\succ6\succ16\succ12\succ9\succ5\succ1\succ10$
	[0.82,0.86)	$11\succ8\succ7\succ13\succ2\succ4\succ14\succ15\succ3\succ6\succ12\succ16\succ9\succ5\succ1\succ10$
	[0.86,0.93)	$11\succ8\succ7\succ13\succ2\succ4\succ14\succ15\succ6\succ3\succ12\succ16\succ9\succ5\succ10\succ1$
	[0.93,1.00]	$11\succ8\succ7\succ13\succ2\succ4\succ14\succ6\succ15\succ3\succ12\succ9\succ16\succ5\succ10\succ1$
	[0.32,0.50)	$11\succ2\succ13\succ16\succ15\succ14\succ4\succ3\succ7\succ8\succ12\succ6\succ9\succ5\succ1\succ10$
$P_p(\mu)$	[0.50,0.76)	$11\succ2\succ13\succ16\succ15\succ14\succ3\succ4\succ7\succ8\succ12\succ6\succ9\succ5\succ1\succ10$
	[0.76,1.00]	$11\succ2\succ16\succ13\succ15\succ14\succ3\succ4\succ7\succ8\succ12\succ6\succ9\succ5\succ1\succ10$

表 2-4-15　相对满意度法的决策结果

$(\lambda^{D},\lambda^{U})$	排序方法		决策结果
(0.4,0.4)	$P(\mu)$		$11\succ2\succ15\succ16\succ3\succ14\succ4\succ5\succ6\succ7\succ8\succ13\succ12\succ1\succ9\succ10$
	$P(\mu)$		$1\succ16\succ3\succ14\succ2\succ15\succ4\succ13\succ5\succ12\succ6\succ11\succ7\succ10\succ8\succ9$
		[0.17,0.23)	$3\succ14\succ1\succ16\succ4\succ15\succ2\succ13\succ5\succ12\succ6\succ11\succ7\succ10\succ8\succ9$
		[0.23,0.33)	$3\succ14\succ1\succ4\succ16\succ5\succ13\succ15\succ2\succ12\succ6\succ11\succ7\succ10\succ8\succ9$
		[0.33,0.50)	$3\succ14\succ4\succ5\succ1\succ13\succ6\succ2\succ15\succ16\succ2\succ11\succ7\succ10\succ8\succ9$
(0.5,0.7)	$P_o(\mu)$	[0.50,0.63)	$3\succ14\succ4\succ5\succ6\succ13\succ7\succ12\succ10\succ11\succ1\succ15\succ2\succ16\succ8\succ9$
		[0.63,0.74)	$3\succ14\succ4\succ5\succ6\succ7\succ13\succ10\succ12\succ11\succ1\succ15\succ2\succ16\succ8\succ9$
		[0.74,0.90)	$3\succ14\succ4\succ5\succ6\succ7\succ10\succ13\succ11\succ12\succ1\succ15\succ2\succ16\succ8\succ9$
		[0.90,1.00]	$3\succ14\succ5\succ4\succ6\succ7\succ10\succ13\succ11\succ12\succ8\succ9\succ1\succ15\succ2\succ16$
	$P_p(\mu)$	[0.19,1.00]	$1\succ16\succ2\succ15\succ3\succ14\succ4\succ13\succ5\succ12\succ6\succ11\succ7\succ10\succ8\succ9$

方案 11 和 2 的平均目标相对优属度值较大，在极大极小法和理想方案法中是最满意和次满意的调度方案，目标 1 和 5 的最优值在方案 1 和 16 中，故在乐观决策方法中两方案的满意度较高。

综合理想方案法中，γ 取不同值的决策结果包含了与正、负理想方案相对接近程度法的结果，其中采用 $P_o(u)$ 排序方法，γ 为[0.82,0.86)、[0.86,0.93) 和[0.93,1.00]的决策结果中的前四个方案的排序结果和与负理想方案相对接近程度法相同，采用 $P_p(\mu)$ 排序方法时，γ 为[0.76,1.00]的决策结果中的前 8 个方案的排序结果和与正理想方案相对接近程度法相同。此外，取不同 γ 值，还能得到其他排序结果。

相对满意度法的决策结果中，当（λ^D,λ^U）取（0.5,0.7）时，采用 $P_p(\mu)$ 排序方法，γ 为[0.19,1.00]的决策结果基本上同极大极大法。此外，还得到了几种新的决策结果，在（λ^D,λ^U）取（0.5,0.7）时，方案 3 和 14 的决策联系数中，同一度 a 的值不大，分别为 0.5605 和 0.5594，所以采用 $P(\mu)$ 的排序结果中满意度不高，但其差异度 b 值分别为 0.4344 和 0.4329，占的比例较大。在采用 $P_o(\mu)$ 的乐观排序结果中，两方案为最满意和次满意方案。

目标 1 和 5 是该决策问题的两个主要目标，下面基于相对满意度法，分别以目标 1 和 5 为主要影响因素对决策结果进行分析。

（1）最高水位对决策结果的影响

目标 1 的（λ^D,λ^U）取[0.5,0.7]，其余目标取值为[0.9,0.9]以尽量排除对决策结果的影响，采用 $P(\mu)$ 排序方法，决策结果为

$$1 \succ 16 \succ 15 \succ 2 \succ 3 \succ 4 \succ 5 \succ 6 \succ 7 \succ 10 \succ 9 \succ 8 \succ 12 \succ 11 \succ 13 \succ 14$$

由于方案 16 和 15 中，目标 3 和 5 的相对优属度值都大于 0.9，在形成联系数决策矩阵时，两个目标的加权相对优属度值都加到了决策联系数的同一度中，所以两个方案的排序结果靠前。除了方案 16 和 15 外，其他方案的排序结果由目标 1 决定。

（2）调度期末水位对决策结果的影响

目标 5 的（λ^D,λ^U）取[0.5,0.7]，其余目标取[0.9,0.9]以尽量消除对排序结果的影响，采用 $P(\mu)$ 排序方法，决策结果为

$$16 \succ 1 \succ 15 \succ 2 \succ 10 \succ 14 \succ 12 \succ 13 \succ 11 \succ 9 \succ 8 \succ 7 \succ 6 \succ 5 \succ 4 \succ 3$$

由于方案 1 和 2 中，目标 1 的相对优属度值都大于 0.9，在形成联系数决策矩阵时，目标 1 的加权相对优属度值都加到了决策联系数的同一度 a 中，所以两方案的排序结果靠前。除了方案 1 和 2 外，其他方案的排序结果基本上由目标 5 决定。

4.7 多属性调度决策（III）

全球性"水危机"的出现使得水问题成为世界范围内普遍关注的问题，其表现为部分地区洪水泛滥、部分地区干旱缺水、水土流失严重、江河湖泊及地下水被污染。这些现象出现既有自然因素，也有人为因素。加强区域（或流域）水资源的一体化管理是缓解水危机的有效途径之一，因此加强对水资源管理中决策分析的研究是十分必要的。

与世界其他国家的水资源问题相比，中国的水资源问题既有共性又有特性。中国幅员辽阔，东、西、南、北地理和气候等自然特征存在较大的差异，经济发展水平也不相同，从而使中国的水资源问题呈现多样性，大体格局是南方水多，易出现的问题是洪涝灾害和水环境污染；北方地区尤其是华北平原水少，易出现干旱缺水、供水紧张的问题，水污染问题也很严重；西北地区的最大问题也是干旱缺水，局部地区的水土流失问题突出，生态环境严重恶化。另外一个具有全国性的问题是随着我国经济的迅猛发展，城市化步伐加快，许多区域内城市的供水问题、水污染问题已成为限制社会经济持续发展的瓶颈，甚至威胁到人民群众的生命安全。为了解除当前乃至未来一段时间内的水害，我国政府近年来投巨资修建了许多大型水利枢纽，许多城市正在修建大型的污水处理设施，除了工程措施外，国家还加大了对水问题的研究力度。比如，国家科技部在"十五"国家科技攻关计划重大项目继续对水问题的研究予以资助。水利部也设立课题对水与国民经济的协调关系进行研究。国家对节水型社会的建设也非常重视，把大连作为北方城市的节水试点，把绵阳市作为南方多水城市的节水试点，把黑河流域作为西北内陆河流域建设节水型社会的试点。此外，第二次全国范围的水资源规划工作正在进行之中[138]。

以持续利用为理念的水资源管理中包含大量的多属性评价（evaluation of multiple attributes）和决策（decision-making）问题。比如，地表水水量及水质评价、地下水水量及水质评价、水资源开发利用评价、水利工程环境效应评价、水生态环境评价、水资源、紧缺水平评价、区域用水（节水）水平评价、水资源承载能力评价、水资源调配方案决策分析评价、水资源管理效能评价[139]。因此，对水资源管理决策的系统深入研究，能够完善和发展水资源管理多属性决策的理论与方法，使得水资源评价决策建立在更加科学和系统的理论基础上，同时，也为系统科学地解决工程实际问题提供更多的应用素材。

在水资源管理决策研究中，如何理解和刻画决策过程中的各种不确定性和模糊性是研究的难点所在。在本节中，利用模糊集对分析多属性决策方法来处理决策过程中的不确定性和模糊性，对区域用水水平、水资源配置和水资源规划等问题进行分析研究。

4.7.1 区域用水水平的综合评价

（1）用水水平评价指标体系

水是可持续发展的关键因素，中国要走可持续发展的道路，必须高度重视水资源问题。衡量一个区域的用水水平是一件困难的事情[138]。这是因为：一方面，用于测评的指标很多，这些指标之间也可能存在复杂的相关关系、隶属关系等；另一方面，用什么样的方法进行评价，指标的权重如何确定，目前国内外学术界还缺乏深入的研究。

区域用水水平的评价属于区域水资源评价的范畴。区域用水水平的评价目的是加强用水方管理，提高水资源的利用效率，增强区域水资源可持续利用的能力，保障区域社会经济的可持续发展，同时又使得区域的生态环境保持良好状态。因此，指标体系的建立应遵循可持续发展的原理，选择那些对区域的可持续发展有较大影响的因素。

可持续发展首先应讲求效益，包括经济效益、社会效益、生态效益。由于水资源的稀缺性，发展必然要关注水资源的使用效率。发展应是协调的，发展的同时，区域的人口、资源、环境、经济应是协调的，各个行业对水资源的使用应是适度的，评价时可以选择各行业的用水定额来反映。发展也应是公平的，评价区域的可持续发展和评价水资源的合理调配时公平性指标很重要，因此在评价区域的用水水平时应予以考虑。区域水资源的利用是否公平，可以从当地是否执行了公平性原则来评价，如如何执行、执行的效果如何等。为了能在评价时进行计算，可选用人均用水量、缺水率等指标。

根据以上原则，区域用水水平评价指标体系层次结构见表2-4-16。

（2）实例计算

本节用提出的决策方法对黄河下游引黄灌区用水水平绩效综合决策分析。文献[138]给出的反映黄河下游引黄灌区用水水平的各种指标值，见表2-4-17。表中，工业用水效益系数、工业用水利用效率、工业用水利用效率和灌溉水有效利用率的各指标为效益型，工业用水定额、农业用水定额和生活用水定额中各指标为成本型。表2-4-17的目标优属度矩阵见表2-4-18。

表 2-4-16   区域用水水平评价指标体系层次结构

根指标	区域用水水平总指标							
第一层指标	区域工业用水水平			区域农业用水水平			区域生活用水水平	区域用水公平性
第二层指标	工业用水效益系数	工业用水定额	工业用水利用效率	农业用水效益系数	农业用水定额	灌溉水有效利用率	生活用水定额	公平性指标
叶指标	重工业用水效益系数,轻工业用水效益系数,能源工业用水效益系数,其他工业用水效益系数	重工业万元产值用水量,轻工业万元产值用水量,能源工业万元产值用水量,其他工业万元产值用水量	重工业用水重复利用率,轻工业用水重复利用率能源工业用水重复利用率,其他工业用水重复利用率	小麦灌溉效益系数,玉米灌溉效益系数,棉花灌溉效益系数,其他作物灌溉效益系数	小麦灌溉定额,玉米灌溉定额,棉花灌溉定额,其他作物灌溉定额	渠系水利用系数,田间水利用系数,灌溉水利用系数	城市生活用水人均定额,农村生活用水人均定额	人均水资源量,缺水率
评价对象层	评价对象 1,评价对象 2,…,评价对象 m							

表 2-4-17   各区域用水指标值

第一层指标	第二层指标	叶指标	花园口—高村	高村—孙口	孙口—艾山	艾山—泺口	泺口—利津
区域工业用水水平	工业用水效益系数	重工业用水效益系数	0.85	1.89	0.3	0.61	1.39
		轻工业用水效益系数	0.13	0.95	0.4	1.09	0.7
		能源工业用水效益系数	0.1	0.07	0.1	0.255	0.4
		其他工业用水效益系数	1	0.36	2.5	5.17	0.9
	工业用水定额（m³/d）	重工业万元产值用水量	140.8	59.8	479	196.7	147
		轻工业万元产值用水量	822.5	198.4	508	171.9	739
		能源工业万元产值用水量	1102.3	792.2	1068	438.9	202.1
		其他工业万元产值用水量	150	388.3	70.6	29	283
	工业用水利用效率	重工业用水重复利用率	25.3	49.5	78.3	80.1	20
		轻工业用水重复利用率	67.7	71.5	68.1	71	18.5
		能源工业用水重复利用率	90.3	90	97.2	97.5	54.7
		其他工业用水重复利用率	58	14.1	38.5	43.9	0

续表

第一层指标	第二层指标	叶指标	花园口—高村	高村—孙口	孙口—艾山	艾山—派口	乐口—利津
区域农业用水水平	工业用水利用效率	小麦灌溉效益系数	0.61	0.37	0.42	0.69	0.64
		玉米灌溉效益系数	1.11	0.64	0.51	0.93	0.92
		棉花灌溉效益系数	0.91	0.35	0.24	0.37	0.74
		其他作伽在溉效益系数	0.22	0.29	0.28	0.51	0.68
	农业用水定额（m³/hm²）	小麦灌溉定额	7200	7200	5775	5250	5475
		玉米灌溉定额	3150	3225	2850	2550	2700
		棉花灌溉定额	3450	3600	3450	3150	3300
		其他作物灌溉定额	2850	2850	1500	1350	1350
	灌溉水有效利用率	渠系水利用系数	0.56	0.6	0.7	0.73	0.64
		田间水利用系数	0.79	0.7	0.74	0.79	0.86
		灌概水利用系数	0.44	0.42	0.52	0.58	0.55
区域生活用水水平	生活用水定额（L/(d·人)）	城市生活用水人均定额	180	137	202	222	278
		农村生活用水人均定额	109	109	107	107	83

表 2-4-18 目标优属度矩阵

指标		花园口—高村	高村—孙口	孙口—艾山	艾山—派口	乐口—利津
		A_1	A_2	A_3	A_4	A_5
重工业用水效益系数	U_1	0.302	1.000	0.025	0.104	0.541
轻工业用水效益系数	U_2	0.041	0.760	0.135	1.000	0.412
能源工业用水效益系数	U_3	0.125	0.031	0.063	0.406	1.000
其他工业用水效益系数	U_4	0.085	0.005	0.234	1.000	0.030
重工业万元产值用水量	U_5	0.425	1.000	0.125	0.304	0.407
轻工业万元产值用水量	U_6	0.209	0.866	0.338	1.000	0.233
能源工业万元产值用水量	U_7	0.183	0.255	0.189	0.460	1.000
其他工业万元产值用水量	U_8	0.193	0.075	0.411	1.000	0.102
重工业用水重复利用率	U_9	0.178	0.382	0.956	1.000	0.062
轻工业用水重复利用率	U_{10}	0.921	1.000	0.907	0.986	0.067
能源工业用水重复利用率	U_{11}	0.891	0.852	0.994	1.000	0.315
其他工业用水重复利用率	U_{12}	1.000	0.059	0.441	0.573	0.000

续表

指标		花园口—高村	高村—孙口	孙口—艾山	艾山—派口	乐口—利津
		A_1	A_2	A_3	A_4	A_5
小麦灌溉效益系数	U_{13}	0.831	0.288	0.371	1.000	0.860
玉米灌溉效益系数	U_{14}	1.000	0.332	0.211	0.702	0.687
棉花灌溉效益系数	U_{15}	1.000	0.148	0.070	0.165	0.661
其他作物灌溉效益系数	U_{16}	0.184	0.182	0.170	0.563	1.000
小麦灌溉定额	U_{17}	0.206	0.206	0.621	1.000	0.811
玉米灌溉定额	U_{18}	0.348	0.309	0.573	1.000	0.751
棉花灌溉定额	U_{19}	0.635	0.513	0.635	1.000	0.792
其他作物灌溉定额	U_{20}	0.024	0.024	0.590	1.000	1.000
渠系水利用系数	U_{21}	0.204	0.308	0.777	1.000	0.454
田间水利用系数	U_{22}	0.601	0.291	0.406	0.601	1.000
灌溉水利用系数	U_{23}	0.191	0.144	0.519	1.000	0.727
城市生活用水人均定额	U_{24}	0.255	1.000	0.143	0.090	0.029
农村生活用水人均定额	U_{25}	0.256	0.256	0.281	0.281	1.000

计算得到的各属性值的客观权重见表 2-4-19。

表 2-4-19　客观权重表

属性	H_k	W_{ok}	属性	H_k	W_{ok}	属性	H_k	W_{ok}
U_1	0.7438	0.0403	U_{10}	0.9001	0.0397	U_{18}	0.9422	0.0400
U_2	0.7884	0.0402	U_{11}	0.9628	0.0395	U_{19}	0.9834	0.0394
U_3	0.6488	0.0407	U_{12}	0.7069	0.0400	U_{20}	0.7182	0.0404
U_4	0.5008	0.0413	U_{13}	0.9385	0.0400	U_{21}	0.9082	0.0397
U_5	0.8783	0.0398	U_{14}	0.9228	0.0396	U_{22}	0.9479	0.0395
U_6	0.8765	0.0400	U_{15}	0.7603	0.0403	U_{23}	0.8702	0.0398
U_7	0.8535	0.0400	U_{16}	0.8296	0.0400	U_{24}	0.6464	0.0410
U_8	0.7459	0.0400	U_{17}	0.8934	0.0400	U_{25}	0.8760	0.0398
U_9	0.8030	0.0401						

用文献[84]中的极大极大法、极大极小法、加权乘积法、相对比值法、DGRA 方法和提出的方法计算得到各方案的综合评价结果见表 2-4-20，其中相对比值法

的 $q = 2$。

表 2-4-20   决策结果表

决策方法			A_1	A_2	A_3	A_4	A_5
极大极大法			1	1	1	1	1
极大极小法			0.86	0.803	0.862	0.907	0
加权乘积法			0.279	0.235	0.292	0.602	0
相对比值法			0.12	0.198	0.037	1.151	0.564
DGRA 法			0.403	0.2429	0.3285	0.5258	0.4547
正理想方案法	$P(\mu)$		0.562	0.564	0.537	1.627	1.202
负理想方案法	$P(\mu)$		1.445	2.634	1.182	-2.294	-0.214
综合理想方案法	$P(\mu)$		0.071	-0.177	0.11	2.602	0.955
	$P_o(\mu)$	$\gamma = 0.5$	0.612	0.21	0.692	4.909	1.794
	$P_p(\mu)$	$\gamma = 0.1$	0.349	0.294	0.348	2.621	1.121
		$\gamma = 0.3$	0.264	0.228	0.258	2.573	1.062
		$\gamma = 0.5$	0.169	0.156	0.155	2.521	0.997
		$\gamma = 0.7$	0.06	0.076	0.035	2.464	0.925

根据表 2-4-20 的计算结果，得到各方案的排序结果如表 2-4-21 所示。

表 2-4-21   决策结果表

决策方法			排序结果
极大极大法			$1 \sim 2 \sim 3 \sim 4 \sim 5$
极大极小法			$4 \succ 1 \succ 3 \succ 2 \succ 5$
加权乘积法			$4 \succ 3 \succ 1 \succ 2 \succ 5$
相对比值法			$4 \succ 5 \succ 2 \succ 1 \succ 3$
DGRA 法			$4 \succ 5 \succ 1 \succ 3 \succ 2$
正理想方案法	$P(\mu)$		$4 \succ 5 \succ 2 \succ 1 \succ 3$
负理想方案法	$P(\mu)$		$4 \succ 5 \succ 3 \succ 1 \succ 2$
综合理想方案法	$P(\mu)$		$4 \succ 5 \succ 3 \succ 1 \succ 2$
	$P_o(\mu)$	$\gamma = 0.5$	$4 \succ 5 \succ 3 \succ 1 \succ 2$
	$P_p(\mu)$	$\gamma = 0.1$	$4 \succ 5 \succ 3 \succ 1 \succ 2$
		$\gamma = 0.3$	$4 \succ 5 \succ 1 \succ 3 \succ 2$
		$\gamma = 0.5$	$4 \succ 5 \succ 1 \succ 2 \succ 3$
		$\gamma = 0.7$	$4 \succ 5 \succ 2 \succ 1 \succ 3$

计算结果表明，过度乐观的极大极大法对该决策问题失效，过度悲观的极大极小法的分析结果与其他方法相比也差别比较大。除了加权乘积法外，其他方法的决策结果中，前 2 位是方案 4 和 5，其中方案 4 的综合评价结果要明显优于其他 4 种方案。方案 1、2 和 3 的评价指标值则比较接近，所以在排序结果中，主要区别就是这 3 个方案顺序的不同。综合理想方案法的决策分析结果中，基于 $P_o(\mu)$ 的排序，我们给出了 $\gamma = 0.5$ 的结果，结果是稳定的。基于 $P_p(\mu)$ 的排序，改变 γ 值，得到了包含其他方法的所决策结果。下面对以上几种方法得到的结果进行稳定性分析说明。

极大极大法、极大极小法、加权乘积法、相对比值法以及综合理想方案法的决策结果的 H_A 值见表 2-4-22。其中 $P(\mu)$、$P_o(\mu)$ 和 $P_p(\mu)$ 为综合理想方案法计算结果的 H_A 值。从表 2-4-22 可以看出，研究工作提出方法决策结果的稳定性要明显优于其他几种方法。

表 2-4-22　几种决策方法的 H_A 值

极大极大法	极大极小法	加权乘积法	相对比值法	$P(\mu)$	$P_o(\mu)$	$P_p(\mu)$			
					$\gamma = 0.5$	$\gamma = 0.1$	$\gamma = 0.3$	$\gamma = 0.5$	$\gamma = 0.7$
0.000	0.139	0.187	0.369	0.391	0.408	0.549	0.579	0.625	0.578

4.7.2　水资源配置方案的综合评价

（1）水资源配置评价指标体系

对区域水资源合理配置方案进行综合评价是实施可持续发展战略的要求。实现区域水资源的可持续利用，使区域的人口、资源、环境和经济社会协调发展，从而保证当区域会经济的可持续发展。

从建设节水型社会的角度，对水资源进行优化配置必须遵循以下原则：水资源开发利用与经济发展和生态系统相协调；节流优先，治污为本，突出保护，适度开源；综合规划，分步实施，突出重点，城乡协调。要在各种方案中挑选出最能体现以上三条原则的最优方案，必须进行综合评价。

另外，编制区域水资源合理配置方案，目的是解决或部分解决区域面临的水资源问题：水资源时空分布不均，干旱与洪涝灾害并存；用水效率低，水污染严重，生态系统脆弱，水资源开发利用效率较低；现行管理体制不适应经济社会发展对水资源的要求。

水资源配置方案综合评价的目的如下：针对已知的水资源配置备选方案，依据各方案对应的评价指标，采用现代决策方法对备选方案从优到劣进行排序，选出最优方案。

水资源配置方案综合评价的指标选定如下[138]：

1）方案的投入指标：治污工程投资、节水工程投资、供水工程投资和水土保持投资。

2）社会合理性指标：供水量、各分区缺水率、人均水资源量、人均供水量、出境流量、亩均水资源量、工业用水保证率、农业用水保证率、各分区用水的公平性、增加的就业人数。

3）经济合理性指标：单方水工业产值、单方水农业产值、工业总产值、农业总产值、服务业总产值、GDP、人均 GDP、旅游观光的价值。

4）生态合理性指标：废污水排放量、污径比、河段 COD 及氨氮浓度、污水处理率、城区绿地覆盖率、水土流失面积控制率。

5）效率合理性指标：万元 GDP 用水量、工业用水重复利用率、农业灌溉水利用效率、城市供水管网漏失率。

6）能力建设指标：地表水控制率、灌溉率、水资源开发效率、客水利用率、病险水库占水库总数的百分比。

7）水资源承载能力指标：人口、土地、经济和环境容量。

（2）实例计算

本节对绵阳市水资源配置方案[138]进行综合评价。绵阳市水资源配置方案见表 2-4-23。表中共 5 套方案 8 个指标，其中水质有 5 种级别，分别是 1、2、3、4、5，在计算目标优属度时用表 2-4-24 中的三角模糊数给出，旅游观光的价值用 8 级的模糊语气词给出，对应的三角模糊数见表 2-4-25。人均供水量、各分区农业用水的公平度和出境水量为确定型，归一化后，其三角模糊数的 3 个分量相等。决策矩阵对应的目标优属度矩阵见表 2-4-26。各评价属性的权重见表 2-4-27[138]。

表 2-4-23　绵阳市水资源优化配置方案决策矩阵

指标	方案				
	方案 1	方案 2	方案 3	方案 4	方案 5
人均供水量（万 m³/人）	375.2631	372.8236	375.1057	375.4696	575.1584
各分区农业用水的公平度	434.3566	749.6941	467.4095	467.4095	464.932
出境水量（万 m³）	93.8466	91.7653	92.8326	93.2613	94.1867
涪江主河段水质级别	4	5	4	5	3
江油河段水质级别	5	4	4	5	3
涪江河段支流 1 水质级别	5	4	5	5	2

续表

指标	方案				
	方案 1	方案 2	方案 3	方案 4	方案 5
涪江河段支流 2 水质级别	5	4	5	5	3
旅游观光的价值	高	较高	少	较高	少

表 2-4-24　水质级别与三角模糊数之间的对应关系

水质级别	三角模糊数	水质级别	三角模糊数
1	(0,0.1,0.3)	2	(0.1,0.3,0.5)
3	(0.3,0.5,0.7)	4	(0.5,0.7,0.9)
5	(0.7,0.9,1.0)		

表 2-4-25　语义项与三角模糊数之间的对应关系

方案优劣评价语义项	三角模糊数	方案优劣评价语义项	三角模糊数
很低	(0,0,0.2)	低	(0,0.1,0.3)
较低	(0,0.2,0.4)	一般	(0.3,0.5,0.7)
较高	(0.4,0.6,0.8)	高	(0.7,0.8,0.9)
很高	(0.8,0.9,1)	非常高	(0.9,1,1)

表 2-4-26　水资源优化配置方案目标优属度矩阵

指标		方案				
		方案 1	方案 2	方案 3	方案 4	方案 5
		A_1	A_2	A_3	A_4	A_5
人均供水量（万 m³/人）	U_1	0.6762	1.0000	0.6934	0.6542	0.6876
各分区农业用水的公平度	U_2	0.2555	1.0000	0.3069	0.3069	0.3029
出境水量（万 m³）	U_3	0.8345	0.2719	0.4848	0.6104	1.0000
涪江主河段水质级别	U_4	(0.5,0.7,0.9)	(0.7,0.9,1.0)	(0.5,0.7,0.9)	(0.7,0.9,1.0)	(0.3,0.5,0.7)
江油河段水质级别	U_5	(0.7,0.9,1.0)	(0.5,0.7,0.9)	(0.5,0.7,0.9)	(0.7,0.9,1.0)	(0.3,0.5,0.7)
涪江河段支流 1 水质级别	U_6	(0.7,0.9,1.0)	(0.5,0.7,0.9)	(0.7,0.9,1.0)	(0.7,0.9,1.0)	(0.1,0.3,0.5)
涪江河段支流 2 水质级别	U_7	(0.7,0.9,1.0)	(0.5,0.7,0.9)	(0.7,0.9,1.0)	(0.7,0.9,1.0)	(0.3,0.5,0.7)
旅游观光的价值	U_8	(0.7,0.8,0.9)	(0.4,0.6,0.8)	(0.0,0.1,0.3)	(0.4,0.6,0.8)	(0.0,0.1,0.3)

表 2-4-27　属性权重表

U_1	U_2	U_3	U_4	U_5	U_6	U_7	U_8
0.100	0.200	0.200	0.100	0.100	0.050	0.050	0.200

下面对表 2-4-23 的绵阳市水资源配置方案进行综合分析评价。用与正理想方案相对接近程度法、与负理想方案相对接近程度法和综合理想方案法计算得到各方案的综合模糊联系数见表 2-4-28。其中计算得到各方案的综合联系数用三角模糊数表示，a 和 c 分别表示联系数的同一度和对立度，l、m 和 r 分别表示三角模糊数的 3 个分量。

表 2-4-28　各方案的模糊联系数表

评价方法	方案	联系数					
		a			c		
		l	m	r	l	m	r
与正理想方案相对接近程度法	A_1	0.6312	0.7634	0.8642	0.2144	0.2366	0.4287
	A_2	0.6133	0.7599	0.8687	0.1456	0.2401	0.4742
	A_3	0.4088	0.5082	0.6348	0.3612	0.4918	0.6580
	A_4	0.5478	0.6989	0.7703	0.2511	0.3011	0.5225
	A_5	0.4204	0.5099	0.7008	0.2695	0.4901	0.6850
与负理想方案相对接近程度法	A_1	0.4453	0.5583	0.7333	0.2667	0.4417	0.6381
	A_2	0.4021	0.5340	0.7665	0.2335	0.4660	0.6835
	A_3	0.4906	0.7912	0.8896	0.1104	0.2088	0.6161
	A_4	0.5362	0.6451	0.8919	0.1081	0.3549	0.5438
	A_5	0.5343	0.9172	0.9172	0.0828	0.0828	0.7328
综合理想方案法	A_1	0.2136	0.4119	0.6147	0.1910	0.2069	0.3951
	A_2	0.2057	0.4085	0.6692	0.1456	0.1825	0.4813
	A_3	0.0573	0.1473	0.4187	0.2235	0.4303	0.6603
	A_4	0.0581	0.2954	0.5402	0.2333	0.2416	0.4629
	A_5	0.0813	0.0813	0.3384	0.1711	0.4886	1.0000

用提出的方法和 TOPSIS、模糊加权进行综合评价的结果见表 2-4-29，根据表 2-4-29 的排序结果见表 2-4-30。计算结果表明，除了与正理想方案相对接近程度法决策结果的方案 1 和方案 2 的排序位置不同外，所有方法都得到了同样的排序结果，其中综合理想方案法的 $P_o(\mu)$ 和 $P_p(\mu)$ 的排序结果是稳定的。

通过计算以上各种决策方法得到的评价指标的信息熵来分析其结果的稳定性，计算结果见表 2-4-30 的 H_A。结果表明，与正理想方案法、与负理想方案法和综合理想方案法得到的决策结果的稳定性要优于 TOPSIS 方法和模糊加权法。

表 2-4-29　综合评价结果表

决策方法		A_1	A_2	A_3	A_4	A_5
TOPSIS		0.6152	0.7472	0.3228	0.558	0.0496
模糊加权法		0.6906	0.7019	0.4827	0.6314	0.4968
正理想方案法	$P(\mu)$	5.7943	5.6352	1.1211	3.7054	1.3666
负理想方案法	$P(\mu)$	1.8845	1.677	5.311	3.7262	8.88
综合理想方案法	$P(\mu)$	1.0742	1.1362	-0.296	0.4279	-0.8195
	$P_o(\mu)$（$\gamma=0.5$）	2.3768	2.4495	0.9183	1.6009	0.6465
	$P_p(\mu)$（$\gamma=0.5$）	0.6879	0.7638	-1.1662	-0.1491	-1.9463

表 2-4-30　方案排序结果表

决策方法		排序结果	H_A
TOPSIS		$2 \succ 1 \succ 4 \succ 3 \succ 5$	0.1691
模糊加权法		$2 \succ 1 \succ 4 \succ 5 \succ 3$	0.1718
正理想方案法	$P(\mu)$	$1 \succ 2 \succ 4 \succ 3 \succ 5$	0.2885
负理想方案法	$P(\mu)$	$2 \succ 1 \succ 4 \succ 3 \succ 5$	0.3535
综合理想方案法	$P(\mu)$	$2 \succ 1 \succ 4 \succ 3 \succ 5$	0.2991
	$P_o(\mu)$（$\gamma=0.5$）	$2 \succ 1 \succ 4 \succ 3 \succ 5$	0.2412
	$P_p(\mu)$（$\gamma=0.5$）	$2 \succ 1 \succ 4 \succ 3 \succ 5$	0.2934

4.7.3　水资源规划方案的综合评价

水资源合理配置方案的优选是水资源系统分析中的重要环境。本节以华北水资源配置的 6 套方案及各种方案下的 20 个指标在 2010 年的预测值[139]为评价对象，研究提出的决策方法在水资源规划方案综合评价中的应用。决策矩阵见表 2-4-31。其中 U_1、U_2、U_3、U_6、U_7、U_8、U_9 为效益型属性，其余为成本型属性。决策矩阵的目标优属度矩阵见表 2-4-32。

表 2-4-31　2010 年华北地区水资源配置的各方案投入及预期表

方案		单位	A_1	A_2	A_3	A_4	A_5	A_6
U_1	GDP	亿元	5273	5806	9906	12820	12755	13023

方案		单位	A_1	A_2	A_3	A_4	A_5	A_6
U_2	GDP 增长率	%	3.12	4.01	7.05	9.85	9.79	9.85
U_3	人均 GDP	万元/人	0.427	0.470	0.802	1.038	1.032	1.054
U_4	BOD	万 t	45.13	59.74	75.23	128.44	127.16	127.44
U_5	人均 BOD 负荷	g/(人·d)	28.4	37.6	47.3	80.8	80.0	80.2
U_6	粮食产量	万 t	4864.9	4965.4	5009.8	4876.6	5256.9	5009.1
U_7	人均粮食产量	KG/人	393.7	401.9	405.5	394.7	425.5	405.4
U_8	社会总产值	亿元	11315	12516	23969	34536	34302	35380
U_9	农业灌溉面积	万 hm²	639.72	644.94	615.12	606.85	666.13	627.39
U_{10}	固定资产投资	亿元	5202	535.4	1855.3	2949.9	2954.3	3023.2
U_{11}	水投资	亿元	3.66	7.77	6.23	58.82	81.91	59.45
U_{12}	水工程投资	亿元	0	0	1.45	42.38	65.71	42.38
U_{13}	水处理投资	亿元	3.23	7.69	3.91	14.04	13.84	14.63
U_{14}	城市污水排放量	亿 m³	44.88	60.96	58.35	103.90	103.03	105.23
U_{15}	城市污水处理比例	%	70.2	71.1	57.0	56.1	56.1	57.3
U_{16}	城市市水量	亿 m³	78.88	95.70	93.00	136.41	137.29	139.91
U_{17}	农村需水量	亿 m³	256.73	265.93	287.62	296.79	319.61	303.71
U_{18}	供水量	亿 m³	335.61	361.63	382.45	447.68	493.91	443.62

表 2-4-32 目标优属度矩阵

方案	A_1	A_2	A_3	A_4	A_5	A_6
C_1	0.215	0.2533	0.6281	0.9736	0.9653	1
C_2	0.1417	0.217	0.5663	1	0.9897	1
C_3	0.1641	0.1988	0.579	0.9699	0.9587	1
C_4	1	0.5707	0.3599	0.1235	0.126	0.1254
C_5	1	0.5705	0.3605	0.1235	0.126	0.1254
C_6	0.3127	0.425	0.4857	0.3242	1	0.4847
C_7	0.3119	0.4249	0.4857	0.324	1	0.4839
C_8	0.1023	0.1251	0.459	0.9529	0.94	1
C_9	0.4453	0.5238	0.2032	0.155	1	0.3017
C_{10}	0.1029	1	0.2886	0.1815	0.1812	0.1771
C_{11}	1	0.471	0.5875	0.0622	0.0447	0.0616

续表

方案	A_1	A_2	A_3	A_4	A_5	A_6
C_{12}	1	1	0.9995	0.584	0.01	0.584
C_{13}	1	0.42	0.8261	0.2301	0.2334	0.2208
C_{14}	1	0.542	0.5916	0.1866	0.1897	0.1819
C_{15}	0.1663	0.1502	0.8804	1	1	0.8442
C_{16}	1	0.56	0.6102	0.1934	0.1897	0.1792
C_{17}	1	0.7816	0.4514	0.3624	0.2158	0.3084
C_{18}	0.147	0.2104	0.2784	0.6118	1	0.5845

根据目标优属度矩阵计算达到的各属性的客观权重见表 2-4-33。

表 2-4-33　客观权重表

属性	H_k	W_{ok}	属性	H_k	W_{ok}	属性	H_k	W_{ok}
U_1	0.9211	0.0552	U_7	0.9492	0.0550	U_{13}	0.8921	0.0555
U_2	0.8958	0.0554	U_8	0.8606	0.0557	U_{14}	0.8805	0.0555
U_3	0.9002	0.0554	U_9	0.8947	0.0554	U_{15}	0.8952	0.0554
U_4	0.8214	0.0560	U_{10}	0.8062	0.0561	U_{16}	0.8811	0.0555
U_5	0.8215	0.0560	U_{11}	0.7352	0.0566	U_{17}	0.9236	0.0552
U_6	0.9493	0.0550	U_{12}	0.8805	0.0555	U_{18}	0.8924	0.0554

用与正理想方案相对接近程度法、与负理想方案相对接近程度法和综合理想解法计算得到各备选方案的联系数见表 2-4-34。

用几种不同方法的评价比较结果见表 2-4-35 和表 2-4-36，其中 FMEA 为文献 [138]采用的计算方法。下面对排序结果进行说明。

表 2-4-34　各方案的联系数表

评价方法		A_1	A_2	A_3	A_4	A_5	A_6
与正理想方案相对接近程度法	a	0.5625	0.4696	0.5354	0.4634	0.5633	0.4802
	c	0.4375	0.5304	0.4646	0.5366	0.4367	0.5198
与负理想方案相对接近程度法	a	0.5738	0.4825	0.3505	0.5956	0.5623	0.5478
	c	0.4262	0.5175	0.6495	0.4044	0.4377	0.4522
综合理想方案法	a	0.4017	0.3087	0.3746	0.3026	0.4024	0.3193
	c	0.4129	0.3216	0.1897	0.4347	0.4015	0.3870

表 2-4-35　评价指标结果表

决策方法		A_1	A_2	A_3	A_4	A_5	A_6
加权和		0.5633	0.5625	0.5354	0.4802	0.4696	0.4634
FMEA		76.3	42.2	78.01	123	24.6	84.1
正理想方案法	$P(\mu)$	1.7941	0.6413	1.4371	0.5695	1.8039	0.7649
负理想方案法	$P(\mu)$	1.7499	0.792	-0.7735	2.2664	1.9913	1.5975
综合理想方案法	$P(\mu)$	0.6893	0.8192	0.6637	0.0986	0.976	0.307
	$P_o(\mu)$ （γ=0.45）	1.0188	1.0191	1.9674	0.4798	2.1826	0.7741
	$P_p(\mu)$ （γ=0.75）	0.1107	-0.5995	0.1295	-0.8479	0.1316	-0.6079
	$P_p(\mu)$ （γ=0.9）	-0.037	-0.9993	-0.1939	-1.1733	-0.0228	-0.9296

表 2-4-36　决策结果表

决策方法		排序结果
加权和		$5 \succ 1 \succ 3 \succ 6 \succ 2 \succ 4$
FMEA		$5 \succ 2 \succ 1 \succ 3 \succ 6 \succ 4$
正理想方案法	$P(\mu)$	$5 \succ 1 \succ 3 \succ 6 \succ 2 \succ 4$
负理想方案法	$P(\mu)$	$5 \succ 2 \succ 6 \succ 3 \succ 1 \succ 4$
综合理想方案法	$P(\mu)$	$5 \succ 2 \succ 1 \succ 3 \succ 6 \succ 4$
	$P_o(\mu)$（γ=0.45）	$5 \succ 3 \succ 2 \succ 1 \succ 6 \succ 4$
	$P_p(\mu)$（γ=0.75）	$5 \succ 3 \succ 1 \succ 2 \succ 6 \succ 4$
	$P_p(\mu)$（γ=0.9）	$5 \succ 1 \succ 3 \succ 6 \succ 2 \succ 4$

　　文献[139]对表 2-4-31 中的 6 个水资源配置方案作了简单说明。方案 1 为节水方案，它以现状供水为基础，只考虑节水水平，城市污水按照最低的环境要求处理，处理后的污水不再回用。定性分析表明，该方案不能达到 2010 年规划中在经济方面对华北地区提出的要求，也根本不能满足提高人民生活水平的需要。单纯节水提高本地区水资源对经济发展的支撑能力有限。方案 2 为节水加污水利用方案，该方案不增加专门性的水利投资，只考虑在现状条件下提高节水水平和污水回用率。由于节水和污水回用是解决缺水的优先措施，不过，由于华北地区水资源总量有限，所以它也不是解决问题的最佳方案。方案 3 为节水、污水回用、当地水工程加引黄方案。该方案在一定时期内从一定程度上缓解缺水状况，但其代价是明显地增加了工程投资，同时长系列供需平衡模拟结果表明大面积地下水超采十分严重。方案 4 为节水、污水、当地水、引黄加引江中线 75 亿 m³ 方案，该

方案调水量相对较小，只能缓解南水北调受水区域的城市缺水问题。而相对于前 3 个方案，其增加的投资是巨大的。从投入与预期产出的效益来讲，该方案不够理想。方案 5 为节水、污水、当地水、引黄加引江中线大方案，该方案虽然增加了用于中线方案的工程投资，但它可从根本上解决华北地区水资源的短缺问题，因此方案 5 是值得推荐的方案。方案 6 为节水、污水回用、引黄和中线 75 亿 m³ 方案，虽然在此方案实施的条件下，华北地区长期的缺水问题将基本得到解决，但存在工程投资大及东线的水环境问题，另外由于东线一期工程 2015 年才开始供水，鲁北地区 2010 年前仍严重缺水。因此，方案 6 作为与方案 4、5 类同的方案，其优劣介于两者之间。

从所有方法计算结果来看，方案 5 作为最佳方案是合理的。其原因在于，虽然工程投资额没有方案 6 多，相应的其预期的产出也少了，比如鲁北地区因缺水减少的灌溉面积与现状相比少了 14%；水环境指标 BOD 总量及人均 BOD 量增加了，供水量减少了，而其他指标值又相差不大，所以方案 4 在所有方法的排序结果中排在最后是合理的。从上面的定性分析结果看，其余方案的各属性值各有优劣，因此其排序结果不稳定也是合理的。

4.8 小结

（1）本章在研究了集对分析联系数和联系数决策矩阵相关理论与方法的基础上，提出了基于广义集对分析的多属性决策方法。

联系数贴近度函数是集对分析用于多属性决策、模式识别的基础。给出了检验联系数贴近度函数合理性的一组准则，提出了联系数的核、加权核、同一程度和对立程度的概念，在此基础上提出了三种不同联系数贴近度函数的计算方法，并用检验准则对这些方法进行了分析。

联系数的排序方法是实现基于集对分析多属性决策的基础。在分析了现有排序方法不合理的基础上，提出了联系数相对确定可能势、相对乐观可能势和相对悲观可能势的概念和联系数的排序方法，并给出了使排序结果保持稳定的不确定演化因子变化范围的计算方法，以此为依据对排序结果进行进一步分析，以得到尽可能多合理的决策结果。

结合模糊数学与集对分析的特点，提出了模糊集对分析的概念。为了使模糊集对分析在模糊多属性决策中能够方便实现，给出了当模糊联系数各分量为特殊模糊数时模糊联系数的运算规则、距离、贴近度函数和相对确定可能势的计算方法。

提出了四种联系数决策矩阵的计算方法：与正理想方案相对接近程度法、与负理想方案相对接近程度法、综合理想方案法和相对满意度法；以此为基础提出了基于集对分析多属性决策方法的具体实现，并对一个属性值为实数和包含模糊数的多属性决策问题的实例进行了计算和分析，结果表明集对分析是求解不确定多属性决策问题的一个有力工具。

（2）用基于广义集对分析的多属性决策方法对三峡水库的两个多属性决策问题进行了研究，决策结果同传统方法进行了比较和分析。结果表明，基于广义集对分析的多属性决策方法通过设置不同的决策参数，能够灵活地体现决策者的意愿，为决策者提供更丰富的决策内容。其中，相对满意度法通过决策者对各目标的（λ^D, λ^U）的不同取值以满足决策者的偏好，结合不确定演化因子 γ 对决策结果的稳定性分析，较其他方法更具灵活型，但设定合适的（λ^D, λ^U）值需要对决策问题的背景知识有一定的了解。

（3）把模糊集对分析多属性决策方法应用到区域水资源的综合评价决策中，系统分析和研究了区域用水水平的综合决策、水资源配置方案和水资源规划方案的优先决策问题，为区域水资源的不确定综合决策问题的解决提供了一条有效的新途径。

第三篇　水电机组动力学特性及运行状态评估的先进理论与方法

　　水力发电系统是一个水机电耦合的复杂非线性动力系统，其运行过程中，水电机组故障的产生和发展包含大量的不确定性因素，难以用数学模型对其进行精确描述。同时，随着水力发电机组日趋大型化、复杂化、自动化，转子系统的非线性振动现象异常突出，由此引发的非线性动力学行为引起学术和工程界的广泛关注。因此，深入研究水电机组的动力学行为，获得机组故障征兆描述的有力证据，解析机组故障的成因及其演化机理，实现水电机组的安全、可靠和高效运行，具有十分重要的理论意义和工程应用价值。

　　考虑到振动问题在机组运行中的普遍性，本篇首先介绍了转子动力学、水力发电机组振动和水力发电机组振动故障诊断策略的研究进展。然后在以下几个方面进行了深入研究：

　　（1）在分析转子系统平行不对中机理的基础上，建立了刚性连接平行不对中转子系统运动方程，并进行了理论分析。应用数值方法验证了分析结论，研究了转子系统从动轴质量、驱动轴质量、转子偏心量、联轴节平行不对中量等对系统振动特性的影响，及不同转速时转子系统的轴心轨迹。

　　（2）以质量不平衡转子为研究对象，利用拉格朗日方程，建立轴向推力作用下的转子系统动力学模型，讨论纵向振动和横向振动共同作用下的转子系统轴心轨迹特征。

　　（3）为了使转子系统振动分析更为合理，对转轮叶片作用下转子系统的振动特性进行分析，建立转子系统的动力学模型，研究转轮叶片对转子系统横向振动特性的影响；同时研究了转轮叶片折断脱落对转子系统振动特性的影响。

　　（4）对转轮叶片作用下悬臂转子系统的振动特性进行了分析，建立了悬臂转子系统的动力学模型，研究了考虑转轮叶片影响的悬臂转子系统振动特性。

　　（5）以立式 Jeffcott 转子模型为研究对象，忽略外激励力和外力矩影响，建立了立式转子模型弯扭耦合振动微分方程，详细分析了立式质量偏心转子在稳态振动时和在瞬态振动时的弯扭耦合特性。

（6）以刚性连接转子系统为研究对象，利用基本形式的拉格朗日方程，建立刚性连接转子系统动力学模型，讨论系统瞬态振动和稳态振动特征。

（7）在分析水力发电机组振动故障的特点、引起机组振动的原因、机组振动故障的特征，研究国内外旋转机械故障诊断理论与技术的基础上，建立了基于信息熵和 Parks 聚类相结合的水电机组振动故障诊断模型。

希望本篇的研究内容能为水力发电机组在转子动力学、轴系振动及振动故障诊断等相关研究提供一定的借鉴。

第1章 水力发电机组轴系振动研究概况

1.1 转子动力学研究综述

　　水力发电机组的振动问题属于转子动力学范畴，转子动力学作为固体力学的一个分支，主要研究转子系统在旋转状态下的动力学特性。它是一门有理论深度和强实践性的应用基础学科，主要研究了动态响应、振动、强度、疲劳、稳定性、可靠性、状态监测、故障诊断等问题[140]。近年来，转子动力学的研究取得了重要进展。文献[141]详细论述了转子动力学的计算分析方法、轴承的动力特性、转子系统的动力稳定性、转子系统的电磁激励与机电耦联振动、旋转机械参数的测试与识别、故障转子的动力特性、旋转机械故障诊断技术、旋转机械振动故障的分析与治理等几个方面的内容。该文献集中反应了国内转子动力学界专家在转子动力学各领域的科学研究情况，有着重要的指导和参考价值。

　　多年来，国内外的一些学者对转子不对中进行了专门研究，得出不对中转子系统所具有的一些典型特征[142-146]。文献[142]研究了弹性联轴节连接的两刚性转子出现角不对中时的运动稳定性，揭示了不对中量对转子系统稳定性的影响；应用李雅普诺夫直接法得出了刚性转子角不对中微分方程的无量纲的稳定性条件；分析出的无量纲稳定性条件非常清楚地反应了角不对中量、联轴节刚度对系统转动稳定性所起的重要作用。文献[143]结合理论分析和数值模拟方法，研究了平行不对中对刚性联轴节连接的两个转子弯扭振动特性的影响，给出了无量纲的运动微分方程。通过数值模拟可以看出，由于转子系统存在平行不对中，瞬态振动时会激发出系统自然频率。系统稳态振动时会出现一倍转频的特征频率，显现出平行不对中量可能是出现弯曲和扭转激励的诱因。文献[144]研究了齿式连接转子系统不对中时的动力学特性，建立了系统出现该类故障时的运动方程，分析了转子系统外壳轴心线的回转规律。文献[145]研究了固定式刚性联轴器不对中转子系统弯扭耦合振动特性，分析了弯曲振动与扭转振动之间的相互作用关系，研究了转子系统中转速、不对中量、阻尼系数、质量偏心等参数对系统弯扭耦合振动特性的影响。文献[146]对转子系统轴系同时存在平行不对中和交角不对中故障时引起的扭振的大小进行了比较，研究发现，转子系统扭振特征主要表现为平行不对中的扭振特性，而交角不对中的扭振特性不明显。

由于转子系统碰摩故障的常见性，很多学者对其开展了大量的研究[147-153]。文献[147]假设转子静子间的碰撞是弹性碰撞，碰摩点处的接触力由法向分力和切向分力组成，建立了质量不平衡转子碰摩时的弯扭耦合振动模型，采用预估校正数值积分对模型进行了分析求解。文献[148]假定转子系统的支承轴承为短轴承近似的油膜轴承、转子定子间为弹性碰撞，导出了转子系统碰摩时非线性运动微分方程，使用打靶法求出了系统的周期解，研究了单盘转子系统发生碰摩故障时系统的稳定性。文献[149]建立了质量偏心转子－电磁轴承系统动静件间发生碰摩故障时的非线性动力学模型。通过研究发现，当转子系统发生碰摩时，随着转子转速、转子质量偏心的增加，转子运动过程存在连续周期分岔的现象。文献[150]建立了考虑陀螺力矩的转子系统碰摩时的非线性弯扭耦合振动方程，研究了转子转速对碰摩转子弯扭耦合振动的分岔和混沌复杂行为的影响，分析了系统扭振和摆振对弯曲振动的影响。文献[151-153]研究了基础松动时碰摩转子振动特性，分别讨论了转子质量慢变时转子系统特性、转子系统周期运动稳定性及混沌特性。

在工程实际中存在许多非对称转子系统，这些转子系统的转轴在两个主方向上的刚度不同，同时支持轴承在两个主方向上支撑刚度也不一定相同，这类转子系统的动力学特性与对称转子的动力学特性有很大的不同[154-157]。文献[154]研究了非稳态油膜力作用下的非对称转子系统出现碰摩故障时的动力学特性，探讨了碰摩对非对称转子系统动力学特性的影响，通过分析可以看出转子系统碰摩区的出现与临界转速和油膜力有关。文献[155]建立了非对称转子－非对称轴承系统的数学模型，分析了转子刚度各向异性系数、支撑刚度各向异性系数、外阻尼、支撑相对柔性系数对转子系统稳定性的影响。分析发现，转子系统阻尼系数、转子刚度的各向异性是系统失稳的主要因素；提出了提高转子轴承系统支承刚度对称性的方法。文献[156]建立了非对称转子－非稳态油膜轴承－基础系统运动方程，分析计算了转子系统在不同转速下的瞬态响应以及非线性振动形式，研究了基础对转子振动特性的影响。文献[157]推导出不对称转子系统运动微分方程，详细分析了质量偏心、外阻尼、刚度不对称性对转子系统振动特性的影响。

当转子由于制造误差、存放不当、装配不良、对中不好或停车后冷热不均造成热弯曲时，转子轴容易出现永久性弯曲，称为初始弯曲。当初始弯曲产生后，转子系统的不平衡响应将发生显著变化[158-162]。文献[158]建立了具有初始弯曲的转子系统动力学模型，对比了转子系统的初始弯曲响应与不平衡响应的特点。文献[159]通过添加不平衡质量来抑制初始弯曲造成的转子振幅增大。文献[160]采用简单铰链裂纹模型，建立了含初始弯曲裂纹的转子系统动力学方程，研究了质量偏心、初始弯曲等参数变化对含初始弯曲裂纹转子系统振动特性的影响。文献[161]

建立了具有刚度不对称和初始弯曲的转子系统发生碰摩故障时的动力学模型，分析了转速比、质量不平衡、阻尼系数、刚度不对中量、碰摩刚度等参数对转子系统振动特性的影响。文献[162]研究了具有初始弯曲的不平衡转子系统发生碰摩的条件，求解了系统发生碰摩的碰摩因子和碰摩起始转速，分析了阻尼系数、质量偏心量等参数对转子系统动力学特性的影响。

近年来，由合金材料轴组成的转子系统得到了广泛的应用，由于其材料的非线性，使转子系统具有更为复杂的非线性动力学特性[163]。文献[163]采用线性项和立方项之和表示转轴材料的非线性因素，研究了具有非线性刚度的转子系统发生碰摩故障时非线性动力学行为。文献[164]应用平均法分析了具有非线性刚度的转子系统的主共振特性，详细地分析了系统参数对转子系统振动特性的影响。

转子－轴承系统的非线性动力学分析一直是转子动力学研究中的重要课题[165-169]。文献[165]建立了基于短轴承的转子－轴承系统动力学模型，研究了转子转速、不平衡量等参数对转子－轴承系统振动特性的影响。文献[166]应用非线性油膜力数据库方法、分岔理论对转子－轴承系统进行了分析，揭示了转子－轴承系统从同步周期运动分岔发生倍周期运动、最终发生混沌运动的过程。文献[167]建立了具有非线性油膜力的弹性转子－轴承系统动力学模型，研究了轴承长度、轴承半径间隙等参数对转子－轴承系统振动的特性影响，探讨了通过改变轴承几何参数使转子－轴承系统避开混沌运动区域的可行性。文献[168]用多初始点分岔方法研究了刚性转子－轴承系统的非线性动力学特性，使用该方法能够全面地研究转子系统的非线性运动，能发现比单初始点算法更多的非线性现象。文献[169]研究了不平衡量激励下的转子－轴承－密封耦合系统的非线性动力学特性。通过分析发现，密封和轴承是影响转子系统稳定性的重要因素，当密封力和轴承油膜力共同作用在转子上时，转子系统会产生较大幅度的振动。

裂纹是转子系统一种比较典型的故障，产生裂纹的原因包括转子长期运行产生疲劳导致裂纹、转子的制造加工缺陷形成裂纹源等，高温高压、腐蚀等恶劣的工作环境易加速裂纹扩展。裂纹在扩展过程中若不能被及时检测出来，一旦失稳断裂，将会造成重大损失。当小裂纹状态和转子不发生剧烈振动时，裂纹故障十分隐蔽，难以直观发现，因此对裂纹转子的动力学特性进行研究就非常重要[170-173]。文献[170]研究了转轴上存在斜裂纹时的动力学特性，推导出带有45°张开型斜裂纹转子的刚度，分析了裂纹深度、偏心量和转速对转子动力特性的影响。文献[171]采用谐波小波分析了裂纹转子的非线性振动信号，分析发现谐波小波对微弱信号具有强大的识别能力和局部频域提取的能力，它可以细化低频振动信号，获得裂纹转子分数倍周期和分岔故障特征。奇异谱通过判别转子是否出现非整数倍周期分岔定性地判断转子是否出现微裂纹。文献[172]通过建立裂纹转子非线性动力学模型，探讨了裂纹对转子两个主方向刚度产生的影响。研究了裂纹转子的非线性振动特性，该文献认为裂纹的开闭取决于转子振动、不平衡方向和重力的综合作用。文献[173]建立了考虑摆振的 Jeffcott、双盘悬臂、支承在挤压油膜阻尼器上三种裂纹转子动力学模型。研究发现，三种模型都会发生分岔和混沌行为，只是通往混沌的方式不同。

转子系统支承松动故障是旋转机械比较常见且危害很大的故障，通常由安装质量问题及转子系统长期振动造成。旋转机械松动故障会降低转子系统的抗振能力，使原有不平衡、不对中所引起的振动更加剧烈。严重时会引起转动件与静止件碰撞、摩擦等故障，甚至导致重大事故发生。因此，正确识别松动故障、保证转子系统安全运行、避免机组损坏具有重要的工程意义[152,174-177]。文献[152]建立了基础松动和碰摩耦合故障下转子—轴承系统振动模型，用延拓打靶法研究了耦合故障下的转子系统周期运动的稳定性和失稳规律，得到了系统不平衡量—转速、碰摩间隙—转速参数域内的分岔集，分析了不同偏心量等参数对转子系统稳定性的影响。文献[174]采用非线性油膜力建立了转子—轴承系统两支座同时出现松动故障的动力学方程。研究发现，转子—轴承系统出现两端支座松动时系统运动在未到共振区时以周期运动为主，过共振区后的运动形式以拟周期和混沌为主，两松动支座的振动会相互抑制。文献[175]研究了滚动轴承转子系统发生支承松动故障时的非线性动力学特性，利用频谱和小波变换分析处理了转子系统发生松动和无松动情况下轴承座上的振动信号。文献[176]建立了双跨弹性转子—轴承系统发生基础松动故障时的动力学模型，分析了松动质量对系统振动特性的影响。研究发现，在高转速区时，松动质量对转子—轴承系统运动有显著的影响。文献[177]建立了符合现场实际的松动转子系统动力学模型，通过分析发现，当发生松动故障时，转子系统的固有频率下降，转子在共振区会出现明显的高次谐波。该文献还分析了支承刚度、转轴刚度等参数对松动故障转子系统动力学特性的影响。

油膜失稳是以滑动轴承为支承的转子系统经常发生的故障，其中油膜涡动和油膜振荡是最常见的油膜失稳现象[178-182]。机组由于油膜失稳而导致的停机事故，甚至毁机的重大事故时有发生。由于影响油膜动力特性因素的复杂性和现有的油膜失稳理论的局限性，还需要对其进行深入的研究。文献[178]对油膜涡动和油膜振荡进行了实验，对发生油膜失稳时，转子稳定运行过程和转子升降速过程进行了振动测试分析。文献[179]首先用经验模式分解从原始振动信号中分解出与油膜稳定性有关的低频分量，然后用随机减量技术从该低频分量中提取出自由衰减响应，最后采用遗传算法从自由衰减响应中拟合出系统的阻尼比作为稳定性参数，实现油膜稳定性的在线监测和预报。文献[180]将 Hilbert-Huang 变换方法用于油膜涡动和油膜振荡的检测和时频分析，该方法首先用经验模态分解提取信号的固有模态函数分量，然后再对固有模态函数分量作 Hilbert 变换，求瞬时频率和幅值。研究发现，该变换方法能放大油膜涡动的故障特征，在早期油膜涡动中能清晰地发现油膜涡动存在二分频。文献[181]利用转子实验台模拟油膜失稳引起的碰摩故障，研究表明，当转子系统发生油膜失稳和转子－轴承碰摩耦合故障时，油膜失稳占主导地位，油膜失稳引起的碰摩会产生转频和涡动频率的组合频率。文献[182]建立了含质量不平衡、油膜涡动和碰摩故障耦合动力学模型，研究了转子系统在油膜涡动下的碰摩故障频谱特征，提取了转子系统耦合故障的特征信息。

强烈地震灾害的发生会造成人员生命财产、房屋建筑和基础设施等的巨大损失。为了设计出具有良好抗震性能的发电机组，研究发现，电机组在地震发生时和地震后的工作状态和动力学特性是机组系统安全可靠运行的重要保证，对电力事业的发展具有重要的意义[183-187]。文献[183]研究了 5.12 汶川大地震对震中 1000km 范围内 21 台汽轮发电机组轴系振动的影响情况。通过分析发现，强烈的地震波对汽轮机的低压部分和发电机振动影响较大，对汽轮机高、中压部分振动影响相对较小，对可倾瓦轴承支承的高、中压转子更小。地震冲击时，椭圆瓦轴承支承的转子在动力学润滑油膜承载中心线方向振动相对变化较小，承载中心线的垂直方向振动变化较大。可倾瓦轴承支承的转子的轴向振动受地震冲击时的变化较小。文献[184]应用虚拟激励和数值积分法，分析了非对称的刚性转子－轴承系统在地震激励和谐波激励联合作用下的位移响应、位移响应谱密度和位移响应时变方差，讨论了不同转速对位移响应时变方差的影响和不同采样角频率对位移响应时变方差曲线的影响。文献[185]应用虚拟激励法和精细时程积分法计算了转子系统受平稳-非平稳随机地震激励的动力响应。采用虚拟激励分析将平稳随机激励转化为稳态简谐激励，将非平稳随机激励转化为瞬态确定性激励。文献[186]考虑地震激励引起的哥氏效应，建立了转子－轴承系统在地震激励下的动力学方程，推导出了包括平动分量和转动分量的地震激励加速度表达式。通过计算发现地震激励的转动分量使系统转动类型响应明显增大。文献[187]基于线性矩阵不等式（LMI）和地震激励下受控转子系统的状态空间模型，为地震激励作用下转子系统的振动主动控制设计了 H_2、H_∞ 和混合 H_2/H_∞ 的控制策略。

1.2　水力发电机组振动研究概述

运行稳定性是水电机组长期安全运行的重要保证，也是影响水电站经济性的重要因素。特别是在水电机组运行条件复杂的情况下，对机组的运行稳定性要求会更高，因此大型水电机组的安全稳定运行受到了越来越普遍的重视[188-192]。文献[188]比较了二滩水电厂6台机组在不同水头下的运行稳定性试验结果，分析了影响各机组运行稳定性的各项测试指标的优劣；依据该水电厂历年全水头运行稳定性试验数据，绘制了各机组运行稳定区域特性曲线图。文献[189]研究了建立立式水电机组动力学模型的方法和动力响应分析方法，讨论了大型水电机组结构设计中的动力学问题，提出了在设计阶段评价机组振动稳定性的设计准则，设计准则包括避开共振、避免相碰、振动控制、疲劳强度设计等。文献[190]建立了单圆盘转子横向振动力学模型，研究了陀螺力矩、电磁拉力、导轴承刚度等因素对三峡电厂水力发电机组轴系稳定性的影响，获得了轴系的动刚度曲线。文献[191]用有限元法建立了水力发电机组轴系动力学模型，采用移位迭代法计算了机组轴系统横向振动的自振频率，研究了大轴直径、导轴承刚度、轴承位置等对机组自振特性的影响，分析了发电机组的稳定性。文献[192]通过现场试验研究了水电机组在不同水头、不同负荷下蜗壳进口、导叶后、尾水锥管等处的水压脉动，以及水压脉动对机组机架振动和大轴摆度的影响。

转子不平衡是旋转机械最常见的故障之一，转子现场动平衡是消除或减小机组振动的一项重要措施。水电机组在整体安装完毕后都要进行转子动平衡试验，用以检查并在必要时调整、改善机组的机械安装质量[193-195]。水电机组运行过程中，当转子与定子磁场中心不重合时，定、转子间产生磁拉力，会影响到机组的安全稳定运行，所以有必要对其进行深入研究[196-198]。为了能较准确地计算水轮机部件在水中的振动特性，需要考虑水轮机部件与周围流体介质的相互作用，即需要对水轮机部件作流固耦合动力学研究[199-202]。

大型水电机组多采用转轮叶片固定的混流式水轮机，当机组在部分负荷工况运行时，水轮机不能同时满足转轮进口和出口的最佳流动条件，会在尾水管内形成不稳定的偏心涡带，导致转轮、尾水管等出现裂纹、开裂，严重时发生破断，同时会引起机组轴系振动的不稳定性，威胁机组的安全。因此，有必要对水电机组的尾水管压力脉动进行研究[203-207]。文献[203]应用CFD技术对大型混流式水电机组水轮机尾水管压力脉动进行了数字化预测，对水轮机在典型偏工况下尾水管的内流进行了长时间非定常计算，研究了该工况下尾水管内死水域与涡带的运动规律，预测了尾水管的不规则压力脉动。文献[204]对模型水轮机进行了全流道非定常三维湍流数值模拟，得到了水轮机尾水管内部的旋涡流动随时间的变化规律，分析了尾水管的漩涡核心半径的变化、运动周期、轴向运动速度和尾水管压力脉动等。文献[205]通过研究发现，非平稳信号经过连续小波变换后，能有效地将水轮机非稳态工况下的振动信号很好地分解在有限的时间一尺度范围内，同时能保持信号的信息完整。应用连续小波变换分析了三峡水电厂机组整个升负荷运行中尾水锥管水压脉动情况，发现连续小波变换能准确地获得机组的振动区间和振动频率范围。文献[206]选择不同水头和导叶开度组成的不同稳态工况及过渡过程工况，研究了大型混流式水轮机尾水管压力脉动。研究结果表明，稳态工况下的压力脉动的频率主要受导叶开度的影响，相同工况下，压力脉动频率非常相近。导叶开度对振动的影响要比水头剧烈。文献[207]将小波包与傅立叶变换相结合，用小波包时频局部聚焦分析能力对尾水管振动信号进行小波包多层分解，提取到较高精度的低频特征信息，应用频谱分析取得涡带的特征频率。

水轮机叶片裂纹缺陷是水电站普遍存在的问题[208-210]。文献[208]研究了国内外水电厂出现过的水轮机叶片裂纹问题，在材料、设计、制造和运行等方面详细分析了叶片裂纹产生的原因。从应力、材料等方面给出了防止裂纹出现的对策。针对叶片补焊后短时间还可能开裂的情况，提出补焊除了要清除净裂纹和减少焊接缺陷，还应该改善易裂区的应力状态和选用合理的焊接材料等。文献[209]列举了国内外水电厂水轮机转轮裂纹的实例，分析了引起裂纹问题的主要原因。这些原因包括转轮制造质量、尾水管压力脉动、卡门涡、水力弹性振动、水流通过导叶产生的中高频压力脉动等。提出了防止裂纹的一些建议，包括转轮要有足够的刚度强度、选型正确、控制制造误差、充分补气和避振防裂等。文献[210]针对三峡电厂机组转轮可能出现的裂纹缺陷情况，提出了处理的建议方法。

水轮机中的空化和空蚀是造成水轮机破坏、运行不稳定，进而引起性能下降、运行效益降低的主要原因，国内外都对水轮机空化进行了大量研究[211-213]。为满足水电厂水轮机空化监测的需要，文献[211]在分析空化信号机理及现场空化监测要求的基础上，采用空化监测系统对葛洲坝电厂某轴流转桨式水轮机组的现场空化特性进行了试验研究，通过数据采集和信号分析对多个工况下的水轮机空化信号特征进行了研究。文献[212]对轴流转桨式水轮机轮缘间隙流动进行试验研究，研究了不同工况下轴流转桨式水轮机轮缘间隙流动的空蚀形态。通过空化声信号判断水轮机中的空化程度是水轮机空化检测的研究方向。文献[213]进行了轴流转桨式水轮机模型转轮空化试验，提出用特征矢量分类法来辨识轴流转桨式水轮机空化程度声信号。

第2章　水力发电机组振动故障诊断策略研究综述

随着我国用电需求的持续快速增长和科学技术水平的不断提高，在国家优先发展水电能源政策的指引下，水电在电力系统中所占的比重在增大，机组单机容量也越来越大，因此电机组的运行稳定性极大地影响着电力系统的安全。由于大型水电机组结构的复杂性和运行环境的特殊性，机组会不可避免地出现运行不稳定甚至故障。由于水电机组约有 80%的故障或事故都在振动信号中有所反应，因此开展水电机组运行状态监测与振动故障诊断方法的研究工作，及时发现故障，提高机组设备的使用寿命，保障机组安全、经济地运行，全面提高发电企业经济效益、增强竞争力，对水电厂和电网的安全稳定运行具有重大的现实意义。

设备状态监测与故障诊断技术是在设备运行中基本不拆解机组设备的情况下，掌握设备运行状态，找出产生故障的部位和原因等。它是防止事故和计划停机检修的有效措施，也是设备维修维护的发展方向。美国是最早开展机械设备故障诊断技术研究的国家，在 1967 年 4 月，美国海军研究室（ONR）主持召开了美国"机械故障预防小组（Machine Faults Predict Group）"成立大会，标志着有组织地开始了机械诊断技术的研究工作。目前美国在航空、航天、军事、核能等尖端方面仍处于领先地位。英国的设备故障诊断技术从 20 世纪 70 年代初开始起步，其发展与美国有着密切的联系，目前在摩擦、磨损、汽车、飞机发动机监测和诊断方面居于领先地位。瑞典的 SPM 轴承监测技术，丹麦的振动、噪声分析和声发射技术，挪威的船舶诊断技术，日本的钢铁、化工、铁路等部门的诊断技术各占一定的优势[214]。

我国机械设备故障诊断技术研究起步比较晚，但在相关研究人员的努力下，在设备诊断软硬件系统的开发研制等方面取得了很大的进步，先后研制出了多种类型的在线和离线设备诊断系统。虽然所开发的系统功能较多，价格也比较低廉，但是在实时性、可靠性方面同国外系统相比还有较大差距[214]。

水力发电机组振动故障诊断方法研究的内容主要是对现有的诊断方法进行分析改进，使其更加适用于水电机组振动故障诊断，以进一步提高诊断的精确度和效率。通过对水电机组振动故障诊断研究现状的分析，可以看出用不同方法都有自己的优点和局限性，单纯地应用单一的故障诊断方法已不能满足实际需要，混合智能诊断方法已成为当前水电机组振动故障诊断发展的方向。

随着水电厂对水电机组安全稳定运行要求的不断提高，相应地对故障诊断系统的诊断准确性提出了更高的要求。信号处理是故障诊断准确与否的关键，由于监测获取的故障信号不可避免地受到各种噪声的干扰与影响，为得到水电机组真实的故障特征信息，有必要对机组振动信号进行除噪处理[215]。文献[215]采用自相关和小波分析方法去除水电机组振动信号中的噪声，取得了较好的效果。文献[216]用小波分析和傅立叶变换方法对机组振动信号进行了消噪和多层分解预处理，研究了机组各频段信号的能量特征提取方法。文献[217]采用小波分析方法对稳定性状态信号进行多频段分解、降噪，提取相对能量特征；运用模糊理论分析和量化过程参数变化时机组稳定性状态，提取关系型征兆。然后将这两种特征组合，形成能综合反映机组稳定性状态的复合特征向量，从而实现了水电机组的故障诊断。

水力发电机组的振动原因非常复杂，很难用语言准确地描述振动的程度及振动是否存在，有文献将模糊理论引入到机组故障诊断系统[218-219]。文献[218]采用模糊数学的隶属度来描述水电机组振动及故障等模糊命题，比二值逻辑更能反映水电机组的真实振动情况，然后应用动态模糊聚类法分析机组的振动原因，为水电机组状态监测和故障诊断提供了一种新的尝试。文献[219]总结出能适用于水电机组振动故障诊断的频谱特征表和振动部位幅值特征表，通过对水电机组振动信号频率、振动信号幅值特征、振动部位进行分析，得到机组振动频谱征兆隶属度，利用振动信号故障状态矢量进行模糊动态核聚类分析，建立了基于故障分层的水电机组故障诊断模型。

用传统的频谱法分析水力发电机组非平稳的、频率可变的振动信号存在一定的局限性。由于小波包分析技术可以确定信号的突变点、突变发生的时间和突变程度，因此有不少文献应用小波包分析机组的振动信号[220-221]。文献[220]运用小波包对机组振动信号进行分解与重构，获得振动信号的突变信息，为诊断水电机组振动的故障状况提供决策支持。文献[221]先用小波包对水电机组的振动信号进行频谱分析，提取该信号在频率域的特征量；然后将频谱特征向量作为学习样本，通过训练使构建的基于支持向量机的多值分类器建立频谱特征向量和故障类型的映射关系，实现对水电机组的振动故障诊断。

在水力发电机组运行状态监测与故障诊断过程中，由于机组结构的复杂性、不确定性及机组运行状态的时变性，仅靠单一信息源提供的信息难以实现机组故障的准确诊断。只有综合利用从多方面获取的关于同一对象的多源信息，才能对水电机组故障进行更可靠的诊断。由于引起水电机组振动原因的复杂性、渐变性和不规则性，目前主要是通过转速试验、负荷试验和励磁试验等试验手段来判别机组的振动故障。信息融合技术是将来自某一目标的多源信息加以综合分析和融合处理，以便作出比单一信源更精确更完全的评估和判决。通过对多来源信息的融合，可以更准确、全面地认识和描述诊断对象，提高诊断的置信度，提高诊断系统的可靠性[222-223]。文献[222]首先用子神经网络从时域、频域等方面对机组故障进行初步诊断，然后对诊断结果应用证据理论进行决策融合，从而提高水电机组诊断结论的可信度。文献[223]通过分析机组振动的频率特征，建立了融合诊断识别框架，对机组各部位的振动信号采用小波分析和傅立叶变换进行预处理，提取信号的子带能量特征，最后应用信息融合方法进行故障诊断。文献[224]根据水电机组故障特征量将故障进行分类处理，采用多个并联子神经网络进行水力发电机组故障的局部诊断，得到初步诊断结果，然后运用证据理论融合算法对各证据进行融合决策，实现对水电机组故障的诊断。

采用信息融合技术可以较全面地认识和描述诊断对象，提高诊断可靠性，因而出现了一些联立信息融合技术的混合智能诊断方法。文献[225]把水电机组振动信号的频域特征和时域振幅特征作为特征向量的学习样本，使训练后的最小二乘支持向量机能够反映水电机组特征向量和故障类型的映射关系。采用信息融合技术对局部诊断结果进行有效融合，完成对水电机组振动故障的最终诊断。文献[226-227]用神经网络对机组进行局部初步诊断，然后用证据理论对水电机组振动故障进行融合决策诊断。该方法能充分利用水电机组各部位的有效信息，提高故障诊断的可靠性。文献[228]以水电机组振动信号的频域特征和时域振幅特征为诊断样本，使用基于熵权理论的灰色关联分析方法进行水电机组振动故障的初步诊断，然后应用证据融合理论对不同证据进行决策信息融合，得出最终的诊断结果。

水力发电机组的振动故障往往是多故障同时发生，使得故障诊断较为困难，不少文献应用神经网络来识别水电机组的故障[229-231]。文献[229]对机组振动信号进行频谱分析，提取信号的频率域特征量，然后将频谱特征向量作为学习样本，使训练后神经网络能够反映频谱特征向量和机组故障类型的映射关系，实现水电机组的振动故障诊断。文献[230]研究了基于神经网络的水力发电机组振动故障诊断专家系统，通过分析和诊断水电机组真机试验数据，检验了神经网络专家系统诊断水电机组振动故障的可行性和有效性。文献[231]研究了反向传播网络（BPN）、概率神经网络（PNN）和学习矢量量化网络（LVQ）3种人工神经网络对水电机组振动故障诊断性能的影响。分析结果表明，人工神经网络的结构和算法、相关训练参数的选择对水电机组振动故障诊断性能有着重要影响；学习矢量量化网络和概率神经网络在分类能力方面要优于反向传播网络；概率神经网络在计算负载方面比学习矢量量化网络要好。

　　粗糙集理论作为处理不确定知识的数学工具，它不需要附加信息或先验知识，可以有效地分析不完备信息，揭示其潜在规律。粗糙集理论的主要思想是在保持分类能力不变的前提下，通过知识约简导出问题的决策分类规则，近年来被用于智能故障诊断[232-233]。文献[232]运用粗糙集理论对水电机组振动信号的属性特征进行预处理，约简振动信号的冗余属性，得到决策表，将决策表作为支持向量机的学习样本，通过训练使构建的支持向量机多分类器能够反映属性特征和故障类型的映射关系，实现对水电机组的故障诊断。文献[233]利用粗糙集约简故障信息，用 RBF 神经网络最终实现水电机组故障诊断。该诊断方法可以有效地简化神经网络的规模和结构，缩短神经网络训练的时间。

第 3 章　刚性连接平行不对中转子系统振动特性

3.1　引言

　　旋转机械是工业上应用最广泛的机械，许多大型旋转机械（如水轮机、汽轮机、发电机、压缩机、离心泵、电动机、发动机、轧钢机等）在电力、航空、机械、化工、纺织等国民经济领域中起着非常重要的作用。随着科学技术的不断提高，旋转机械设备朝着大型化、高速化、大功率、复杂化、重载化和高度自动化等方向发展，结构日趋复杂，集成化程度越来越高。不同部件之间动力学行为相互影响、相互作用，对旋转机械设备的管理、维护、监测、诊断工作提出了更高要求。旋转机械一旦出现故障，轻则影响设备的正常运转，重则会造成机毁人亡的大事故，产生恶劣的社会影响。因此，为保证旋转机械的安全、稳定、高效运行，对旋转机械进行在线监测与故障诊断具有重要的科学意义和实用价值。

　　旋转机械运行过程中，出现的故障主要为振动故障或者与振动相关的故障，而产生振动故障的主要原因是转子不对中。在大型旋转机械的众多常见故障中，有60%是由转子不对中引起的。当转子系统出现不对中故障后，在其运动过程中会对设备的安全稳定运行产生负面影响，如引起振动、轴承摩擦损伤、转子与定子间的动静碰摩、轴弯曲变形、油膜涡动甚至油膜振荡，对系统的平稳运行危害极大，而且不对中会产生噪声污染。引起不对中的原因有很多，包括机组基础不均匀变形沉降、转子各种变形、轴承不同心、制造误差、安装误差、联轴节不对中等。研究转子系统的不对中故障机理和特征对于识别和掌握机组的运行状态具有重要的现实意义[234-238]。

　　转子不对中通常是指相邻两转子的轴心线与轴承中心线出现倾斜或偏移。转子不对中一般分为联轴器不对中（见图3-3-1）和轴承不对中，联轴器不对中又可分为平行不对中（轴线平行位移）、角度不对中（轴线交叉成一角度）和平行角度综合不对中（轴线位移且交叉）三种情况[141]。

　　大型旋转机械的转子通常采用刚性凸缘联轴器，这种联轴器具有结构简单、加工方便、能传递大功率等优点，但它对两轴的对中要求较高。当发生不对中故障时，将使螺栓、凸缘、转子受力而产生变形，其本质属于动力学问题。深入研究刚性凸缘联轴器不对中转子系统振动机理和现象，对系统故障诊断准确性的提高、系统动力学设计和振动的主动控制等具有极其重要的理论创新意义和工程应用价值。

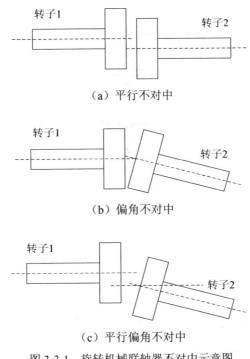

（a）平行不对中

（b）偏角不对中

（c）平行偏角不对中

图 3-3-1　旋转机械联轴器不对中示意图

　　本章针对刚性凸缘联轴节平行不对中故障，通过分析刚性联轴节的不对中机理，建立刚性连接平行不对中转子系统振动微分方程，讨论从动轴质量、驱动轴质量、转子偏心量、联轴节平行不对中量等对转子系统振动特性的影响，及不同转速时转子系统的轴心轨迹。

3.2　平行不对中转子系统运动模型

　　刚性联轴节不能补偿两轴的相对位移，联轴节将驱动轴与从动轴刚性固结，强迫从动轴随驱动轴同频回转，因此两转子通过联轴节将向对方施加一倍转频的惯性力，该惯性力在转子径向将会激励产生一倍转频的强迫振动。转子系统不对中如图 3-3-2 所示，假设从动轴 O_2 绕驱动轴 O_1 旋转。不对中转子运动坐标系如图 3-3-3 所示，坐标原点取在系统的静平衡位置处。假设两个转子支承轴承平行对中，且各向同性；两个转子均为刚性，近似作柱形涡动。

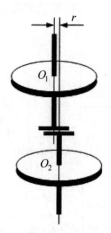

图 3-3-2　转子系统不对中示意图

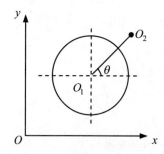

图 3-3-3　不对中转子运动坐标示意图

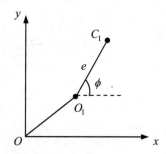

图 3-3-4　圆盘 1 坐标示意图

由图 3-3-3 知：

$$\begin{cases} x_2 = x_1 + |O_1O_2|\cos\theta \\ y_2 = y_1 + |O_1O_2|\sin\theta \end{cases} \tag{3-3-1}$$

式中：(x_2, y_2)、(x_1, y_1) 分别是转子 2、转子 1 的形心坐标；$|O_1O_2|$ 是两个转子的形心距离，即平行不对中量，为恒定值，令 $|O_1O_2|=r$；θ 为圆盘 2 质量中心绕圆盘 1 的几何中心转过的角，当系统稳定旋转时，$\theta=\omega t+\theta_0$，ω 为驱动轴旋转角速度，θ_0 为初相位。

根据理论力学，刚体运动可由刚体质心平动和绕质心转动合成，则转子系统的动能可表示为

$$T = T_G + T_r \tag{3-3-2}$$

式中：T_G 为平动动能；T_r 为转动动能。假设圆盘 1 存在质量偏心，偏心距为 e，则系统平动动能为

$$T_G = \frac{1}{2}m_1 v_{c1}^2 + \frac{1}{2}m_2 v_{c2}^2 \qquad (3\text{-}3\text{-}3)$$

式中：m_1、m_2 分别为转子系统圆盘 1、圆盘 2 的质量；v_{c1}、v_{c2} 分别是圆盘 1、圆盘 2 的质心线速度。且 v_{c1} 满足

$$v_{c1}^2 = \dot{x}_{c1}^2 + \dot{y}_{c1}^2 \qquad (3\text{-}3\text{-}4)$$

其中：(x_{c1}, y_{c1}) 为圆盘 1 的质心坐标，由图 3-3-4 知：

$$x_{c1} = x_1 + e\cos\phi \qquad (3\text{-}3\text{-}5)$$
$$y_{c1} = y_1 + e\sin\phi \qquad (3\text{-}3\text{-}6)$$

式中：e 为圆盘 1 的偏心距，ϕ 为圆盘 1 质量中心绕几何中心转过的角。当系统稳定旋转时，$\phi = \omega t + \phi_0$，ω 为驱动轴旋转角速度，ϕ_0 为初相位。

假定圆盘 2 不存在质量偏心，可得 v_{c2} 为

$$v_{c2}^2 = \dot{x}_{c2}^2 + \dot{y}_{c2}^2 = \dot{x}_2^2 + \dot{y}_2^2 \qquad (3\text{-}3\text{-}7)$$

整理式（3-3-3）～式（3-3-7），可得转子系统平动动能表达式

$$T_G = \frac{1}{2}m_1(\dot{x}_1^2 + \dot{y}_1^2 + e^2\dot{\phi}^2 + 2e\dot{y}_1\dot{\phi}\cos\phi - 2e\dot{x}_1\dot{\phi}\sin\phi) + \frac{1}{2}m_2(\dot{x}_2^2 + \dot{y}_2^2) \qquad (3\text{-}3\text{-}8)$$

转子系统转动动能可表示为

$$T_r = \frac{1}{2}(J_1 + m_1 e^2)\dot{\phi}^2 + \frac{1}{2}(J_2 + m_2 r^2)\dot{\theta}^2 \qquad (3\text{-}3\text{-}9)$$

式中：J_1、J_2 分别为圆盘 1、圆盘 2 的转动惯量。

若取转子系统的静平衡处为零势能点，则转子系统的势能为

$$U = \frac{1}{2}k_1|OO_1|^2 + \frac{1}{2}k_2|OO_2|^2 \qquad (3\text{-}3\text{-}10)$$

式中：O_1、O_2 分别是转子 1、转子 2 形心；k_1、k_2 分别是两个转子轴承的支承刚度。

为方便问题的讨论，假设转子 1 在 x、y 方向上存在阻尼，阻尼系数均为 c，不计转子 2 的阻尼，不考虑外激励力，则系统广义力为

$$Q_x = -c\dot{x}_1 \qquad (3\text{-}3\text{-}11)$$
$$Q_y = -c\dot{y}_1 \qquad (3\text{-}3\text{-}12)$$

把 x_1、y_1 看成系统的广义坐标，令 $x=x_1$，$y=y_1$，整理方程（3-3-1）～（3-3-10）得

$$T = \frac{1}{2}m_1(\dot{x}^2 + \dot{y}^2 + e^2\dot{\phi}^2 + 2e\dot{y}\dot{\phi}\cos\phi - 2e\dot{x}\dot{\phi}\sin\phi)$$

$$+ \frac{1}{2}m_2(\dot{x}^2 + \dot{y}^2 + r^2\dot{\theta}^2 + 2r\dot{y}\dot{\theta}\cos\theta - 2r\dot{x}\dot{\theta}\sin\theta) \qquad (3\text{-}3\text{-}13)$$

$$+ \frac{1}{2}(J_1 + m_1 e^2)\dot{\phi}^2 + \frac{1}{2}(J_2 + m_2 r^2)\dot{\theta}^2$$

$$U = \frac{1}{2}k_1(x^2 + y^2) + \frac{1}{2}k_2(x^2 + y^2 + r^2 + 2rx\cos\theta + 2ry\sin\theta) \qquad (3\text{-}3\text{-}14)$$

将式（3-3-11）～式（3-3-14）代入拉格朗日方程

$$\frac{\mathrm{d}}{\mathrm{d}t}\left(\frac{\partial T}{\partial \dot{q}_i}\right) - \frac{\partial T}{\partial q_i} + \frac{\partial U}{\partial q_i} = Q_i \qquad (3\text{-}3\text{-}15)$$

可得转子系统在广义坐标下的运动微分方程

$$(m_1 + m_2)\ddot{x} + c\dot{x} + (k_1 + k_2)x = m_1 e\omega^2 \cos\phi + m_2 r\omega^2 \cos\theta - k_2 r\cos\theta \qquad (3\text{-}3\text{-}16)$$

$$(m_1 + m_2)\ddot{y} + c\dot{y} + (k_1 + k_2)y = m_1 e\Omega^2 \sin\phi + m_2 r\Omega^2 \sin\theta - k_2 r\sin\theta \qquad (3\text{-}3\text{-}17)$$

式（3-3-16）、式（3-3-17）右端第 1 项是驱动轴的质量偏心随轴系回转产生的离心惯性力。第 2 项是从动轴随轴系回转施加给驱动轴的离心惯性力。第 3 项是转子系统平行不对中时，从动轴支承轴承对系统施加的作用力。在方程中（3-3-16）、（3-3-17）中，如果令 $e=0$，$r=0$，即转子系统不存在残余不平衡，而且平行对中时，转子系统不会发生振动。可以看出，残余不平衡和平行不对中的存在将诱发转子系统发生振动响应，系统响应的振幅与残余不平衡、平行不对中的大小直接相关。

式（3-3-16）、式（3-3-17）并不互相耦合，可以分别看成单自由度强迫振动微分方程。根据响应和激励相对应原理，这两个方程经过充分衰减后的稳态振动响应能看成是由方程右端三个简谐力诱发产生的振动响应的叠加，可以表示成三个不同幅值、频率和相位的谐振响应：

$$g(t) = \sum_{i=1}^{3} A_i \cos(p_i t + \varphi_i), \quad i = 1, 2, 3 \qquad (3\text{-}3\text{-}18)$$

这 3 个谐振分量都是持续等幅的，各自的频率与所对应的激振力频率一致，在方程（3-3-16）、（3-3-17）中，3 个简谐力的频率是一致的，都是驱动轴的回转频率 ω。因此 3 个谐振分量可表示成

$$g(t) = \sum_{i=1}^{3} A_i \cos(\omega t + \varphi_i), \quad i = 1, 2, 3 \qquad (3\text{-}3\text{-}19)$$

由式（3-3-19）知，振动微分方程（3-3-16）、（3-3-17）叠加后的系统响应频

率就是驱动轴的回转频率 ω。由此可见，当轴承平行对中而转子平行不对中时，平行不对中会诱发产生一倍频的频率成分，此时转子系统的横向振动与转子存在质量偏心表现出的特征具有相似性。

3.3 平行不对中转子系统振动特性

为便于问题的讨论，方程式（3-3-16）、（3-3-17）可写为

$$\ddot{x} + 2\xi\omega_0\dot{x} + \omega_0^2 x = \frac{1}{m_1 + m_2}(m_1 e\omega^2\cos\phi + m_2 r\omega^2\cos\theta - k_2 r\cos\theta) \qquad (3\text{-}3\text{-}20)$$

$$\ddot{y} + 2\xi\omega_0\dot{y} + \omega_0^2 y = \frac{1}{m_1 + m_2}(m_1 e\omega^2\sin\phi + m_2 r\omega^2\sin\theta - k_2 r\sin\theta) \qquad (3\text{-}3\text{-}21)$$

式中：$\xi = \dfrac{c}{2\sqrt{(k_1 + k_2)(m_1 + m_2)}}$，$\omega_0 = \sqrt{\dfrac{k_1 + k_2}{m_1 + m_2}}$。计算选用参数为：$m_1$=170kg，$m_2$=90kg，$e$=0.0001m，$r$=0.0006m，$\omega$=19Hz，$\xi$=0.14，$\Phi_0$=0.6rad，$\theta_0$=0.4rad，系统横向振动固有频率 ω_0=15Hz，假设 k_1=k_2。

3.3.1 转子系统横向振动特性

转子系统在转速为 19Hz 的数值计算结果如图 3-3-5 所示。由图可知，转子 2 横向振动振幅比转子 1 大，它们瞬态振动时间都很短，都很快衰减成稳态振动，成为近似的等幅正弦波；系统横向振动中只含有一倍频成分，这与上面理论分析结果是一致的；两个转子轴心轨迹开始并不规则，但经过充分衰减后，各自都会成为一个比较稳定的圆。

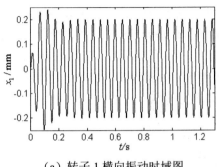
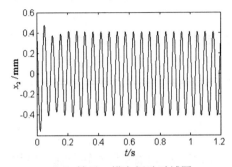

（a）转子 1 横向振动时域图　　　　（b）转子 2 横向振动时域图

图 3-3-5　转子系统横向振动时域频域图

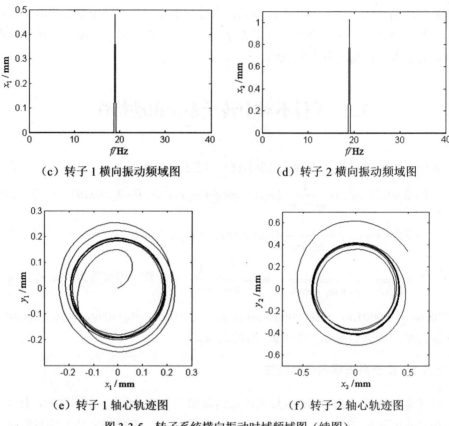

（c）转子 1 横向振动频域图　　　　　（d）转子 2 横向振动频域图

（e）转子 1 轴心轨迹图　　　　　（f）转子 2 轴心轨迹图

图 3-3-5　转子系统横向振动时域频域图（续图）

3.3.2　从动轴质量对转子振动特性的影响

图 3-3-6 是从动轴质量 m_2 取 0～200kg 之间不同值，其他参数不变时的转子系统横向振动幅值图。由图可知，随着从动轴质量 m_2 的增大，转子 2 横向振动幅度持续减小。而转子 1 横振幅度先是逐渐减小，在 m_2=55kg 时达到最小值；之后随着 m_2 的增大，转子 1 横振幅度开始持续增大。还可以看出，当 m_2 取 0～123kg 之间不同值时，转子 2 的振动幅度比转子 1 要大；m_2 取 123～200kg 之间不同值时，转子 1 的振动幅度大于转子 2。而当从动轴质量 m_2=123kg 时，两转子振动幅度相等。

3.3.3　驱动轴质量对转子振动特性的影响

图 3-3-7 是驱动轴质量 m_1 取 0～200kg 之间不同值，其他参数不变时的转子

系统横向振动幅值图。由图可知，随着驱动轴质量 m_1 的增大，转子 1 横振幅度持续减小。而转子 2 横振幅度先是逐渐减小，在 $m_1=55$kg 时达到最小值；之后随着 m_1 的变大，转子 2 横振幅度开始持续增大。还可以看出，当 m_1 取 $0\sim105$kg 之间不同值时，转子 1 的振动幅度比转子 2 要大；而 m_1 取 $105\sim200$kg 之间不同值时，转子 2 的振动幅度大于转子 1。当驱动轴质量 $m_1=105$kg 时，两转子振动幅度相等。

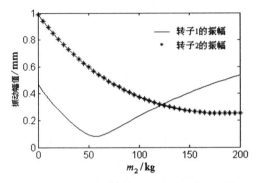

图 3-3-6　从动轴质量不同时转子系统振动幅值

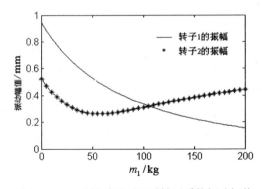

图 3-3-7　驱动轴质量不同时转子系统振动幅值

3.3.4　质量偏心量对转子振动特性的影响

质量偏心 e 取 $0\sim1.5$mm 之间不同值，其他参数不变时，转子系统横向振动幅值如图 3-3-8 所示。从图中可以看出，当质量偏心 e 逐渐变大时，转子 1 横向振动幅值持续增大，它们近似成线性关系。而转子 2 横振幅值先是逐渐减小，在 $e=0.35$mm 时达到最小值；之后随着 e 的变大，转子 2 横振幅值近似成线性关系地持续增大。还可以看出，e 取 $0\sim0.175$mm 之间不同值时，转子 2 的振动幅度大于转子 1。e 取 0.175～1.5mm 之间不同值时，转子 1 的振动幅度大于转子 2。质量偏心 e 在 0.175mm 附近时，转子 1 的振动幅值等于转子 2。质量偏心 e 取 0.35～1.5mm 之间不同值时，转子 1 的振动幅度与转子 2 振动幅度之差近似成一恒定值。

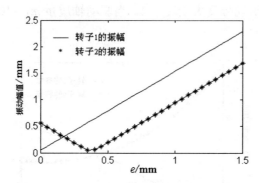

图 3-3-8　质量偏心不同时两转子的振动幅值

3.3.5　联轴节平行不对中量对转子振动特性的影响

联轴节平行不对中量 r 取 0～1.2mm 之间不同值，系统其他参数不变时，转子系统横向振动幅值如图 3-3-9 所示。从图中可以看出，随着联轴节平行不对中量 r 的增大，转子 1 横向振动幅值持续增大，它们近似成线性关系。而转子 2 横振幅度先是逐渐减小，在 $r=0.15$mm 达到最小值；之后随着 r 的变大，转子 2 横振幅值近似成线性地持续增大。还可以看出，当 r 取 0～0.35mm 之间不同值时，转子 1 的振动幅度比转子 2 要大；r 取 0.35～1.2mm 之间不同值时，转子 2 的振动幅度大于转子 1。而当联轴节平行不对中量 $r=0$ 及 $r=0.35$mm 时，两转子振幅相等。

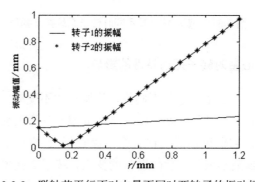

图 3-3-9　联轴节平行不对中量不同时两转子的振动幅值

3.3.6 不同转速时转子系统轴心轨迹

令驱动轴转速分别为 5Hz、30Hz、75Hz，其他参数不变，对运动微分方程进行仿真，计算结果如图 3-3-10 所示，只绘出了转子 1 的轴心轨迹图。由图可知，随着驱动轴转速的增大，系统瞬态振动振幅变大，达到稳定所需要的衰减时间增加。

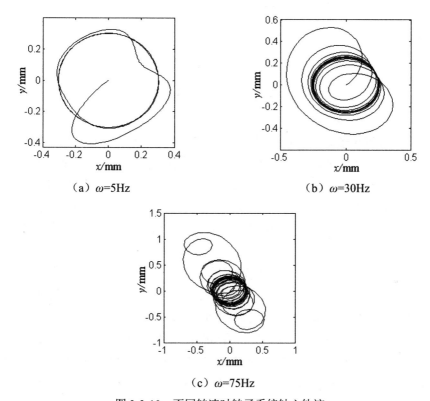

（a）ω=5Hz　　　　　　　　　（b）ω=30Hz

（c）ω=75Hz

图 3-3-10　不同转速时转子系统轴心轨迹

随着转子系统横向振动固有频率增大，也就是转子轴承支承刚度增大，转子系统瞬态振动幅度会减小，达到稳定所需要的衰减时间也会缩短。图 3-3-11 给出了系统横向振动固有频率 ω_0=30Hz，驱动轴频率 ω=75Hz，其他参数不变时转子 1 的轴心轨迹图，与图 3-3-10（c）对比发现，瞬态振动振幅变化显著，衰减时间也减少了很多。由此可见，当增大转子轴承支承刚度时，会有效地抑制转子系统瞬态振动的幅度，有利于转子系统的稳定。

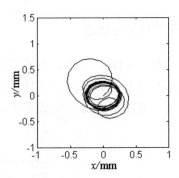

图 3-3-11　固有频率 ω_0=30Hz 时转子 1 轴心轨迹

3.4　本章小结

　　本章在分析转子系统平行不对中机理的基础上，建立了刚性连接平行不对中转子系统运动方程，并进行了理论分析。应用数值方法验证了分析结论，研究了转子系统从动轴质量、驱动轴质量、转子偏心量、联轴节平行不对中量等对系统振动特性的影响，及不同转速时转子系统的轴心轨迹。主要结论如下：

　　（1）刚性联轴节平行不对中时，故障特征频率主要成分是驱动轴旋转频率；振动经过充分衰减后，转子系统轴心轨迹是比较稳定的圆。

　　（2）转子系统驱动轴振动幅度随着质量偏心、联轴节平行不对中量的增加而相应变大，且近似成线性关系。而从动轴振动幅度随着质量偏心、联轴节平行不对中量的增加先是逐渐减小，在达到最小值之后开始持续增大。

　　（3）从动轴的质量不断变大时，驱动轴振动幅度先是减小，在减小至最小值后开始逐渐增大，而从动轴横向振动幅度则持续减小。随着驱动轴质量的不断增大，从动轴振动幅度先是减小，在减小至最小值后开始逐渐增大，而驱动轴横向振动幅度则持续减小。

　　（4）在转子系统中，质量偏心、联轴节平行不对中量、驱动轴转子质量和从动轴转子质量等取不同值时，驱动轴、从动轴振动幅度变化较为复杂。转子系统转速越大，瞬态振幅越大，系统衰减到稳态所需时间越长，稳态振幅也会相应增大。

　　（5）转子轴承支承刚度增加，会有效地抑制转子系统瞬态振动的幅度，有利于转子系统的稳定，即刚性联轴节平行不对中对支承刚度较小的转子系统的动态响应影响较大。

第 4 章　轴向推力作用下转子轴心轨迹特性

4.1　引言

　　振动分析方法是旋转机械故障诊断中应用最多且最有效的方法。通过对机组的振动监测，分析、研究振动异常信号，可以识别出大部分的故障类型。然而，机组的轴向振动经常被人们忽视，现场所进行的一般都是径向振动测试，现有的振动控制指标绝大部分是针对径向振动的；机组设备振动监测理论也多是建立在径向振动基础之上的。由于旋转机械轴承限制的主要是径向振动，机组轴向受到的约束较弱，使得机组即使在轴向受到一个很小的激振力都有可能产生较大的轴向振动，给机组带来的危害可能更大，应该引起足够的重视[239-243]。

　　汽轮机在运行中沿蒸汽流动方向会产生轴向推力，轴向推力作用于转子上使转子产生轴向串动。为了保证转子与汽缸之间的轴向位置，在汽轮机上会安装推力轴承。但当推力瓦工作失常、汽轮机发生水冲击或汽轮机叶片积有盐垢使通流面积缩小等现象时，会使汽轮机轴向推力大大增大，使转子与汽缸的位置发生变化，导致汽轮机动、静部分发生摩擦，动、静叶片、汽封等设备发生损坏[244-245]。在汽轮发电机组振动处理工作中，常常会出现机组轴承座过大的轴向振动，影响发电机组的安全稳定运行，因此有必要对汽轮发电机组轴向振动进行分析研究。

　　水轮发电机组运行中，作用于转子上的轴向作用力包括转子的重力、电磁力和水推力等。其中，重力的方向是向下的；电磁力只在转子与定子轴向不对中时产生，且转子偏低时电磁力方向向上，转子偏高时其方向向下；作用于转轮上水推力增加了推力轴承的载荷，也增加了推力轴承所消耗的摩擦功率[246-247]。作用于水轮发电机组的轴向总推力，其特性不但直接影响推力轴承设计的技术要求和经济指标，而且还会影响机组的发电效率，有可能造成运行中出现机组抬起现象，直接影响水电站的运行安全和稳定性。

　　不平衡是旋转机械最常见的故障之一，在大型旋转机械的众多常见故障中，转子不平衡故障大约占到总故障的 30%。转子不平衡故障包括转子质量不平衡、转子初始弯曲、转子热态不平衡、转子部件脱落、转子部件结垢、联轴器不平衡等。引起转子不平衡的原因主要有结构设计不合理，制造和安装误差，材质不均匀，受热不均匀，运行中转子的腐蚀、磨损、结垢、零部件的松动和脱落等[248-253]。

研究转子纵向横向振动特性，一方面可从纵向振动特征中提取有用的故障信息；另一方面，综合考虑纵向振动和横向振动也将更有助于掌握和理解转子的动力学特性。

本章以质量不平衡转子为研究对象，利用拉格朗日方程建立轴向推力作用下的转子系统动力学模型，讨论纵向振动和横向振动共同作用下的转子系统轴心轨迹特征。

4.2　质量不平衡转子系统动力学模型

以质量不平衡转子系统为研究对象，转子在轴向受推力 F 作用，其中 $F=F_e\cos\omega_e t$，F_e、ω_e 分别是轴向推力的幅值和频率，系统结构如图 3-4-1 所示，圆盘绕驱动轴 O_1 旋转。质量不平衡转子系统运动坐标系如图 3-4-2 所示，坐标原点 O 为圆盘中心的静态平衡点；z 轴过原点 O，是正方向向上的铅垂线；x 轴、y 轴、z 轴正方向符合右手规则。为便于问题的讨论，假设轴承各向同性，转子近似作柱形涡动。

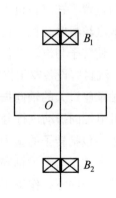 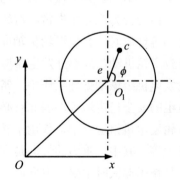

图 3-4-1　转子系统示意图　　　　图 3-4-2　转子运动坐标示意图

由理论力学可知，刚体运动可由刚体质心平动和绕质心转动合成，则转子动能可表示为

$$T = T_t + T_r \tag{3-4-1}$$

式中：T_t 为平动动能，T_r 为转动动能，它们可分别表示为

$$T_t = \frac{1}{2}mv_c^2 \tag{3-4-2}$$

$$T_r = \frac{1}{2}(J + me^2)\dot{\phi}^2 \tag{3-4-3}$$

式中：m 为转子质量，v_c 为质心线速度，J 为圆盘转动惯量，ϕ 为圆盘质量中心绕几何中心转过的角。当系统稳定旋转时，$\phi = \omega t + \phi_0$ $\Phi = \omega t + \Phi_0$，其中 ω 是转子旋转角速度，ϕ_0 为初相位。v_c 满足

$$v_c^2 = \dot{x}_c^2 + \dot{y}_c^2 + \dot{z}_c^2 \tag{3-4-4}$$

其中，(x_c, y_c, z_c) 为单圆盘质心坐标，由图 3-4-2 知

$$\begin{cases} x_c = x + e\cos\phi \\ y_c = y + e\sin\phi \\ z_c = z \end{cases} \tag{3-4-5}$$

式中：(x, y, z) 为单圆盘形心坐标，e 为圆盘偏心距。

整理方程式（3-4-1）～（3-4-5），得转子动能表达式

$$T = \frac{1}{2}m(\dot{x}^2 + \dot{y}^2 + \dot{z}^2 + e^2\dot{\phi}^2 + 2ey\dot{\phi}\cos\phi - 2ex\dot{\phi}\sin\phi) + \frac{1}{2}(J + me^2)\dot{\phi}^2 \tag{3-4-6}$$

转子系统势能为

$$U = \frac{1}{2}k(x^2 + y^2) + \frac{1}{2}k_z z^2 + mgz \tag{3-4-7}$$

式中：k、k_z 为轴承支承刚度。

假设转子在 x、y、z 方向存在阻尼，其中 x、y 方向阻尼系数为 c，z 方向阻尼系数为 c_z，只考虑 z 方向的轴向推力 F，则系统广义力 $Q_x = -c\dot{x}$、$Q_y = -c\dot{y}$、$Q_z = -c_z\dot{z} + F$。

由拉格朗日方程

$$\frac{\mathrm{d}}{\mathrm{d}t}\left(\frac{\partial T}{\partial \dot{q}_i}\right) - \frac{\partial T}{\partial q_i} + \frac{\partial U}{\partial q_i} = Q_i \tag{3-4-8}$$

可得广义坐标下转子横向纵向振动微分方程

$$m\ddot{x} + c\dot{x} + kx = me\omega^2\cos\phi \tag{3-4-9}$$

$$m\ddot{y} + c\dot{y} + ky = me\omega^2\sin\phi \tag{3-4-10}$$

$$m\ddot{z} + c_z\dot{z} + k_z z = F_e\cos\omega_e t - mg \tag{3-4-11}$$

式（3-4-9）、式（3-4-10）等号右端项是由转子质量偏心伴随轴系回转而产生的离心惯性力。在方程中如果令 $e=0$，即转子不存在质量偏心，则转子横向不会发生振动。因此，质量偏心的存在会诱发转子发生横向振动响应，其响应幅度与转子不平衡量直接相关。

式（3-4-11）等号右端第一项是转子 z 方向外部推力；第二项是转子重力，是

一个常量。由微分方程振动特性知，转子在 z 方向会以 $-mg/k_z$ 为平衡位置作简谐振动，其振动频率与轴向推力频率 ω_e 相同。

式（3-4-9）～式（3-4-11）三个方程都是单自由度强迫振动微分方程，根据响应和激励的对应原理，这三个方程经过充分衰减后的稳态振动响应可以看成是由方程右端的简谐力诱发产生的振动响应，都是持续等幅的，各自的响应频率与所对应的激振力频率一致，分别为 ω、ω 和 ω_e。

4.3　数值仿真

4.3.1　转子横向纵向振动时频特性

为计算分析方便，方程式（3-4-9）～式（3-4-11）可写为：

$$\ddot{x} + 2\xi\omega_0\dot{x} + \omega_0^2 x = e\omega^2 \cos\phi \tag{3-4-12}$$

$$\ddot{y} + 2\xi\omega_0\dot{y} + \omega_0^2 y = e\omega^2 \sin\phi \tag{3-4-13}$$

$$\ddot{z} + 2\xi_z\omega_z\dot{z} + \omega_z^2 z = \frac{F_e}{m}\cos\omega_e t - g \tag{3-4-14}$$

式中：$\xi = \dfrac{c}{2\sqrt{km}}$，$\xi_z = \dfrac{c_z}{2\sqrt{k_z m}}$，$\omega_0 = \sqrt{\dfrac{k}{m}}$，$\omega_z = \sqrt{\dfrac{k_z}{m}}$。计算选用参数为：$m$=20kg，$e$=0.0002m，$\omega$=15Hz，$\Phi_0$=1.5rad，$\xi$=0.17，$\omega_0$=13Hz，$\xi_z$=0.2，$\omega_z$=11Hz，$F_e$=21N，$\omega_e$=5Hz。

转子系统在转速为 15Hz 时的仿真计算结果如图 3-4-3 所示。从图中可以看到，转子横向纵向经过短暂的瞬态振动后，都很快衰减成稳态振动，成为近似的等幅正弦波；系统横向振动中只含有 $1X$ 成分，纵向振动中只含有外部推力频率成分，这与上面理论分析结果是一致的。纵向振动、横向振动共同作用下的转子系统轴心轨迹绕圆柱面 S 螺旋上升，升至 Z 方向正向幅值后，开始螺旋下降，降至 Z 方向负向幅值后，又开始螺旋上升，重复上面的振动过程，如图 3-4-4 所示。其中圆柱面 S 是由平行于 z 轴的直线 l 沿 xOy 面上的转子横向振动响应曲线移动而形成的。

4.3.2　不同转速时转子系统轴心轨迹

分别取转子转速为 5Hz、19Hz、25Hz、50Hz，其他参数不变，对微分运动方程进行仿真，计算结果如图 3-4-5 所示。从图中可以看出，转子转速不同时，系统轨迹有很大差别。当转子转速为 5Hz，即转速等于 Z 方向轴向推力频率时，转子系统轴心轨迹为一近似椭圆。转子系统振动是由横向振动和纵向振动两部分组成，且横向振动、纵向振动都很快衰减为稳定的简谐振动。由数学知识可知，转子系统的振动周期是横振周期、纵振周期的最小公倍数。例如，当转子转速为25Hz，Z方向轴向推力频率为5Hz时，转子系统的1个振动周期=5个横向振动周期=1个纵向振动周期。也就是说，转子系统的1个振动周期包含5个横向振动周期和1个纵向振动周期。这就是图3-4-5中转子高转速时系统轴心轨迹并不一定比低转速时轨迹密集的原因。

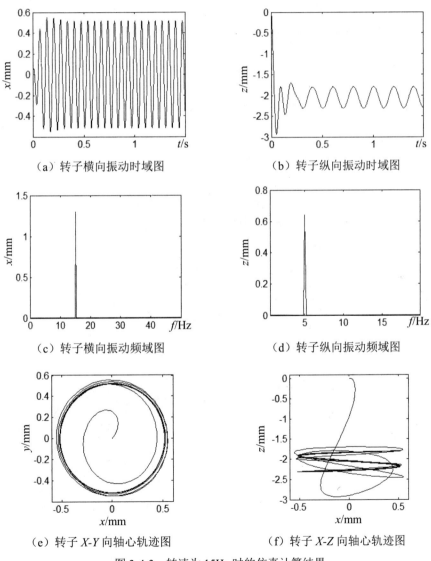

（a）转子横向振动时域图　　　　　　（b）转子纵向振动时域图

（c）转子横向振动频域图　　　　　　（d）转子纵向振动频域图

（e）转子 X-Y 向轴心轨迹图　　　　　（f）转子 X-Z 向轴心轨迹图

图 3-4-3　转速为15Hz时的仿真计算结果

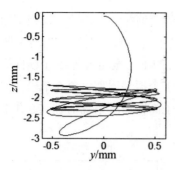

（g）转子 *Y-Z* 向轴心轨迹图

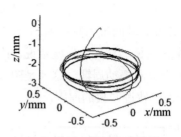

（h）转子三维轴心轨迹图

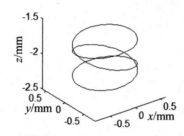

（i）转子稳态振动时三维轴心轨迹图

图 3-4-3　转速为 15Hz 时的仿真计算结果（续图）

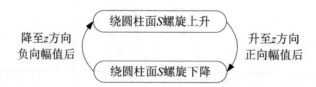

图 3-4-4　转子系统轴心运动过程

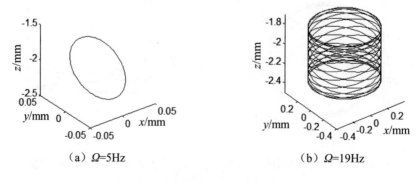

（a）*Ω*=5Hz　　　　　　　　　　　（b）*Ω*=19Hz

图 3-4-5　不同转速转子系统轴心轨迹

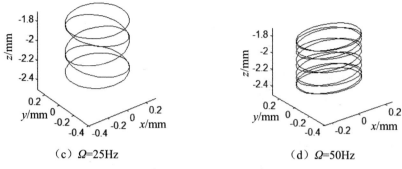

（c）Ω=25Hz　　　　　　　　　（d）Ω=50Hz

图 3-4-5　不同转速转子系统轴心轨迹（续图）

4.3.3　轴向推力频率不同时转子系统轴心轨迹

令轴向推力频率分别为 8Hz、15Hz、29Hz、40Hz，其他参数不变，对转子振动微分方程进行仿真，计算结果如图 3-4-6 所示。由图可知，当轴向推力频率为 15Hz，即 Z 方向推力频率等于转子转速时，转子系统轴心轨迹为一近似椭圆。轴向推力频率较大时的系统轴心轨迹并不一定密集，原因同 4.3.2 节。

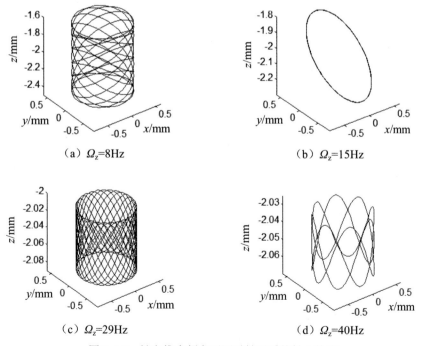

（a）Ω_z=8Hz　　　　　　　　　（b）Ω_z=15Hz

（c）Ω_z=29Hz　　　　　　　　　（d）Ω_z=40Hz

图 3-4-6　轴向推力频率不同时转子系统轴心轨迹

4.4　本章小结

本章以质量不平衡转子为研究对象，利用拉格朗日方程建立轴向推力作用下的转子系统动力学模型，讨论纵向振动和横向振动共同作用下的转子系统轴心轨迹特征。主要结论如下：

（1）转子系统受轴向推力作用时，横向故障特征频率主要成分为 $1X$ 分量，即转子转动频率；纵向故障特征频率主要成分是推力频率。

（2）振动经过充分衰减后，转子系统轴心轨迹近似为稳定的圆柱形。但当转子转速等于 Z 方向推力频率时，转子系统轴心轨迹会变成近似椭圆形。

（3）转子系统的振动周期由横向振动周期和纵向振动周期决定，等于它们振动周期的最小公倍数。因此，即使转子转速或推力频率较大，转子系统轴心轨迹也并不一定非常密集。

第 5 章　叶片作用下转子系统动力学行为

5.1　引言

随着高参数、大容量发电机组的不断采用，安全生产对机组轴系的稳定性要求也越来越高。大型旋转机械的轴系通常是由多级转轮叶片和转轴所组成的复杂系统。叶片是旋转机械中最重要的部件之一，易受到离心力、气流力、水流力等周期性激振力的作用，使轴系产生振动。叶片故障占整个旋转机械故障的比例是相当大的[254-259]。由于转轮叶片固定在转轴上，叶片振动必然会带动转轴振动，而转轴振动也同样会导致叶片的振动，叶片振动和转轴振动之间具有耦合作用。随着旋转机械转轮叶片质量、数量的增加，两者之间的耦合程度也越来越紧密。为了提高旋转机械的工作效率及确保系统的安全性，建立合适的动力学模型、分析计算转轮叶片作用的转子系统的振动特性是非常必要的。此项研究不仅具有理论意义，而且具有重要的工程应用价值。

为了使转子系统振动分析更为合理，本章将对转轮叶片作用下转子系统的振动特性进行分析，建立转子系统的动力学模型，研究转轮叶片对转子系统横向振动特性的影响。同时，研究转轮叶片折断脱落对转子系统振动特性的影响，以便为机组系统叶片断裂脱落问题研究提供理论依据。

5.2　转轮叶片作用下的转子系统动力学方程

为了更好地了解和掌握转子系统的动力学行为，有必要构造最基本的立式转子系统模型，该模型由主轴、上下轴承和转轮叶片 3 部分组成，如图 3-5-1 所示。将该系统模型概化为一个结构对称的单跨转子系统，假设转子为刚性的，转轴两端为滑动轴承支撑。在转子中部，沿轴周向均匀分布着一组完全相同的叶片。每个叶片结构可以看成一端固结在转子上（即转轮叶片与主轴同速转动，它们无相对位移）、一端与质点连接的一根不计质量的刚性细杆结构。质点、固结点和转子中心三点在同一直线上，如图 3-5-2 所示。

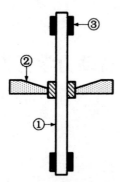

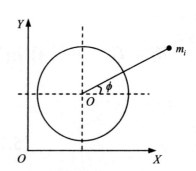

图 3-5-1　转子系统图　　　　图 3-5-2　转轮叶片位置示意图

（①-主轴；②-转轮叶片；③-轴承）

图 3-5-2 中，O 为转子几何中心，在坐标系中的坐标为 (x,y)。第 i 个转轮叶片角位移 ϕ_i 可表示为

$$\phi_i = \omega t + \alpha_i \tag{3-5-1}$$

式中，ω 为转子转速，$\alpha_i = 2\pi(i-1)/n$ 表示第 i 个叶片的位置。根据理论力学知识，单圆盘动能可以表示为

$$T_0 = \frac{1}{2}m_0 v_{c0}^2 + \frac{1}{2}(J_0 + m_0 e^2)\dot{\phi}_0^2 \tag{3-5-2}$$

式中，v_{c0} 为单圆盘质心线速度，m_0 为单圆盘质量，J_0 为单圆盘过形心的转动惯量，e 为偏心距，$\phi_0 = \omega t$ 为转子转过的角度。

单圆盘系统的动能可具体写为

$$T_0 = \frac{1}{2}m_0(\dot{x}^2 + \dot{y}^2 + e^2\dot{\phi}_0^2 + 2e\dot{\phi}_0\dot{y}\cos\phi_0 - 2e\dot{\phi}_0\dot{x}\sin\phi_0)$$
$$+ \frac{1}{2}(J_0 + m_0 e^2)\dot{\phi}_0^2 \tag{3-5-3}$$

单圆盘势能可写为

$$U_0 = \frac{1}{2}k(x^2 + y^2) \tag{3-5-4}$$

式中，k 为轴承支撑刚度。令 (x_i,y_i) 为第 i 个叶片质心坐标，由图 3-5-2 可知，$x_i = x + l_i\cos\Phi_i$，$y_i = y + l_i\sin\Phi_i$，l_i 为叶片质心到转子形心距离，故可得第 i 个叶片的动能表达式

$$T_i = \frac{1}{2}m_i(\dot{x}^2 + \dot{y}^2 + l_i^2\dot{\phi}_i^2 + 2l_i\dot{\phi}_i\dot{y}\cos\phi_i - 2l_i\dot{\phi}_i\dot{x}\sin\phi_i) + \frac{1}{2}J_i\dot{\phi}_i^2 \tag{3-5-5}$$

式中：m_i 为第 i 个叶片的质量，J_i 为第 i 个叶片过质心的转动惯量，考虑到转轮叶片完全相同，因此有 $m_i = m_1$，$J_i = J_1$，$l_i = l_1$，m_1 为第 1 个叶片的质量，J_1 为第 1 个叶

片过质心的转动惯量，l_1 为第 1 个叶片的质心到转子形心距离。因此 n 个转轮叶片的动能之和可表示为：

$$\sum_{i=1}^{n} T_i = \left[\frac{1}{2} m_1 (\dot{x}^2 + \dot{y}^2 + l_1^2 \omega^2) + \frac{1}{2} J_1 \omega^2 \right] n$$

$$+ m_1 l_1 \omega \dot{y} \sum_{i=1}^{n} \cos \phi_i - m_1 l_1 \omega \dot{x} \sum_{i=1}^{n} \sin \phi_i \qquad (3\text{-}5\text{-}6)$$

在坐标系 XOY 中，由于假定叶片结构为刚性细杆结构，即结构无变形，故转轴叶片势能为零。考虑转轮叶片结构的整个转子系统动能为

$$T = T_0 + \sum_{i=1}^{n} T_i$$

$$= \frac{1}{2} m_0 (\dot{x}^2 + \dot{y}^2 + e^2 \omega^2 + 2 e \omega \dot{y} \cos \phi_0 - 2 e \omega \dot{x} \sin \phi_0)$$

$$+ \frac{1}{2} (J_0 + m_0 e^2) \omega^2 + \left[\frac{1}{2} m_1 (\dot{x}^2 + \dot{y}^2 + l_1^2 \omega^2) + \frac{1}{2} J_1 \omega^2 \right] n \qquad (3\text{-}5\text{-}7)$$

$$+ m_1 l_1 \omega \dot{y} \sum_{i=1}^{n} \cos \phi_i - m_1 l_1 \omega \dot{x} \sum_{i=1}^{n} \sin \phi_i$$

转子系统的势能可描述为

$$U = U_0 = \frac{1}{2} k(x^2 + y^2) \qquad (3\text{-}5\text{-}8)$$

假设转子系统在 x、y 方向上存在阻尼，阻尼系数均为 c。不考虑外激励力的作用，则系统的广义力可写为 $Q_x = -c\dot{x}$，$Q_y = -c\dot{y}$。

由拉格朗日方程

$$\frac{\mathrm{d}}{\mathrm{d}t} \left(\frac{\partial T}{\partial \dot{q}_i} \right) - \frac{\partial T}{\partial q_i} + \frac{\partial U}{\partial q_i} = Q_i \qquad (3\text{-}5\text{-}9)$$

可得考虑转轮叶片结构作用的转子系统运动微分方程

$$(m_0 + n m_1) \ddot{x} + c\dot{x} + kx = m_0 e \omega^2 \cos \phi_0 + m_1 l_1 \omega^2 \sum_{i=1}^{n} \cos \phi_i \qquad (3\text{-}5\text{-}10)$$

$$(m_0 + n m_1) \ddot{y} + c\dot{y} + ky = m_0 e \omega^2 \sin \phi_0 + m_1 l_1 \omega^2 \sum_{i=1}^{n} \sin \phi_i \qquad (3\text{-}5\text{-}11)$$

式（3-5-10）、式（3-5-11）右端第 1 项是由于转子质量偏心随轴系回转而产生的离心力。第 2 项是转轮叶片随轴系回转而施加给主轴的离心力。在方程中如果令 $e=0$，$l_i=0$，即转子不存在残余不平衡，且不考虑转轮叶片对主轴的影响，则转子系统不会发生强迫振动。当转子质量偏心和转轮叶片的存在时，将诱发转子

系统产生振动，其响应的幅值与转子的质量偏心和转轮叶片直接相关。

式（3-5-10）、式（3-5-11）并不互相耦合，可分别看成是两个单自由度系统的强迫振动微分方程。根据响应和激励相对应的原则，这两个方程经过充分衰减后的稳态振动响应可以看成是由方程右端简谐力诱发产生的振动响应的叠加，由于在这两个方程中简谐力的频率是相同的，都是转子系统的回转频率 ω，因此谐振分量可表示成

$$A(t) = \sum_{i=1}^{n+1} A_i \cos(\omega t + \gamma_i), \ i = 1, 2, \cdots, \ n+1 \tag{3-5-12}$$

由式（3-5-12）知，振动微分方程的解叠加后所得到的系统响应频率还是转轴的回转频率 ω。由此可见，对于考虑转轮叶片作用的转子系统，转轮叶片会诱发产生 1 倍频的频率成分，此时转子系统的横向振动与转子存在质量偏心所表现出来的特征具有相似性。

5.3 叶片参数对转子系统振动特性的影响

5.3.1 计算参数

为了方便计算分析，方程（3-5-10）和（3-5-11）可改写成

$$\ddot{x} + 2\xi\omega_0\dot{x} + \omega_0^2 x = \frac{1}{m_0 + nm_1}(m_0 e\omega^2 \cos\phi_0 + m_1 l_1 \omega^2 \sum_{i=1}^{n} \cos\phi_i) \tag{3-5-13}$$

$$\ddot{y} + 2\xi\omega_0\dot{y} + \omega_0^2 y = \frac{1}{m_0 + nm_1}(m_0 e\omega^2 \sin\phi_0 + m_1 l_1 \omega^2 \sum_{i=1}^{n} \sin\phi_i) \tag{3-5-14}$$

式中：$\xi = \dfrac{c}{2\sqrt{k(m_0 + nm_1)}}$，$\omega_0 = \sqrt{\dfrac{k}{m_0 + nm_1}}$。计算选用参数为：$m_0$=80kg，$m_1$=10kg，$\xi$=0.1，$e$=0.0003，$l_1$=0.025m，$n$=4，$\omega_0$=9Hz，$\omega$=12Hz。

5.3.2 转子系统振动的时频特性

当转轴的回转频率 ω=12Hz 时，转子系统横向振动时域和频域图如图 3-5-3 所示。由图可知，转子系统的横向瞬态振动时间很短，很快衰减为稳态振动，在图 3-5-3（a）中表现为等幅正弦波；稳态振动的频率为 1 倍频，这与理论分析结果是一致的；转子系统轴心轨迹开始并不规则，但经过充分衰减后成为一个比较稳定的圆形。

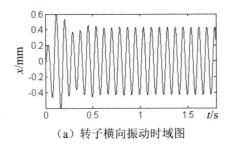

（a）转子横向振动时域图

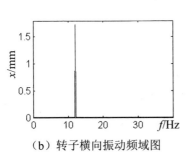

（b）转子横向振动频域图

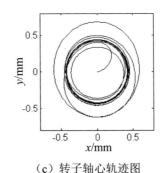

（c）转子轴心轨迹图

图 3-5-3　转子横向振动时域和频域图

5.3.3　转轮叶片质量对转子系统振动特性的影响

图 3-5-4 是叶片质量 m_1 从 0～40kg 变化，而其他计算参数不变时，转子系统的横向振动幅值曲线图。从图中可以看出，随着转轮叶片质量的增大，转子系统横向振动经过充分衰减后，其稳态幅值持续减小。由此可知，转轮叶片质量较大时，会有效地抑制转子系统的振动，有利于转子系统的稳定。当然此结论成立的前提是机组转轮叶片结构应符合设计的要求，制造误差应保持在允许的范围内。

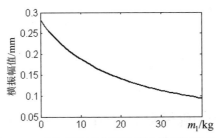

图 3-5-4　叶片质量变化时的转子横振幅值曲线

5.3.4 叶片质心到主轴的距离对转子系统振动特性的影响

叶片质心到主轴的距离 l_1 取 0~0.06 之间的不同值，令 m_1=50 kg，其他计算参数不变，转子系统横向振动如图 3-5-5 所示。由图可知，当叶片质心到主轴的距离变大时，转子系统横向稳态振动幅值有减小的趋势，但效果并不明显，即加大转轮叶片质心与主轴之间的距离对减小转子系统横向振动作用不大。转子系统横向振动对叶片质心到主轴的距离 l_1 的敏感性较差。

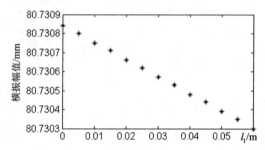

图 3-5-5   叶片质心到主轴距离取不同值时的转子横振幅值图

5.3.5 转轮叶片数对转子系统振动特性的影响

当转轮叶片数取 2~20 之间的不同值，而其他计算参数不变时，转子系统的横向振动幅值如图 3-5-6 所示。从图中可以看出，随着转轮叶片数的增加，转子系统的横向稳态振动幅值明显减小。也就是说，增大转轮叶片数将有助于增强转子系统的稳定性，且转子系统的稳定性对转轮叶片数有着很强的敏感性。

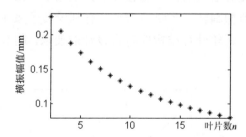

图 3-5-6   转轮叶片数取不同值时的转子横振幅值图

5.4   叶片断裂对转子系统振动特性的影响

随着高参数、大容量发电机组的不断采用，安全生产对机组轴系的稳定性要求也越来越高。大型旋转机械的轴系通常是由多级转轮叶片和转轴所组成的复杂系统。叶片是旋转机械中最重要的部件,随转子一起转动,工作条件十分复杂。正常运行的机组只要一个叶片断裂脱落就可能导致整台机组的严重事故,造成重大经济损失,甚至是人员伤亡。造成叶片断裂脱落的原因有很多:叶片材质不合格;叶片振动特性在设计与实际运行中存在差异导致叶片共振;叶片的结构不合理,动应力集中;设计不合理,动强度不足;制造时制造精度不够,运行中易产生裂纹;装配、安装不当;超负荷运行;检修不当等[254-261]。研究转轮叶片断裂脱落时转子系统振动特性,对确保机组安全运行具有重要的意义。

为了更好地了解和掌握叶片断裂时转子系统的动力学行为,有必要构造最基本的立式转子系统模型,具体建模过程见 5.2 节。

5.4.1 计算参数

在方程(3-5-13)和(3-5-14)中,计算选用参数为:m_0=90kg,m_1=15kg,ξ=0.1,e=0.0004,l_1=0.045m,n=8,ω_0=9Hz,ω=13Hz。

5.4.2 转子系统正常运转时振动的时频特性

当转子系统正常运转时,其横向振动时域和频域图如图 3-5-7 所示。由图可知,转子系统的横向瞬态振动时间很短,很快衰减为稳态振动,在图 3-5-7(a)中表现为等幅正弦波;稳态振动的频率为 1 倍频;转子系统轴心轨迹开始并不规则,但经过充分衰减后成为一个比较稳定的圆形。

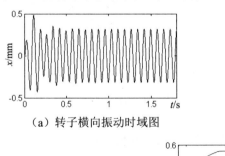

（a）转子横向振动时域图

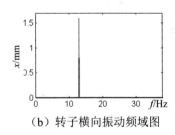

（b）转子横向振动频域图

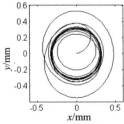

（c）转子轴心轨迹图

图 3-5-7 转子系统正常运转时横向振动时域和频域图

5.4.3 转子系统有 1 个叶片断裂时振动的时频特性

当转子系统有 1 个叶片从根部断裂脱落时，系统横向振动时域和频域图如图 3-5-8 所示。从图中可以看出，转子系统的横向瞬态振动、稳态振动的幅值都大幅度变大；但稳态振动的频率不变，仍为 1 倍频，但其峰值扩大了数十倍；转子系统轴心轨迹开始并不是很规则，经过充分衰减后成为 1 个比较稳定的圆形，其半径比转子系统正常运转时要大 10 余倍。

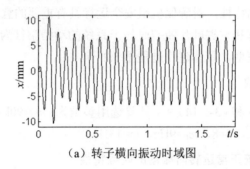

（a）转子横向振动时域图

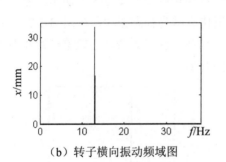

（b）转子横向振动频域图

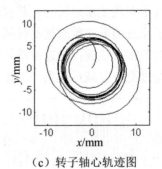

（c）转子轴心轨迹图

图 3-5-8　转子系统有 1 个叶片断裂时的横向振动时域和频域图

5.4.4 转子系统有 2 个轴对称叶片断裂时振动的时频特性

转子系统有 2 个以主轴为对称轴的轴对称叶片从根部断裂脱落时，系统横向振动时域和频域图如图 3-5-9 所示。由图可知，转子系统的横向瞬态振动、稳态振动的幅值和转子系统正常运转时相比，并没有增大很多。转子系统正常运转时，稳态振动的幅值为 0.3178mm；当系统有 2 个以主轴为对称轴的轴对称叶片从根部断裂脱落时，其稳态振动的幅值为 0.3711mm；而系统仅有 1 个叶片从根部断裂脱落时，其稳态振动的幅值却增大至 6.187mm。由此可知，转子系统多个叶片断裂时系统的稳定性并不一定比转子系统叶片断裂个数少时的稳定性差。有时转子系统单个叶片断裂给系统带来的危害远比转子系统多个叶片断裂带来的危害要大得多，所以在转子系统的设计及运行过程中要引起充分重视。

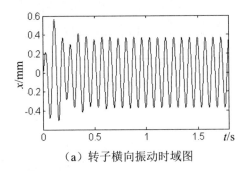

（a）转子横向振动时域图

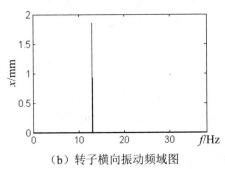

（b）转子横向振动频域图

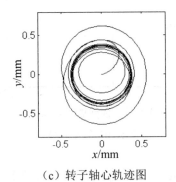

（c）转子轴心轨迹图

图 3-5-9　转子系统有 2 个轴对称叶片断裂时的横向振动时域和频域图

5.4.5　转子系统有 2 个相邻叶片断裂时振动的时频特性

图 3-5-10 是转子系统有 2 个相邻叶片从根部断裂脱落时，系统横向振动的时域和频域图。从图中可以看出，此时转子系统的横向瞬态振动、稳态振动的幅值，与转子系统有 2 个轴对称叶片断裂脱落及转子系统有 1 个叶片断裂脱落时相比，增幅非常明显。转子系统 2 个相邻叶片断裂时，稳态振动幅值达 12.72mm；系统有 2 个轴对称叶片断裂脱落时，其稳态振动的幅值为 0.3711mm；系统仅有 1 个叶片断裂脱落时，其稳振幅值为 6.187mm。可以看出，转子系统相邻叶片断裂时，系统的稳定性与断裂叶片的个数密切相关，相邻叶片断裂个数越多，对系统的破坏性越大。

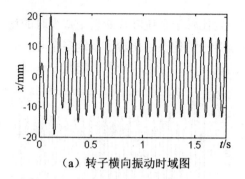

（a）转子横向振动时域图

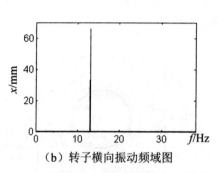

（b）转子横向振动频域图

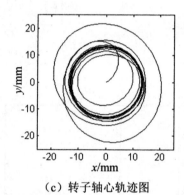

（c）转子轴心轨迹图

图 3-5-10　转子系统有 2 个相邻叶片断裂时的横向振动时域和频域图

5.4.6　叶片部分断裂对转子系统振动特性的影响

图 3-5-11 是转子系统单个叶片断裂脱落程度不同时的系统横向振动幅值图。从图中可以看出，随着叶片断裂程度的不断扩大，转子系统横向稳态振动幅值呈一直变大的趋势，变化相当明显。也就是说，单个叶片的断裂程度越大，转子系统稳定性越差，其危害性越明显。

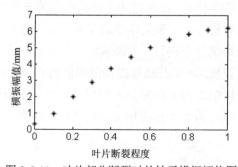

图 3-5-11　叶片部分断裂时的转子横振幅值图

5.5　本章小结

为了使转子系统振动分析更为合理，本章对转轮叶片作用下转子系统的振动特性进行了分析，建立转子系统的动力学模型，研究了转轮叶片对转子系统横向振动特性的影响，及转轮叶片折断脱落对转子系统振动特性的影响。主要结论如下：

（1）考虑叶片作用的转子系统，其特征频率主要成分为 $1X$ 分量，即为轴系旋转频率；系统横向振动经过充分衰减后，轴心轨迹是比较稳定的圆；

（2）当叶片质量较大时，转子系统的横向振幅会得到有效的抑制，这样有助于提高转子系统的稳定性；

（3）增大叶片质心到主轴的距离，系统横振幅值虽有减小的趋势，但振幅衰减效果并不明显；

（4）转轮叶片数的增加会增加转子系统的稳定性；系统的稳定性对转轮叶片数目的敏感度较高；

（5）转子系统有叶片从根部断裂脱落时，系统的横向瞬态振动、稳态振动的幅值都会明显增大；但稳态振动的频率不变，仍为 1 倍频；

（6）多个叶片断裂时，转子系统的稳定性并不一定比转子系统较少叶片断裂时的稳定性差；有时转子系统单个叶片断裂给系统带来的危害远比转子系统多个叶片断裂带来的危害要大得多；

（7）转轮相邻叶片断裂时，转子系统的稳定性与断裂叶片的个数密切相关，相邻叶片断裂个数越多，对系统的破坏性越大；

（8）单个叶片的断裂程度越大，转子系统的稳定性越差，其危害性越大。

第 6 章　悬臂转子系统非线性动力学特性研究

6.1　引言

　　悬臂式转子系统在旋转机械设计中经常采用，转轮以等速转动，系统的受力属于悬臂梁类型，抗干扰力差，容易引起机械振动，造成机组运行的不稳定性[262-265]。随着高参数、大容量发电机组的不断采用，安全生产对机组轴系的稳定性要求也越来越高。大型旋转机械的轴系通常是由多级转轮叶片和转轴所组成的复杂系统。叶片是旋转机械中最重要的部件之一，易受到离心力、气流力、水流力等周期性激振力的作用，使轴系产生振动。叶片故障占整个旋转机械故障的比例是相当大的[254]。由于转轮叶片固定在转轴上，叶片振动必然会带动转轴振动，而转轴振动也同样会导致叶片的振动，叶片振动和转轴振动之间具有耦合作用。随着旋转机械转轮叶片质量、数量的增加，两者之间的耦合程度也越来越紧密。为了提高旋转机械的工作效率及确保系统的安全稳定运行，建立合适的动力学模型，分析计算转轮叶片作用下的悬臂转子系统的振动特性是非常必要的。此项研究不仅具有理论意义，而且具有重要的工程应用价值。

　　为了使悬臂转子系统振动分析更为合理，本章将对转轮叶片作用下悬臂转子系统的振动特性进行分析，建立悬臂转子系统的动力学模型，研究考虑转轮叶片影响的悬臂转子系统振动特性。

6.2　悬臂转子系统动力学方程

　　为了更好地了解和掌握悬臂转子系统的动力学行为，有必要构造最基本的悬臂转子系统模型，该模型由主轴、2 个圆盘、3 个导轴承和转轮叶片等部分组成，如图 3-6-1 所示。该模型只考虑转子系统的径向振动，忽略推力轴承对转子系统振动的影响，假设转子为刚性的，3 个导轴承为滑动轴承。圆盘 1 位于导轴承 B_1、B_2 中部；圆盘 2 位于转子系统底部；沿圆盘 2 轴周向均匀分布着一组完全相同的叶片。每个叶片结构可以看成一端固结在圆盘 2 上（即转轮叶片与主轴同速转动，它们无相对位移），一端与质点连接的一根不计质量的刚性细杆结构。质点、固结点和转子中心三点在同一直线上，如图 3-6-2 所示。

图 3-6-2 中，O_2' 为圆盘 2 的几何中心，在坐标系中的坐标为 (x_2,y_2)。第 i 个转轮叶片角位移 ϕ_{0i} 可表示为

$$\phi_{0i} = \omega t + \alpha_{0i} \tag{3-6-1}$$

式中：ω 为转子转速，$\alpha_{0i}=2\pi(i-1)/n$ 表示第 i 个叶片的位置。根据理论力学知识，圆盘 1 的动能可以表示为

$$T_1 = \frac{1}{2}m_1(\dot{x}_1^2 + \dot{y}_1^2 + e_1^2\dot{\phi}_1^2 + 2e_1\dot{\phi}_1\dot{y}_1\cos\phi_1 - 2e_1\dot{\phi}_1\dot{x}_1\sin\phi_1)$$
$$+ \frac{1}{2}(J_1 + m_1e_1^2)\dot{\phi}_1^2 \tag{3-6-2}$$

式中：m_1 是圆盘 1 的质量；(x_1,y_1) 是圆盘 1 的形心坐标；e_1 是圆盘 1 的偏心量；$\phi_1 = \omega t$ 是圆盘 1 转过的角度；J_1 为圆盘 1 过形心的转动惯量。

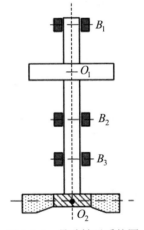

图 3-6-1　悬臂转子系统图

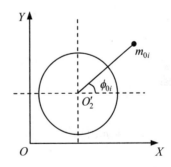

图 3-6-2　转轮叶片位置示意图

圆盘 2 的动能可以表示为

$$T_2 = \frac{1}{2}m_2(\dot{x}_2^2 + \dot{y}_2^2 + e_2^2\dot{\phi}_2^2 + 2e_2\dot{\phi}_2\dot{y}_2\cos\phi_2 - 2e_2\dot{\phi}_2\dot{x}_2\sin\phi_2)$$
$$+ \frac{1}{2}(J_2 + m_2e_2^2)\dot{\phi}_2^2 \tag{3-6-3}$$

式中：m_2 是圆盘 2 的质量；(x_2,y_2) 是圆盘 2 的形心坐标；e_2 是圆盘 2 的偏心量；$\phi_2 = \omega t$ 是圆盘 2 转过的角度；J_2 为圆盘 2 过形心的转动惯量。

令 (x_{0i}, y_{0i}) 为第 i 个叶片的质心坐标，由图 3-6-2 可知，$x_{0i} = x + l_i \cos\phi_{0i}$，$y_{0i} = y + l_i \sin\phi_{0i}$，$l_i$ 为叶片质心到转轴的形心距离，故可得第 i 个叶片的动能表达式

$$
\begin{aligned}
T_{0i} = &\frac{1}{2} m_{0i}(\dot{x}_2^2 + \dot{y}_2^2 + l_i^2 \dot{\phi}_{0i}^2 + 2l_i \dot{\phi}_{0i} \dot{y}_2 \cos\phi_{0i} - 2l_i \dot{\phi}_{0i} \dot{x}_2 \sin\phi_{0i}) \\
&+ \frac{1}{2} J_{0i} \dot{\phi}_{0i}^2
\end{aligned}
\tag{3-6-4}
$$

式中：m_{0i} 为第 i 个叶片的质量，J_{0i} 为第 i 个叶片过质心的转动惯量，考虑到转轮叶片完全相同，因此有 $m_{0i}=m_{01}$，$J_{0i}=J_{01}$，$l_i=l_1$，m_{01} 为第 1 个叶片的质量，J_{01} 为第 1 个叶片过质心的转动惯量，l_1 为第 1 个叶片的质心到转子形心距离。因此 n 个转轮叶片的总动能可表示为

$$
\begin{aligned}
\sum_{i=1}^{n} T_{0i} = &\left[\frac{1}{2} m_{01}(\dot{x}_2^2 + \dot{y}_2^2 + l_1^2 \omega^2) + \frac{1}{2} J_{01} \omega^2\right] n \\
&+ m_{01} l_1 \omega \dot{y}_2 \sum_{i=1}^{n} \cos\phi_{0i} - m_{01} l_1 \omega \dot{x}_2 \sum_{i=1}^{n} \sin\phi_{0i}
\end{aligned}
\tag{3-6-5}
$$

可以得出悬臂转子系统的总动能

$$
\begin{aligned}
T = &T_1 + T_2 + \sum_{i=1}^{n} T_{0i} \\
= &\frac{1}{2} m_1(\dot{x}_1^2 + \dot{y}_1^2 + e_1^2 \dot{\phi}_1^2 + 2e_1 \dot{\phi}_1 \dot{y}_1 \cos\phi_1 - 2e_1 \dot{\phi}_1 \dot{x}_1 \sin\phi_1) + \frac{1}{2}(J_1 + m_1 e_1^2)\dot{\phi}_1^2 \\
&+ \frac{1}{2} m_2(\dot{x}_2^2 + \dot{y}_2^2 + e_2^2 \dot{\phi}_2^2 + 2e_2 \dot{\phi}_2 \dot{y}_2 \cos\phi_2 - 2e_2 \dot{\phi}_2 \dot{x}_2 \sin\phi_2) \\
&+ \frac{1}{2}(J_2 + m_2 e_2^2)\dot{\phi}_2^2 + \left[\frac{1}{2} m_{01}(\dot{x}_2^2 + \dot{y}_2^2 + l_1^2 \omega^2) + \frac{1}{2} J_{01} \omega^2\right] n \\
&+ m_{01} l_1 \omega \dot{y}_2 \sum_{i=1}^{n} \cos\phi_{0i} - m_{01} l_1 \omega \dot{x}_2 \sum_{i=1}^{n} \sin\phi_{0i}
\end{aligned}
\tag{3-6-6}
$$

不考虑悬臂转子系统运动时重力势能的变化，假定叶片结构为刚性细杆结构，即转轮无结构变形。故悬臂转子系统势能可表示为

$$
\begin{aligned}
U = &\frac{1}{2} k_1(x_3^2 + y_3^2) + \frac{1}{2} k_2(x_4^2 + y_4^2) + \frac{1}{2} k_3(x_5^2 + y_5^2) \\
= &\frac{1}{2} k_1 r_3^2 + \frac{1}{2} k_2 r_4^2 + \frac{1}{2} k_3 r_5^2
\end{aligned}
\tag{3-6-7}
$$

式中：k_1、k_2、k_3 分别是轴承 1、2、3 的支承刚度；(x_3, y_3)、(x_4, y_4)、(x_5, y_5) 分别

是系统运动时转轴几何中心在轴承 1、2、3 处的坐标；r_3、r_4、r_5 分别是系统运动时转轴在轴承 1、2、3 处的径向位移。

图 3-6-1 中，B_1、O_1、B_2、B_3、O_2 分别是轴承 1、圆盘 1、轴承 2、轴承 3 和圆盘 2 的形心，其中 $|B_1B_2| = a$，$|B_2B_3| = b$，$|B_3O_2| = c$，$|B_1O_1| = |O_1B_2|$。则有

$$r_3 = \frac{2(a+b+c)r_1 - ar_2}{a+2b+2c} \tag{3-6-8}$$

$$r_4 = \frac{2(b+c)r_1 + ar_2}{a+2b+2c} \tag{3-6-9}$$

$$r_5 = \frac{2cr_1 + (a+2b)r_2}{a+2b+2c} \tag{3-6-10}$$

式中：r_1、r_2 分别是圆盘 1、2 的径向位移。整理式（3-6-7）～式（3-6-10）得：

$$
\begin{aligned}
U = &\frac{1}{(a+2b+2c)^2}\{(x_1^2 + y_1^2)[2k_1(a+b+c)^2 + 2k_2(b+c)^2 + 2k_3c^2] \\
&+ \frac{1}{2}(x_2^2 + y_2^2)[k_1a^2 + k_2a^2 + k_3(a+2b)^2] + \sqrt{x_1^2 + y_1^2}\sqrt{x_2^2 + y_2^2} \\
&[-2ak_1(a+b+c) + 2ak_2(b+c) + 2ck_3(a+2b)]\}
\end{aligned} \tag{3-6-11}
$$

假设转子系统对应于各广义坐标的广义力分别是 $Q_{x_1} = -c_1\dot{x}_1$，$Q_{y_1} = -c_1\dot{y}_1$，$Q_{x_2} = -c_2\dot{x}_2$，$Q_{y_2} = -c_2\dot{y}_2$。

由拉格朗日方程可得悬臂转子系统运动微分方程

$$
\begin{aligned}
&m_1\ddot{x}_1 + c_1\dot{x}_1 + \frac{x_1}{(a+2b+2c)^2}\{4k_1(a+b+c)^2 + 4k_2(b+c)^2 + 4k_3c^2 \\
&+ \frac{\sqrt{x_2^2 + y_2^2}}{\sqrt{x_1^2 + y_1^2}}[-2ak_1(a+b+c) + 2ak_2(b+c) + 2ck_3(a+2b)]\} \\
&= m_1e_1\omega^2\cos\phi_1
\end{aligned} \tag{3-6-12}
$$

$$
\begin{aligned}
&m_1\ddot{y}_1 + c_1\dot{y}_1 + \frac{y_1}{(a+2b+2c)^2}\{4k_1(a+b+c)^2 + 4k_2(b+c)^2 + 4k_3c^2 \\
&+ \frac{\sqrt{x_2^2 + y_2^2}}{\sqrt{x_1^2 + y_1^2}}[-2ak_1(a+b+c) + 2ak_2(b+c) + 2ck_3(a+2b)]\} \\
&= m_1e_1\omega^2\sin\phi_1
\end{aligned} \tag{3-6-13}
$$

$$(m_2 + nm_{01})\ddot{x}_2 + c_2\dot{x}_2 + \frac{x_2}{(a+2b+2c)^2}\{k_1a^2 + k_2a^2 + k_3(a+2b)^2$$

$$+ \frac{\sqrt{x_1^2 + y_1^2}}{\sqrt{x_2^2 + y_2^2}}[-2ak_1(a+b+c) + 2ak_2(b+c) + 2ck_3(a+2b)]\} \quad (3\text{-}6\text{-}14)$$

$$= m_2 e_2 \omega^2 \cos\phi_2 + m_{01}l_1\omega^2 \sum_{i=1}^{n}\cos\phi_{0i}$$

$$(m_2 + nm_{01})\ddot{y}_2 + c_2\dot{y}_2 + \frac{y_2}{(a+2b+2c)^2}\{k_1a^2 + k_2a^2 + k_3(a+2b)^2$$

$$+ \frac{\sqrt{x_1^2 + y_1^2}}{\sqrt{x_2^2 + y_2^2}}[-2ak_1(a+b+c) + 2ak_2(b+c) + 2ck_3(a+2b)]\} \quad (3\text{-}6\text{-}15)$$

$$= m_2 e_2 \omega^2 \sin\phi_2 + m_{01}l_1\omega^2 \sum_{i=1}^{n}\sin\phi_{0i}$$

由式（3-6-12）～式（3-6-15）可知，悬臂转子系统各部分振动是相互耦合的。式（3-6-12）、式（3-6-13）等号右端项是由于圆盘 1 存在质量偏心随着轴系回转而产生的离心力，这个离心力会诱发悬臂转子系统产生振动。

式（3-6-14）、式（3-6-15）等号右端第 1 项是由于圆盘 2 存在质量偏心而产生的离心力，第 2 项是转轮叶片随轴系回转而施加给主轴的离心力。由于这两个离心力的存在，悬臂转子系统诱发产生振动。

6.3 计算结果及分析

6.3.1 计算参数

为了解悬臂转子系统的运动状态，研究参数变化时系统表现出的各种特性，需要对系统运动微分方程（3-6-12）～（3-6-15）进行数值模拟。所选用的计算参数分别为：m_1=20kg，m_2=25kg，m_{01}=5kg，e_1=0.0006，e_2=0.0002，ω=16Hz，k_1=600000N/m，k_2=500000N/m，k_3=300000N/m，c_1=550N·s/m，c_2=500N·s/m，l_1=0.045m，n=6，a=0.35m，b=0.1m，c=0.1m。

6.3.2 转子系统振动的时频特性

当转轴的回转频率 ω=16Hz 时，转子系统横向振动时域和频域图如图 3-6-3

所示。由图可知，转子系统的横向瞬态振动时间较短，很快衰减为稳态振动，在图 3-6-3（a）中表现为等幅正弦波；稳态振动的频率为 1 倍频，这与理论分析结果是一致的；圆盘 1、2 轴心轨迹并不相同，虽然它们经过充分衰减后都各自成为比较稳定的圆形，但是圆盘 2 稳态振幅要比圆盘 1 稳态振幅大一些，如图 3-6-3（d）所示。图中半径较小的圆是圆盘 1 轴心轨迹，半径较大的圆是圆盘 2 轴心轨迹。

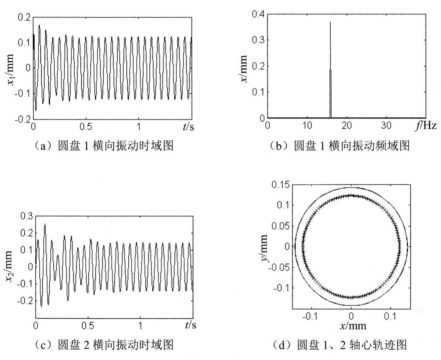

（a）圆盘 1 横向振动时域图　　　　　（b）圆盘 1 横向振动频域图

（c）圆盘 2 横向振动时域图　　　　　（d）圆盘 1、2 轴心轨迹图

图 3-6-3　转子系统横向振动时域和频域图

6.3.3　轴承支承刚度对转子系统振动特性的影响

图 3-6-4（a）是悬臂转子系统 3 个轴承取相同刚度，即 $k_1=k_2=k_3=500000$N/m，而其他计算参数不变时，转轴在 3 个轴承处的轴心轨迹图。从图中可以看出，即使转子系统 3 个轴承取相同的支承刚度，转轴在 3 个轴承处的径向位移也不相同。其中，转轴在轴承 1 处的径向位移最小；在轴承 2 处的径向位移次之；在轴承 3 处的径向位移最大。悬臂转子系统 3 个轴承支承刚度 $k_1=600000$N/m，$k_2=500000$N/m，$k_3=300000$N/m，其他计算参数不变时，转轴在 3 个轴承处的轴心轨迹图如图 3-6-4（b）所示。从图中可以看出，虽然转子系统 3 个轴承取不同的支承刚度，但是转

轴在 3 个轴承处的径向位移反而比较接近，且此时转轴在轴承处的径向位移比轴承支承刚度取相同值的径向位移要小得多。

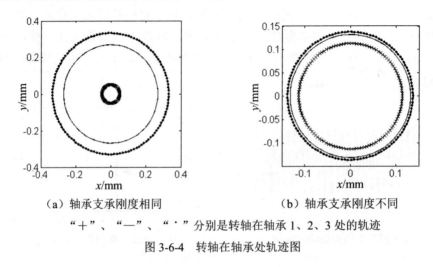

（a）轴承支承刚度相同　　　　　（b）轴承支承刚度不同

"＋"、"—"、"·" 分别是转轴在轴承 1、2、3 处的轨迹

图 3-6-4　转轴在轴承处轨迹图

6.3.4　质量偏心对圆盘 1 振动特性的影响

图 3-6-5 是 ω=16Hz 时，以质量偏心 e_1 为控制参数的圆盘 1 横向振动分岔图。从图中可以看出，在 e_1=0～3mm 范围内，存在周期 1、周期 2、周期 3 及复杂的拟周期运动。质量偏心 e_1 较小，即 e_1=0～0.82mm 时，圆盘 1 为周期 1 解的同频运动，表现在 poincaré 图上其吸引子为一个孤立的点，如图 3-6-6（a）所示，其轴心轨迹呈现为非常规则的圆形；随着质量偏心的增加，即 e_1=0.83～3mm 时，圆盘 1 由周期 1 运动分岔为周期 2、周期 3 或拟周期运动；在 poincaré 图上其吸引子会由 1 个孤立点变成了 2 个离散点、3 个点或几个环形叠加构成的封闭曲线；圆盘 1 轴心轨迹会由 1 个圆变成 2 个圆环、3 个圆环或有一定宽度的环状结构，如图 3-6-6（b）～（d）所示。

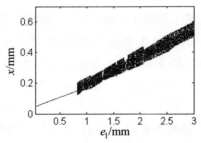

图 3-6-5　以质量偏心 e_1 为控制参数的圆盘 1 横向振动分岔图

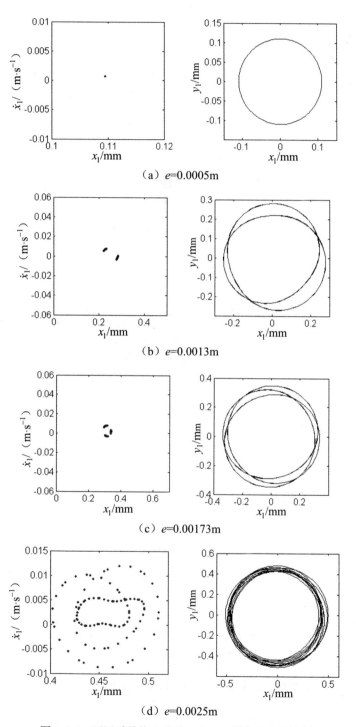

（a）*e*=0.0005m

（b）*e*=0.0013m

（c）*e*=0.00173m

（d）*e*=0.0025m

图 3-6-6　不同质量偏心时的 poincaré 图和轴心轨迹图

6.3.5 质量偏心对圆盘 2 振动特性的影响

图 3-6-7 是 $\omega=16Hz$ 时，以质量偏心 e_1 为控制参数的圆盘 2 横向振动分岔图。从图中可以看出，在 $e_1=0\sim3mm$ 范围内，存在周期 1、周期 2、周期 3 及复杂的拟周期等运动。质量偏心 e_1 较小，即 $e_1=0\sim0.82mm$ 时，圆盘 2 为周期 1 运动，表现在 poincaré 图上其吸引子为一个孤立点，如图 3-6-8（a）所示，其轴心轨迹呈现为非常规则的圆形；随着质量偏心的增加，即 $e_1=0.83\sim3mm$ 时，圆盘 1 由周期 1 运动分岔为周期 2、周期 3 或拟周期运动；在 poincaré 图上其吸引子会由 1 个孤立点变成了 2 个离散点、3 个点或 1 封闭曲线；圆盘 1 轴心轨迹会由 1 个圆变成绕 2 周后重复的圆环、绕 3 周后重复的圆环或不重复的花瓣形，如图 3-6-8（b）～（d）所示。

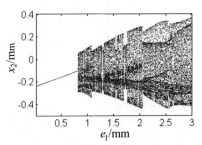

图 3-6-7　以质量偏心 e_1 为控制参数的圆盘 2 横向振动分岔图

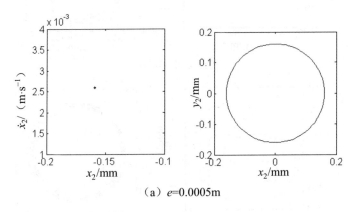

（a）$e=0.0005m$

图 3-6-8　不同质量偏心时的 poincaré 图和轴心轨迹图

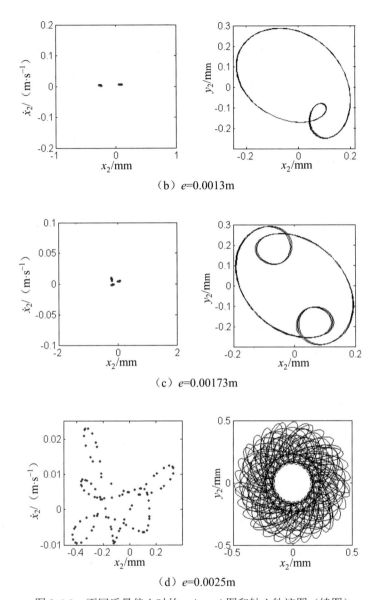

（b）e=0.0013m

（c）e=0.00173m

（d）e=0.0025m

图 3-6-8　不同质量偏心时的 poincaré 图和轴心轨迹图（续图）

6.4　本章小结

本章对转轮叶片作用下悬臂转子系统的振动特性进行了分析，建立了悬臂转子系统的动力学模型，研究了考虑转轮叶片影响的悬臂转子系统振动特性。主要结论如下：

（1）悬臂转子系统其特征频率为 1 倍频分量，即轴系旋转频率；系统横向振动经过充分衰减后，轴心轨迹是比较稳定的圆；但圆盘 1、2 的轴心轨迹并不相同；

（2）即使转子系统轴承取相同的支承刚度，转轴在轴承处的径向位移也不相同；

（3）以质量偏心 e_1 为控制参数的圆盘 1 横向振动分岔图中，存在周期 1、周期 2、周期 3 及复杂的拟周期运动；

（4）以 e_1 为控制参数的圆盘 2 横向振动状态几乎和圆盘 1 完全相同，这归因于转子轴承系统的结构对称性。

第7章 立式质量偏心转子弯扭耦合振动分析

7.1 引言

转子弯曲振动与扭转振动之间存在耦合关系，且转子的振动破坏事故往往是弯扭耦合振动共同作用的结果。研究转子弯扭耦合振动特性，既可以从中提取更多有用的故障信息，又有助于准确把握轴系动力学特性，人们对此已经作了不少研究工作[266-272]。

实际机组转子即使已经进行了良好的平衡，转子上总是存在一定程度的残余质量不平衡。目前研究立式转子弯扭耦合特性的文献不是很多，且现实中存在很多立轴布置的机组，因此研究立式质量偏心转子弯扭耦合振动特性可以对立轴布置机组安全运行提供更有效的保障。由于没有重力影响，立式机组弯扭耦合振动特性与卧式机组是不同的。

弯扭耦合振动属于非线性动力学范畴，变化规律和数学模型较为复杂，为了简化分析，本章从最简单的单盘转子着手，以立式 Jeffcott 转子模型为研究对象，忽略外激励力和外力矩影响，建立了立式转子模型弯扭耦合振动微分方程。

7.2 立式质量偏心转子弯扭耦合运动方程的建立

以两端刚性支承的 Jeffcott 转子为研究对象，转子垂直安装，如图 3-7-1 所示。其中 OXYZ 是固定坐标系，无质量的弹性轴的弯曲刚度为 EJ，在跨中安装质量为 m 的刚性薄圆盘。由于材料、工艺等因素使圆盘的质心偏离轴线，偏心距为 e。当转子以等角速度 ω 自转时，偏心引起的离心惯性力将使轴弯曲，产生动挠度，并随之带动薄圆盘进动。单圆盘的坐标如图 3-7-2 所示，O 为涡动中心，O_1 为单圆盘形心，c 为单圆盘质心，ϕ 为圆盘质量中心绕几何中心转过的角度。采用拉格朗日方法，推导出立式质量偏心转子弯扭耦合振动微分方程：

$$\begin{cases} m\ddot{x} + c\dot{x} + kx = me(\dot{\phi}^2\cos\phi + \ddot{\phi}\sin\phi) \\ m\ddot{y} + c\dot{y} + ky = me(\dot{\phi}^2\sin\phi - \ddot{\phi}\cos\phi) \\ (J_P + me^2)\ddot{\phi} + c_t\dot{\phi} + k_t\theta = me(\ddot{x}\sin\phi - \ddot{y}\cos\phi) \end{cases} \quad (3\text{-}7\text{-}1)$$

式中，m 为单圆盘质量，J_P 为对通过单圆盘质心并与盘面垂直的轴的转动惯量，k 为弯曲刚度，k_t 为扭转刚度，c 为弯振阻尼，c_t 为扭振阻尼，(x,y) 为单圆盘形心坐标标，e 为偏心距，ϕ 为圆盘质量中心绕几何中心转过的角，θ 为扭转角。当系统稳定旋转时，$\phi = \omega t + \theta + \phi_0$，$\omega$ 是单圆盘旋转角速度，ϕ_0 为初相位。该方程没有考虑外激励力和外扭矩。

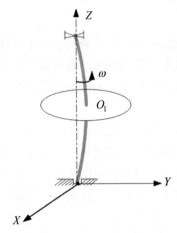

图 3-7-1　Jeffcott 转子示意图

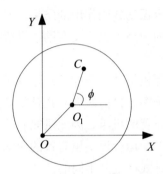

图 3-7-2　单圆盘坐标示意图

弯扭耦合微分方程（3-7-1）可改写为：

$$\begin{cases} \ddot{x} + 2\xi\omega_0\dot{x} + \omega_0^2 x = e(\dot{\phi}^2\cos\phi + \ddot{\phi}\sin\phi) \\ \ddot{y} + 2\xi\omega_0\dot{y} + \omega_0^2 y = e(\dot{\phi}^2\sin\phi - \ddot{\phi}\cos\phi) \\ \ddot{\phi} + 2\xi_t\omega_t\dot{\phi} + \omega_t^2\theta = \dfrac{me}{J_P + me^2}(\ddot{x}\sin\phi - \ddot{y}\cos\phi) \end{cases} \quad (3\text{-}7\text{-}2)$$

式（3-7-2）中，ξ 是横向阻尼比，ξ_t 是扭转阻尼比，ω_0 是弯振固有频率，ω_t 是扭振固有频率。它们分别可表示为：$\xi = \dfrac{c}{2\sqrt{km}}$，$\xi_t = \dfrac{c_t}{2\sqrt{k_t(J_P + me^2)}}$，$\omega_0 = \sqrt{\dfrac{k}{m}}$，

$\omega_t = \sqrt{\dfrac{k_t}{J_P + me^2}}$，$J = \dfrac{me}{J_P + me^2}$。

方程（3-7-2）是一组非线性且相互耦合的微分方程。当质量偏心为零（即 $e = 0$）时，微分方程解耦，这说明由于质量偏心的存在，使得弯曲振动和扭转振动产生动力耦合。也就是说，质量偏心是转子发生弯扭耦合振动的必要条件，且直接影响转子耦合作用程度。

7.3 立式质量偏心转子弯扭耦合特性分析

对非线性微分方程（3-7-2）采用级数展开法，即

$$x = x_0 + \varepsilon x_1 + \varepsilon x_2 + \cdots \tag{3-7-3}$$

$$y = y_0 + \varepsilon y_1 + \varepsilon y_2 + \cdots \tag{3-7-4}$$

$$\theta = \theta_0 + \varepsilon \theta_1 + \varepsilon \theta_2 + \cdots \tag{3-7-5}$$

其中 ε 为一小参数，设偏心距 e 很小，令 $e = \varepsilon E$，E 为任意一个不很小的数。由于 $\varepsilon \ll 1$，故可忽略掉 ε^2 及以后各项，将式（3-7-3）～式（3-7-5）代入方程（3-7-2），令 $\phi_0 = 0$，并认为扭角 θ 很小（一般 $\theta < 1°$，约 0.01745rad），按有无 ε 将方程分为两组。

不含 ε 的方程组为：

$$\ddot{x}_0 + 2\xi\omega_0\dot{x}_0 + \omega_0^2 x_0 = 0 \tag{3-7-6}$$

$$\ddot{y}_0 + 2\xi\omega_0\dot{y}_0 + \omega_0^2 y_0 = 0 \tag{3-7-7}$$

$$\ddot{\theta}_0 + 2\xi_t\omega_t\dot{\theta}_0 + \omega_t^2\theta_0 = -2\xi_t\omega_t\omega \tag{3-7-8}$$

含 ε 的方程组为：

$$\ddot{x}_1 + 2\xi\omega_0\dot{x}_1 + \omega_0^2 x_1 = E[\omega^2(\cos\omega t - \theta_0\sin\omega t) + \ddot{\theta}_0(\sin\omega t + \theta_0\cos\omega t)] \tag{3-7-9}$$

$$\ddot{y}_1 + 2\xi\omega_0\dot{y}_1 + \omega_0^2 y_1 = E[\omega^2(\sin\omega t + \theta_0\cos\omega t) - \ddot{\theta}_0(\cos\omega t - \theta_0\sin\omega t)] \tag{3-7-10}$$

$$\ddot{\theta}_1 + 2\xi_t\omega_t\dot{\theta}_1 + \omega_t^2\theta_1 =$$
$$\frac{mE}{J_P + me^2}[\ddot{x}_0(\sin\omega t + \theta_0\cos\omega t) - \ddot{y}_0(\cos\omega t - \theta_0\sin\omega t)] \tag{3-7-11}$$

7.3.1 转子稳态振动时的弯扭耦合特性分析

方程（3-7-6）～（3-7-8）都是有阻尼的自由振动，其振动响应是随时间不断衰减的衰减振动，经过充分衰减后，振动响应会最终消失。三个方程经过充分衰减后的解分别是：

$$x_0 = 0 \tag{3-7-12}$$

$$y_0 = 0 \tag{3-7-13}$$

$$\theta_0 = \frac{-2\xi_t\omega}{\omega_t} \tag{3-7-14}$$

将 x_0、y_0、θ_0 代入方程（3-7-9）～（3-7-11）得：

$$\ddot{x}_1 + 2\xi\omega_0\dot{x}_1 + \omega_0^2 x_1 = E\omega^2\left(\cos\omega t + \frac{2\xi_t\omega}{\omega_t}\sin\omega t\right) \tag{3-7-15}$$

$$\ddot{y}_1 + 2\xi\omega_0\dot{y}_1 + \omega_0^2 y_1 = E\omega^2\left(\sin\omega t - \frac{2\xi_t\omega}{\omega_t}\cos\omega t\right) \qquad (3\text{-}7\text{-}16)$$

$$\ddot{\theta}_1 + 2\xi_t\omega_t\dot{\theta}_1 + \omega_t^2\theta_1 = 0 \qquad (3\text{-}7\text{-}17)$$

求解方程（3-7-15）～（3-7-17），可以得到一组特解：

$$x_1 = A_{x1}\cos(\omega t + \phi_{x1}) + A_{x2}\sin(\omega t + \phi_{x2}) \qquad (3\text{-}7\text{-}18)$$

$$y_1 = A_{y1}\sin(\omega t + \phi_{y1}) + A_{y2}\cos(\omega t + \phi_{y2}) \qquad (3\text{-}7\text{-}19)$$

$$\theta_1 = 0 \qquad (3\text{-}7\text{-}20)$$

式中：$A_{x1} = \dfrac{E\omega^2}{\sqrt{(\omega_0^2 - \omega^2) + 4\xi^2\omega_0^2\omega^2}}$，$A_{x2} = \dfrac{2\xi_t E\omega^3}{\omega_t\sqrt{(\omega_0^2 - \omega^2) + 4\xi^2\omega_0^2\omega^2}}$，$A_{y1} = A_{x1}$，

$A_{y2} = -A_{x2}$。

将 x_0、y_0、θ_0、x_1、y_1、θ_1 分别代回式（3-7-3）～式（3-7-5）得各变量稳态振动响应表达式：

$$x = \frac{e}{E}[A_{x1}\cos(\omega t + \phi_{x1}) + A_{x2}\sin(\omega t + \phi_{x2})] \qquad (3\text{-}7\text{-}21)$$

$$y = \frac{e}{E}[A_{y1}\sin(\omega t + \phi_{y1}) + A_{y2}\cos(\omega t + \phi_{y2})] \qquad (3\text{-}7\text{-}22)$$

$$\theta = \frac{-2\xi_t\omega}{\omega_t} \qquad (3\text{-}7\text{-}23)$$

由式（3-7-21）知，等式右端两项都是质量偏心引起的弯振响应，它们的频率都是转子旋转频率 ω，幅值分别是 $\dfrac{E\omega^2}{\sqrt{(\omega_0^2 - \omega^2) + 4\xi^2\omega_0^2\omega^2}}$、$\dfrac{2\xi_t E\omega^3}{\omega_t\sqrt{(\omega_0^2 - \omega^2) + 4\xi^2\omega_0^2\omega^2}}$，它们都是纯弯曲振动响应，扭振对弯曲振动并没有激励作用。

由式（3-7-23）知，转子并没有扭振响应，它在 $\theta = \dfrac{-2\xi_t\omega}{\omega_t}$ 处达到平衡，弯振对扭振没有激励作用。

由以上分析可知，转子稳态振动时，弯曲振动、扭转振动并不耦合，弯曲振动仅仅是由质量偏心激励产生的纯弯曲响应，扭振则已经消失。

7.3.2 转子瞬态振动时的弯扭耦合特性分析

方程（3-7-6）～（3-7-8）都是衰减振动，它们的瞬态解分别是：

$$x_0 = A_x e^{-\xi\omega_0 t}\sin(t\sqrt{\omega_0^2 - \xi^2\omega_0^2} + \psi_1) \qquad (3\text{-}7\text{-}24)$$

$$y_0 = A_y e^{-\xi \omega_0 t} \sin(t\sqrt{\omega_0^2 - \xi^2 \omega_0^2} + \psi_2) \qquad (3\text{-}7\text{-}25)$$

$$\theta_0 = A_\theta e^{-\xi_t \omega_t t} \sin(t\sqrt{\omega_t^2 - \xi_t^2 \omega_t^2} + \psi_3) - \frac{2\xi_t \omega}{\omega_t} \qquad (3\text{-}7\text{-}26)$$

设 $t=0$ 时，$x_0 = x_{00}$，$\dot{x}_0 = \dot{x}_{00}$，$y_0 = x_{00}$，$\dot{y}_0 = \dot{x}_{00}$，$\theta_0 = \theta_{00}$，$\dot{\theta}_0 = \dot{\theta}_{00}$ 则

$$A_x = \sqrt{\frac{\dot{x}_{00}^2 + 2\xi\omega_0\dot{x}_{00}x_{00} + \omega_0^2 x_{00}^2}{\omega_0^2 - \xi^2 \omega_0^2}}$$

$$A_y = A_x$$

$$\psi_2 = \psi_1$$

$$A_\theta = \sqrt{\frac{\dot{\theta}_{00}^2 + 2\xi_t\omega_t\dot{\theta}_{00}\theta_{00} + \omega_t^2 \theta_{00}^2}{\omega_t^2 - \xi_t^2 \omega_t^2}}$$

将式（3-7-24）～式（3-7-26）代入方程（3-7-9）～（3-7-11）得：

$$\ddot{x}_1 + 2\xi\omega_0\dot{x}_1 + \omega_0^2 x_1 = \left(E\omega^2 - \frac{1}{2}EA_\theta^2 e^{-2\xi_t\omega_t t}\omega_t^2 + EA_\theta^2 e^{-2\xi_t\omega_t t}\omega_t^2 \xi_t^2 \right)\cos\omega t$$

$$+ \frac{2E\xi_t\omega^3}{\omega_t}\sin\omega t + \frac{1}{2}EA_\theta e^{-\xi_t\omega_t t}(\omega^2 + \omega_t^2 + 4\xi_t^2\omega\sqrt{\omega_t^2 - \xi_t^2\omega_t^2}$$

$$- 2\omega_t^2\xi_t^2)\cos[(\sqrt{\omega_t^2 - \xi_t^2\omega_t^2} + \omega)t + \psi_3]$$

$$- \frac{1}{2}EA_\theta e^{-\xi_t\omega_t t}(\omega^2 + \omega_t^2 - 4\xi_t^2\omega\sqrt{\omega_t^2 - \xi_t^2\omega_t^2}$$

$$- 2\omega_t^2\xi_t^2)\cos[(\sqrt{\omega_t^2 - \xi_t^2\omega_t^2} - \omega)t + \psi_3]$$

$$+ EA_\theta\xi_t\omega_t e^{-\xi_t\omega_t t}(\omega - \sqrt{\omega_t^2 - \xi_t^2\omega_t^2}$$

$$- 2\xi_t^2\omega_t)\sin[(\sqrt{\omega_t^2 - \xi_t^2\omega_t^2} + \omega)t + \psi_3]$$

$$- EA_\theta\xi_t\omega_t e^{-\xi_t\omega_t t}(\omega + \sqrt{\omega_t^2 - \xi_t^2\omega_t^2}$$

$$+ 2\xi_t^2\omega_t)\sin[(\sqrt{\omega_t^2 - \xi_t^2\omega_t^2} - \omega)t + \psi_3]$$

$$+ \frac{1}{4}EA_\theta^2 e^{-2\xi_t\omega_t t}\omega_t^2(1 - 2\xi_t^2)\cos[(2\sqrt{\omega_t^2 - \xi_t^2\omega_t^2} + \omega)t + 2\psi_3]$$

$$+ \frac{1}{4}EA_\theta^2 e^{-2\xi_t\omega_t t}\omega_t^2(1 - 2\xi_t^2)\cos[(2\sqrt{\omega_t^2 - \xi_t^2\omega_t^2} - \omega)t + 2\psi_3]$$

$$- \frac{1}{2}EA_\theta^2 e^{-2\xi_t\omega_t t}\xi_t\omega_t\sqrt{\omega_t^2 - \xi_t^2\omega_t^2}\sin[(2\sqrt{\omega_t^2 - \xi_t^2\omega_t^2} + \omega)t + 2\psi_3]$$

$$- \frac{1}{2}EA_\theta^2 e^{-2\xi_t\omega_t t}\xi_t\omega_t\sqrt{\omega_t^2 - \xi_t^2\omega_t^2}\sin[(2\sqrt{\omega_t^2 - \xi_t^2\omega_t^2} - \omega)t + 2\psi_3]$$

$$(3\text{-}7\text{-}27)$$

$$\ddot{y}_1 + 2\xi\omega_0\dot{y}_1 + \omega_0^2 y_1 = (E\omega^2 - \frac{1}{2}EA_\theta^2 e^{-2\xi_t\omega_t t}\omega_t^2 + EA_\theta^2 e^{-2\xi_t\omega_t t}\omega_t^2\xi_t^2)\sin\omega t$$

$$-\frac{2E\xi_t\omega^3}{\omega_t}\cos\omega t + \frac{1}{2}EA_\theta e^{-\xi_t\omega_t t}(\omega^2 + \omega_t^2 + 4\xi_t^2\omega\sqrt{\omega_t^2 - \xi_t^2\omega_t^2}$$

$$-2\omega_t^2\xi_t^2)\sin[(\sqrt{\omega_t^2 - \xi_t^2\omega_t^2} + \omega)t + \psi_3]$$

$$+\frac{1}{2}EA_\theta e^{-\xi_t\omega_t t}(\omega^2 + \omega_t^2 - 4\xi_t^2\omega\sqrt{\omega_t^2 - \xi_t^2\omega_t^2}$$

$$-2\omega_t^2\xi_t^2)\sin[(\sqrt{\omega_t^2 - \xi_t^2\omega_t^2} - \omega)t + \psi_3]$$

$$-EA_\theta\xi_t\omega_t e^{-\xi_t\omega_t t}(\omega - \sqrt{\omega_t^2 - \xi_t^2\omega_t^2}$$

$$-2\xi_t^2\omega)\cos[(\sqrt{\omega_t^2 - \xi_t^2\omega_t^2} + \omega)t + \psi_3]$$

$$+EA_\theta\xi_t\omega_t e^{-\xi_t\omega_t t}(\omega + \sqrt{\omega_t^2 - \xi_t^2\omega_t^2}$$

$$-2\xi_t^2\omega)\cos[(\sqrt{\omega_t^2 - \xi_t^2\omega_t^2} - \omega)t + \psi_3]$$

$$+\frac{1}{4}EA_\theta^2 e^{-2\xi_t\omega_t t}\omega_t^2(1 - 2\xi_t^2)\sin[(2\sqrt{\omega_t^2 - \xi_t^2\omega_t^2} + \omega)t + 2\psi_3]$$

$$-\frac{1}{4}EA_\theta^2 e^{-2\xi_t\omega_t t}\omega_t^2(1 - 2\xi_t^2)\sin[(2\sqrt{\omega_t^2 - \xi_t^2\omega_t^2} - \omega)t + 2\psi_3]$$

$$+\frac{1}{2}EA_\theta^2 e^{-2\xi_t\omega_t t}\xi_t\omega_t\sqrt{\omega_t^2 - \xi_t^2\omega_t^2}\cos[(2\sqrt{\omega_t^2 - \xi_t^2\omega_t^2} + \omega)t + 2\psi_3]$$

$$-\frac{1}{2}EA_\theta^2 e^{-2\xi_t\omega_t t}\xi_t\omega_t\sqrt{\omega_t^2 - \xi_t^2\omega_t^2}\cos[(2\sqrt{\omega_t^2 - \xi_t^2\omega_t^2} - \omega)t + 2\psi_3]$$

（3-7-28）

$$\ddot{\theta}_1 + 2\xi_t\omega_t\dot{\theta}_1 + \omega_t^2\theta_1 = B_1\cos[(\sqrt{\omega_0^2 - \xi^2\omega_0^2} + \omega)t + \psi_1]$$

$$+B_2\cos[(\sqrt{\omega_0^2 - \xi^2\omega_0^2} - \omega)t + \psi_1]$$

$$+B_3\sin[(\sqrt{\omega_0^2 - \xi^2\omega_0^2} + \omega)t + \psi_1]$$

$$+B_4\sin[(\sqrt{\omega_0^2 - \xi^2\omega_0^2} - \omega)t + \psi_1]$$

$$+B_5\cos[(\sqrt{\omega_0^2 - \xi^2\omega_0^2} + \sqrt{\omega_t^2 - \xi_t^2\omega_t^2} + \omega)t + \psi_1 + \psi_3]$$

$$+B_6\cos[(\sqrt{\omega_0^2 - \xi^2\omega_0^2} - \sqrt{\omega_t^2 - \xi_t^2\omega_t^2} - \omega)t + \psi_1 - \psi_3]$$

$$+B_7\cos[(\sqrt{\omega_0^2 - \xi^2\omega_0^2} + \sqrt{\omega_t^2 - \xi_t^2\omega_t^2} - \omega)t + \psi_1 + \psi_3]$$

$$+B_8\cos[(\sqrt{\omega_0^2 - \xi^2\omega_0^2} - \sqrt{\omega_t^2 - \xi_t^2\omega_t^2} + \omega)t + \psi_1 - \psi_3]$$

$$+B_9\sin[(\sqrt{\omega_0^2 - \xi^2\omega_0^2} + \sqrt{\omega_t^2 - \xi_t^2\omega_t^2} + \omega)t + \psi_1 + \psi_3]$$

$$+B_{10}\sin[(\sqrt{\omega_0^2 - \xi^2\omega_0^2} - \sqrt{\omega_t^2 - \xi_t^2\omega_t^2} - \omega)t + \psi_1 - \psi_3]$$

（3-7-29）

$$+ B_{11} \sin[(\sqrt{\omega_0^2 - \xi^2 \omega_0^2} + \sqrt{\omega_t^2 - \xi_t^2 \omega_t^2} - \omega)t + \psi_1 + \psi_3]$$

$$+ B_{12} \sin[(\sqrt{\omega_0^2 - \xi^2 \omega_0^2} - \sqrt{\omega_t^2 - \xi_t^2 \omega_t^2} + \omega)t + \psi_1 - \psi_3]$$

（3-7-30）

式中：

$$B_1 = \frac{1}{2} \frac{mE}{J_P + me^2} A_x e^{-\xi \omega_0 t} [\omega_0^2 - 2\xi^2 \omega_0^2 + 2\xi \omega_0 \sqrt{\omega_0^2 - \xi^2 \omega_0^2}$$

$$+ (2\xi^2 \omega_0^2 - \omega_0^2 + 2\xi \omega_0 \sqrt{\omega_0^2 - \xi^2 \omega_0^2}) \frac{2\xi_t \omega}{\omega_t}]$$

$$B_2 = \frac{1}{2} \frac{mE}{J_P + me^2} A_x e^{-\xi \omega_0 t} [2\xi^2 \omega_0^2 - \omega_0^2 + 2\xi \omega_0 \sqrt{\omega_0^2 - \xi^2 \omega_0^2}$$

$$+ (2\xi^2 \omega_0^2 - \omega_0^2 + 2\xi \omega_0 \sqrt{\omega_0^2 - \xi^2 \omega_0^2}) \frac{2\xi_t \omega}{\omega_t}]$$

$$B_3 = \frac{1}{2} \frac{mE}{J_P + me^2} A_x e^{-\xi \omega_0 t} [2\xi^2 \omega_0^2 - \omega_0^2 - 2\xi \omega_0 \sqrt{\omega_0^2 - \xi^2 \omega_0^2}$$

$$- (2\xi^2 \omega_0^2 - \omega_0^2 - 2\xi \omega_0 \sqrt{\omega_0^2 - \xi^2 \omega_0^2}) \frac{2\xi_t \omega}{\omega_t}]$$

$$B_4 = \frac{1}{2} \frac{mE}{J_P + me^2} A_x e^{-\xi \omega_0 t} [\omega_0^2 - 2\xi^2 \omega_0^2 + 2\xi \omega_0 \sqrt{\omega_0^2 - \xi^2 \omega_0^2}$$

$$+ (\omega_0^2 - 2\xi^2 \omega_0^2 - 2\xi \omega_0 \sqrt{\omega_0^2 - \xi^2 \omega_0^2}) \frac{2\xi_t \omega}{\omega_t}]$$

$$B_5 = -\frac{1}{4} \frac{mE}{J_P + me^2} (A_x e^{-\xi \omega_0 t})^2 [2\xi^2 \omega_0^2 - \omega_0^2 - 2\xi \omega_0 \sqrt{\omega_0^2 - \xi^2 \omega_0^2}]$$

$$B_6 = \frac{1}{4} \frac{mE}{J_P + me^2} (A_x e^{-\xi \omega_0 t})^2 [2\xi^2 \omega_0^2 - \omega_0^2 + 2\xi \omega_0 \sqrt{\omega_0^2 - \xi^2 \omega_0^2}]$$

$$B_7 = -\frac{1}{4} \frac{mE}{J_P + me^2} (A_x e^{-\xi \omega_0 t})^2 [2\xi^2 \omega_0^2 - \omega_0^2 + 2\xi \omega_0 \sqrt{\omega_0^2 - \xi^2 \omega_0^2}]$$

$$B_8 = \frac{1}{4} \frac{mE}{J_P + me^2} (A_x e^{-\xi \omega_0 t})^2 [2\xi^2 \omega_0^2 - \omega_0^2 - 2\xi \omega_0 \sqrt{\omega_0^2 - \xi^2 \omega_0^2}]$$

$$B_9 = \frac{1}{4} \frac{mE}{J_P + me^2} (A_x e^{-\xi \omega_0 t})^2 [\omega_0^2 - 2\xi^2 \omega_0^2 - 2\xi \omega_0 \sqrt{\omega_0^2 - \xi^2 \omega_0^2}]$$

$$B_{10} = -\frac{1}{4} \frac{mE}{J_P + me^2} (A_x e^{-\xi \omega_0 t})^2 [2\xi^2 \omega_0^2 - \omega_0^2 - 2\xi \omega_0 \sqrt{\omega_0^2 - \xi^2 \omega_0^2}]$$

$$B_{11} = \frac{1}{4} \frac{mE}{J_P + me^2} (A_x e^{-\xi \omega_0 t})^2 [2\xi^2 \omega_0^2 - \omega_0^2 - 2\xi \omega_0 \sqrt{\omega_0^2 - \xi^2 \omega_0^2}]$$

$$B_{12} = -\frac{1}{4}\frac{mE}{J_P + me^2}(A_x e^{-\xi\omega_0 t})^2[\omega_0^2 - 2\xi^2\omega_0^2 - 2\xi\omega_0\sqrt{\omega_0^2 - \xi^2\omega_0^2}]$$

综合式（3-7-3）～式（3-7-27）可知，转子瞬态振动时，其弯曲振动响应有 ω、$\sqrt{\omega_0^2 - \xi^2\omega_0^2}$、$\left|\sqrt{\omega_t^2 - \xi_t^2\omega_t^2} \pm \omega\right|$、$\left|2\sqrt{\omega_t^2 - \xi_t^2\omega_t^2} \pm \omega\right|$ 等频率成分，其中 $\left|\sqrt{\omega_t^2 - \xi_t^2\omega_t^2} \pm \omega\right|$ 和 $\left|2\sqrt{\omega_t^2 - \xi_t^2\omega_t^2} \pm \omega\right|$ 是由扭振激励产生的。

综合式（3-7-5）～式（3-7-29）可知，转子瞬态振动时，其扭转振动响应有 $\sqrt{\omega_t^2 - \xi_t^2\omega_t^2}$、$\left|\sqrt{\omega_0^2 - \xi^2\omega_0^2} \pm \omega\right|$、$\left|\sqrt{\omega_0^2 - \xi^2\omega_0^2} \pm \sqrt{\omega_t^2 - \xi_t^2\omega_t^2} \pm \omega\right|$ 等频率成分，其中 $\left|\sqrt{\omega_0^2 - \xi^2\omega_0^2} \pm \omega\right|$ 和 $\left|\sqrt{\omega_0^2 - \xi^2\omega_0^2} \pm \sqrt{\omega_t^2 - \xi_t^2\omega_t^2} \pm \omega\right|$ 是由弯振激励产生的。

由以上分析可知，在转子瞬态振动时，转子存在弯扭耦合，为了验证上面的理论分析，下面对微分方程（3-7-2）进行数值仿真。

7.4 数值仿真与讨论

计算选用的参数为：$m=5\text{Kg}$，$J_p=0.05\text{kg·m}^2$，$e=0.0001\text{m}$，$\xi=0.16$，$\xi_t=0.02$，初相位 $\phi_0=1\text{rad}$，弯振固有频率 $\omega_0=13\text{Hz}$，扭振固有频率 $\omega_t=5\text{ Hz}$。设定轴系旋转频率 $\omega=16\text{ Hz}$。采用四阶 Ruge-Kutta 法对方程组（3-7-2）进行数值计算。

通过仿真计算可以看出，在转子开始振动的初始阶段，转子弯曲方向振动比较复杂，经过一段时间，弯振逐步变成持续等幅振动（见图 3-7-3）。由图 3-7-4 扭振响应曲线可以看出，扭振是随时间不断衰减的衰减振动，最终扭振将消失。

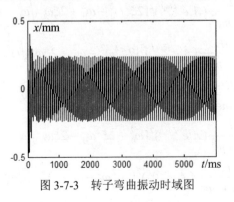

图 3-7-3 转子弯曲振动时域图

由图 3-7-5 可知，在转子振动瞬态阶段，弯振幅值在四个激励力频率下出现了峰值，它们分别是 11.06Hz、12.94Hz、16Hz 和 21.06Hz，分别对应着

$\left|\sqrt{\omega_t^2-\xi_t^2\omega_t^2}-\omega\right|$、$\sqrt{\omega_0^2-\xi^2\omega_0^2}$、$\omega$ 和 $\left|\sqrt{\omega_t^2-\xi_t^2\omega_t^2}+\omega\right|$。扭转振动频谱图中在 5Hz 处出现了一个较明显的峰值，它刚好为 $\sqrt{\omega_t^2-\xi_t^2\omega_t^2}$，如图 3-7-6 所示。上述数值计算结果与 7.2 节中的理论分析是完全一致的。

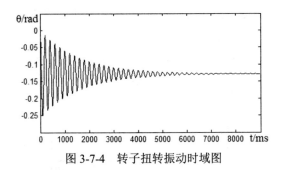

图 3-7-4　转子扭转振动时域图

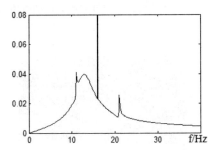

图 3-7-5　转子振动初始阶段弯振频谱图

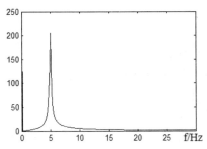

图 3-7-6　转子振动初始阶段扭振频谱图

图 3-7-7 给出了转子经过充分衰减稳态振动时的频谱图，图中仅在 16Hz 处出现了峰值，这个频率值刚好为旋转频率 ω。扭转方向振动响应最终会消失，在 θ=-0.128rad 处达到平衡。这和 7.3 节中的理论分析是完全一致的。

　　当偏心率增大时，弯曲振动的振幅和频谱值都增大，它们近似成正比关系，弯扭耦合效应增强，而偏心率对扭转振动的影响不大。图 3-7-8 和图 3-7-9 分别给出了偏心率 $e=0.001\mathrm{m}$，其他参数不变时的转子弯振、扭振时域图。这条结论成立的前提是：考虑到实际机组转子已经进行了良好的平衡，转子上虽然存在一定程度的残余质量不平衡，但是偏心率不可能太大，即 e 的值不可能很大。

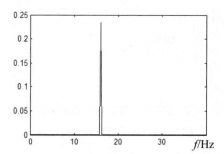

图 3-7-7　转子稳态振动时的弯曲振动频谱图

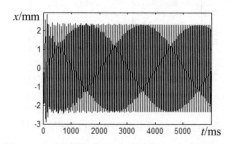

图 3-7-8　转子弯曲振动时域图（$e=0.001\mathrm{m}$）

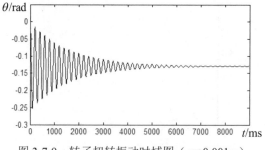

图 3-7-9　转子扭转振动时域图（$e=0.001\mathrm{m}$）

　　当扭振固有频率较大，也就是转子扭转刚度较大时，弯扭耦合效应减弱，弯振频谱图中不再出现频率 $\left|\sqrt{\omega_t^2 - \xi_t^2 \omega_t^2} \pm \omega\right|$ 所对应的两个耦合峰值，或者非常小。

图 3-7-10 给出了扭振固有频率 $\omega_t=20\text{Hz}$，其他参数不变时的弯振频谱图。由此可见，当机组轴系扭转刚度较大时，转子弯扭耦合效应比较弱；当机组轴系扭转刚度减小时，弯扭耦合效应会变强。

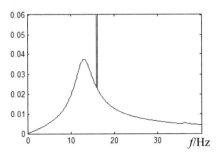

图 3-7-10　转子振动初始阶段弯振频谱图（$\omega_t=20\text{Hz}$）

本章还计算了转子在不同弯振固有频率下（也就是转子取不同弯曲刚度）时的耦合特性。计算表明，改变转子的弯振固有频率，即减小或增大转子的弯曲刚度，在其他参数不变的情况下，转子弯扭耦合效应变化不大，弯振频谱图中还会出现频率为 $\left|\sqrt{\omega_t^2-\xi_t^2\omega_t^2}\pm\omega\right|$ 的两个耦合峰值，不会出现两个耦合峰值非常小或消失的情况。由此可见，改变转子的弯曲刚度不会对弯扭耦合效应带来本质变化，即不会出现弯扭耦合效应较小或消失的现象。

7.5　本章小结

本章以立式 Jeffcott 转子模型为研究对象，忽略外激励力和外力矩影响，建立了立式转子模型弯扭耦合振动微分方程。主要结论如下：

（1）不考虑外部激励作用的质量偏心转子弯扭耦合振动只发生在振动初始阶段。在此阶段，通过弯扭耦合作用，扭振将激发产生频率为 $\left|\sqrt{\omega_t^2-\xi_t^2\omega_t^2}\pm\omega\right|$、$\left|2\sqrt{\omega_t^2-\xi_t^2\omega_t^2}\pm\omega\right|$ 的弯振来，但是 $\left|2\sqrt{\omega_t^2-\xi_t^2\omega_t^2}\pm\omega\right|$ 频率成分的弯振响应很弱。同时，弯振将激发产生频率为 $\left|\sqrt{\omega_0^2-\xi^2\omega_0^2}\pm\omega\right|$、$\left|\sqrt{\omega_0^2-\xi^2\omega_0^2}\pm\sqrt{\omega_t^2-\xi_t^2\omega_t^2}\pm\omega\right|$ 的扭振来，但是这些频率成分的扭振响应非常不明显。

（2）经过充分衰减后，转子作稳态振动，此时弯振和扭振不再耦合，它们各自独立振动。转子稳态振动时，弯振以轴系转速 ω 作持续等幅振动。在此阶段扭振消失，扭转在 $\theta = \dfrac{-2\xi_t\omega}{\omega_t}$ 处达到平衡。

（3）当偏心率增大时，弯曲振动的振幅和频谱值都增大，它们近似成正比关系，转子弯扭耦合效应增强，而偏心率对扭转振动的影响不大。

（4）当机组轴系扭转刚度较大时，转子弯扭耦合效应比较弱；当机组轴系扭转刚度减小时，弯扭耦合效应会变强，而转子弯曲刚度的改变对转子弯扭耦合效应的影响并不明显。

第8章 刚性连接转子系统振动特性研究

8.1 引言

大型旋转机械转子连接通常采用刚性凸缘联轴器,这种联轴器具有结构简单、加工方便、能传递大功率等优点。刚性联轴器不能补偿两轴的相对位移,联轴节将驱动轴与从动轴刚性固结,强迫从动轴随驱动轴同频回转。

不平衡是旋转机械最常见的故障之一,在大型旋转机械的众多常见故障中,转子不平衡故障大约占到总故障的30%。转子不平衡故障包括转子质量不平衡、转子初始弯曲、转子热态不平衡、转子部件脱落、转子部件结垢、联轴器不平衡等。

研究刚性连接转子系统动力学特性[273-275],可从其弯振、扭振特征中提取有用的故障信息,有助于理解和掌握刚性连接转子系统振动特性,从而提高诊断的准确性。

本章以刚性连接转子系统为研究对象,利用基本形式的拉格朗日方程,建立刚性连接转子系统动力学模型,讨论系统瞬态振动和稳态振动特征。

8.2 刚性连接转子系统动力学模型

以刚性连接转子系统为研究对象,系统结构如图 3-8-1 所示。转子 1 运动坐标系如图 3-8-2 所示,坐标原点 O 为圆盘中心的静态平衡点。转子 2 运动坐标和转子 1 类似。为方便问题讨论,本章采用如下几个基本假设:①2 个转子的轴承平行对中且轴承各向同性;②2 个转子均为弹性转子;③2 个转子刚性连接,联轴节将驱动轴与从动轴刚性固结,强迫从动轴随驱动轴同频回转。

转子系统平动动能可表示为

$$T_t = \frac{1}{2} m_1 v_{c1}^2 + \frac{1}{2} m_2 v_{c2}^2$$

$$= \frac{1}{2} m_1 (\dot{x}_1^2 + \dot{y}_1^2 + e_1^2 \dot{\beta}_1^2 + 2e_1 \dot{y}_1 \dot{\beta}_1 \cos \beta_1 - 2e_1 \dot{x}_1 \dot{\beta}_1 \sin \beta_1) + \quad (3\text{-}8\text{-}1)$$

$$\frac{1}{2} m_2 (\dot{x}_2^2 + \dot{y}_2^2 + e_2^2 \dot{\beta}_2^2 + 2e_2 \dot{y}_2 \dot{\beta}_2 \cos \beta_2 - 2e_2 \dot{x}_2 \dot{\beta}_2 \sin \beta_2)$$

式中：m_1、m_2 分别是转子系统两个圆盘的质量；v_1、v_2 分别为两圆盘质心线速度；(x_1,y_1)、(x_2,y_2) 分别为两圆盘形心坐标，都以点 O 为坐标原点；e_1、e_2 分别是圆盘 1、2 的质量偏心距。β_1、β_2 分别为圆盘 1、2 质量中心绕几何中心转过的角，当系统稳定旋转时，$\beta_1 = \Omega t + \alpha_1 + \beta_{01}$，$\beta_2 = \Omega t + \alpha_1 + \alpha_2 + \beta_{02}$，其中 Ω 是驱动轴旋转角速度，α_1、α_2 分别是转子 1、2 的扭角，β_{01}、β_{02} 分别为各自初相位。

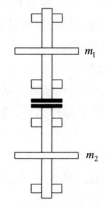
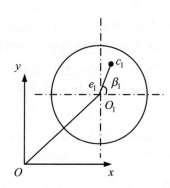

图 3-8-1　刚性连接转子系统示意图　　图 3-8-2　转子 1 运动坐标示意图

转子系统转动动能可表示为

$$T_r = \frac{1}{2} (J_1 + m_1 e_1^2) \dot{\beta}_1^2 + \frac{1}{2} (J_2 + m_2 e_2^2) \dot{\beta}_2^2 \quad (3\text{-}8\text{-}2)$$

式中：J_1、J_2 分别为 2 个圆盘的转动惯量。有

$$T = T_t + T_r \quad (3\text{-}8\text{-}3)$$

转子系统势能可写为

$$U = \frac{1}{2} k_1 (x_1^2 + y_1^2) + \frac{1}{2} k_{t1} \alpha_1^2 + \frac{1}{2} k_2 (x_2^2 + y_2^2) + \frac{1}{2} k_{t2} \alpha_2^2 \quad (3\text{-}8\text{-}4)$$

式中：k_1、k_2 分别为两转子的抗弯刚度；k_{t1}、k_{t2} 分别为两转子的抗扭刚度。考虑阻尼的影响，则转子系统耗散能为

$$V = \frac{1}{2} c_1 \dot{x}_1^2 + \frac{1}{2} c_1 \dot{y}_1^2 + \frac{1}{2} c_2 \dot{x}_2^2 + \frac{1}{2} c_2 \dot{y}_2^2 + \frac{1}{2} c_{t1} \dot{\beta}_1^2 + \frac{1}{2} c_{t2} \dot{\beta}_2^2 \quad (3\text{-}8\text{-}5)$$

式中：c_1、c_2 为平动阻尼；c_{t1}、c_{t2} 为转动阻尼。

由基本形式的拉格朗日方程[276]

$$\frac{\mathrm{d}}{\mathrm{d}t}\left(\frac{\partial T}{\partial \dot{q}_i}\right) - \frac{\partial T}{\partial q_i} + \frac{\partial U}{\partial q_i} + \frac{\partial V}{\partial \dot{q}_i} = Q_i \qquad (3\text{-}8\text{-}6)$$

可得广义坐标下的转子系统动力学方程：

$$m_1 \ddot{x}_1 + c_1 \dot{x}_1 + k_1 x_1 = m_1 e_1 \ddot{\alpha}_1 \sin \beta_1 + m_1 e_1 (\Omega + \dot{\alpha}_1)^2 \cos \beta_1 \qquad (3\text{-}8\text{-}7)$$

$$m_1 \ddot{y}_1 + c_1 \dot{y}_1 + k_1 y_1 = -m_1 e_1 \ddot{\alpha}_1 \cos \beta_1 + m_1 e_1 (\Omega + \dot{\alpha}_1)^2 \sin \beta_1 \qquad (3\text{-}8\text{-}8)$$

$$\begin{aligned}
&\ddot{\alpha}_1 (J_1 + 2m_1 e_1^2 + J_2 + 2m_2 e_2^2) + c_{t1} \dot{\alpha}_1 + k_{t1} \alpha_1 = \\
&-c_{t1}\Omega + m_1 e_1 \ddot{x}_1 \sin \beta_1 - m_1 e_1 \ddot{y}_1 \cos \beta_1 \\
&- m_2 e_2 \ddot{y}_2 \cos \beta_2 + m_2 e_2 \ddot{x}_2 \sin \beta_2 - (J_2 + 2m_2 e_2^2)\ddot{\alpha}_2
\end{aligned} \qquad (3\text{-}8\text{-}9)$$

$$m_2 \ddot{x}_2 + c_2 \dot{x}_2 + k_2 x_2 = m_2 e_2 (\ddot{\alpha}_1 + \ddot{\alpha}_2) \sin \beta_2 + m_2 e_2 (\Omega + \dot{\alpha}_1 + \dot{\alpha}_2)^2 \cos \beta_2 \qquad (3\text{-}8\text{-}10)$$

$$m_2 \ddot{y}_2 + c_2 \dot{y}_2 + k_2 y_2 = -m_2 e_2 (\ddot{\alpha}_1 + \ddot{\alpha}_2) \cos \beta_2 + m_2 e_2 (\Omega + \dot{\alpha}_1 + \dot{\alpha}_2)^2 \sin \beta_2 \qquad (3\text{-}8\text{-}11)$$

$$\begin{aligned}
&\ddot{\alpha}_2 (J_2 + 2m_2 e_2^2) + c_{t2} \dot{\alpha}_2 + k_{t2} \alpha_2 = -c_{t2}(\dot{\alpha}_1 + \Omega) + m_2 e_2 \ddot{x}_2 \sin \beta_2 \\
&- m_2 e_2 \ddot{y}_2 \cos \beta_2 - (J_2 + 2m_2 e_2^2)\ddot{\alpha}_1
\end{aligned} \qquad (3\text{-}8\text{-}12)$$

式（3-8-7）和式（3-8-8）右端项是考虑动力耦合由转子 1 的扭转振动施加给弯曲振动的作用力和轴系回转所产生的离心惯性力的合力。式（3-8-9）右端第 1 项是考虑扭转阻尼由轴系回转所产生的扭阻尼矩；第 2～5 项是考虑动力耦合分别由转子 1、2 的弯曲振动施加给扭转振动的作用力矩；第 6 项是转子系统中由转子 2 的扭转振动施加给转子 1 扭转振动的作用力矩。

式（3-8-10）和式（3-8-11）右端项是考虑动力耦合由转子 1、2 扭转振动共同施加给弯曲振动的作用力和轴系回转所产生的离心惯性力的合力。式（3-8-12）右端第 1 项是考虑扭转阻尼由轴系回转所产生的扭阻尼矩和转子 1 扭振施加给转子 2 扭振的作用力矩的合力矩；第 2、3 项是考虑动力耦合由转子 2 弯曲振动施加给扭转振动的作用力矩；第 4 项是转子系统中由转子 1 扭振施加给转子 2 扭振的作用力矩。

8.3　数值仿真

为方便计算分析，可将方程式（3-8-7）～（3-8-12）改写为

$$\ddot{x}_1 + 2\xi_1 \omega_{01} \dot{x}_1 + \omega_{01}^2 x_1 = e_1 \ddot{\alpha}_1 \sin \beta_1 + e_1 (\Omega + \dot{\alpha}_1)^2 \cos \beta_1 \qquad (3\text{-}8\text{-}13)$$

$$\ddot{y}_1 + 2\xi_1 \omega_{01} \dot{y}_1 + \omega_{01}^2 y_1 = -e_1 \ddot{\alpha}_1 \cos \beta_1 + e_1 (\Omega + \dot{\alpha}_1)^2 \sin \beta_1 \qquad (3\text{-}8\text{-}14)$$

$$\ddot{\alpha}_1 + 2\xi_{t1}\omega_{t01}\dot{\alpha}_1 + \omega_{t01}^2\alpha_1 = \frac{1}{J}(m_1e_1\ddot{x}_1\sin\beta_1 - m_1e_1\ddot{y}_1\cos\beta_1 - m_2e_2\ddot{y}_2\cos\beta_2$$

$$+ m_2e_2\ddot{x}_2\sin\beta_2) - 2\xi_{t1}\omega_{t01}\Omega - \frac{J_{2m}}{J}\ddot{\alpha}_2 \qquad (3\text{-}8\text{-}15)$$

$$\ddot{x}_2 + 2\xi_2\omega_{02}\dot{x}_2 + \omega_{02}^2 x_2 = e_2(\ddot{\alpha}_1 + \ddot{\alpha}_2)\sin\beta_2 + e_2(\Omega + \dot{\alpha}_1 + \dot{\alpha}_2)^2\cos\beta_2 \qquad (3\text{-}8\text{-}16)$$

$$\ddot{y}_2 + 2\xi_2\omega_{02}\dot{y}_2 + \omega_{02}^2 y_2 = -e_2(\ddot{\alpha}_1 + \ddot{\alpha}_2)\cos\beta_2 + e_2(\Omega + \dot{\alpha}_1 + \dot{\alpha}_2)^2\sin\beta_2 \qquad (3\text{-}8\text{-}17)$$

$$\ddot{\alpha}_2 + 2\xi_{t2}\omega_{t02}\dot{\alpha}_2 + \omega_{t02}^2\alpha_2 = \frac{1}{J_{2m}}(m_2e_2\ddot{x}_2\sin\beta_2 - m_2e_2\ddot{y}_2\cos\beta_2)$$

$$- 2\xi_{t2}\omega_{t02}(\dot{\alpha}_1 + \Omega) - \ddot{\alpha}_1 \qquad (3\text{-}8\text{-}18)$$

式中：$\xi_1 = \dfrac{c_1}{2\sqrt{k_1 m_1}}$，$\omega_{01} = \sqrt{\dfrac{k_1}{m_1}}$，$\xi_2 = \dfrac{c_2}{2\sqrt{k_2 m_2}}$，

$\xi_{t1} = \dfrac{c_{t1}}{2\sqrt{k_{t1}(J_1 + 2m_1e_1^2 + J_2 + 2m_2e_2^2)}}$，$\omega_{02} = \sqrt{\dfrac{k_2}{m_2}}$，$\xi_{t2} = \dfrac{c_{t2}}{2\sqrt{k_{t2}(J_2 + 2m_2e_2^2)}}$，

$\omega_{t02} = \sqrt{\dfrac{k_{t2}}{J_2 + 2m_2e_2^2}}$，$\omega_{t01} = \sqrt{\dfrac{k_{t1}}{J_1 + 2m_1e_1^2 + J_2 + 2m_2e_2^2}}$，$J_{2m} = J_2 + 2m_2e_2^2$，

$J = J_1 + 2m_1e_1^2 + J_2 + 2m_2e_2^2$。

计算参数分别取为：m_1=15kg，m_2=19kg，e_1=0.0002m，e_2=0.0003m，Ω=23Hz，ω_{01}=18Hz，ω_{t01}=14Hz，ω_{02}=12Hz，ω_{t02}=9Hz，ξ_1=0.08，ξ_{t1}=0.03，ξ_2=0.06，ξ_{t2}=0.04，J_1=0.05kg·m²，J_2=0.08kg·m²，β_{01}=1rad，β_{02}=1.2rad。

8.3.1 转子系统瞬态振动特性

转速为 23Hz 时，转子系统瞬态振动时域和频域图如图 3-8-3 所示。从图中可以看出，在转子系统振动初始阶段，转子 1、2 弯振响应中除了工频成分外，还有其他频率分量，由式（3-8-7）～式（3-8-12）可知，它们应为转子系统弯振和扭振耦合频率。当转动阻尼比较小时，转子 1 扭振频域图中仅频率值近似等于 ω_{t01} 的频率分量非常明显；在转子 2 扭振频域图中，有非常明显的频率值近似等于 ω_{t01} 和 ω_{t02} 的频率分量。为了更好地显现较小的峰值，对转子 1、2 弯振频域图纵坐标作了局部放大。

8.3.2 转子系统稳态振动特性

转速为 23Hz 时，转子系统稳态振动时域和频域图如图 3-8-4 所示。由图可知，经过充分衰减后，转子系统开始稳态振动，转子 1、2 弯振中只有工频成分；转子 1 扭振消失，转子 2 扭转振幅接近于零，可以忽略不计。可见，转子系统耦合振动仅仅出现在振动初始阶段，经过充分衰减进入稳态振动后，转子系统振动解耦，

扭振可以不再考虑，弯振衰减成频率为工频的等幅正弦波。

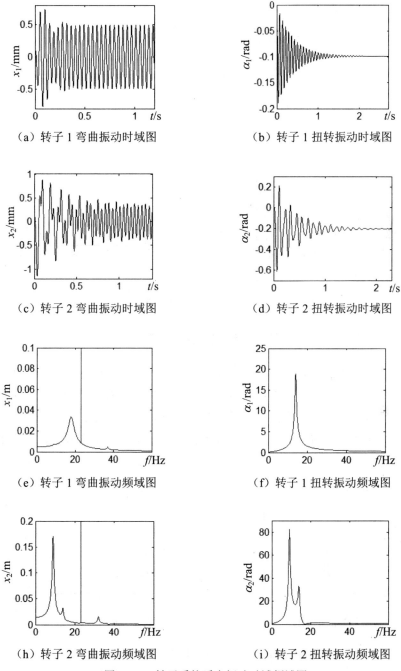

（a）转子 1 弯曲振动时域图　　　　　（b）转子 1 扭转振动时域图

（c）转子 2 弯曲振动时域图　　　　　（d）转子 2 扭转振动时域图

（e）转子 1 弯曲振动频域图　　　　　（f）转子 1 扭转振动频域图

（h）转子 2 弯曲振动频域图　　　　　（i）转子 2 扭转振动频域图

图 3-8-3　转子系统瞬态振动时域频域图

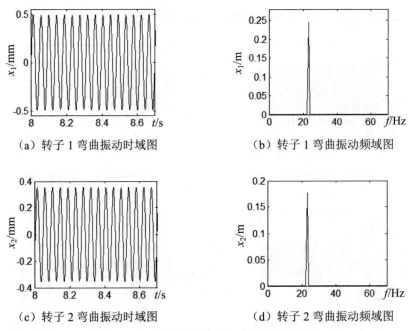

（a）转子 1 弯曲振动时域图 （b）转子 1 弯曲振动频域图

（c）转子 2 弯曲振动时域图 （d）转子 2 弯曲振动频域图

图 3-8-4　转子系统稳态振动时域频和域图

8.3.3　扭振固有频率对转子系统耦合特性的影响

分别取转子 1 扭振固有频率 ω_{t01}=1Hz，2Hz，8Hz，20Hz，其他参数不变，计算结果如图 3-8-5 所示。从图中可以看出，随着扭振固有频率的增大，也就是转子抗扭刚度增大，转子 1 弯曲振动耦合效应减弱，工频分量占绝对优势。由此可见，当增大转子的抗扭刚度时，会有效地抑制转子系统的耦合效应，有利于转子系统的稳定。

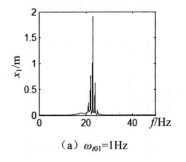 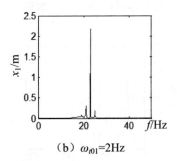

（a）ω_{t01}=1Hz （b）ω_{t01}=2Hz

图 3-8-5　扭振固有频率不同时转子 1 弯振频域图

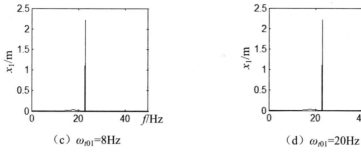

（c）$\omega_{t01}=8\text{Hz}$　　　　　　　　（d）$\omega_{t01}=20\text{Hz}$

图 3-8-5　扭振固有频率不同时转子 1 弯振频域图（续图）

8.4　转速变化时的转子系统弯振特性

图 3-8-6 描述了转子 1、2 的质量偏心分别为 $e_1=0.0005\text{m}$，$e_2=0.0008\text{m}$，轴系转速 Ω 从 0 逐渐增加到 50Hz，其他参数不变时，转子 1、2 弯振幅值与轴系转速 Ω 间的关系。由图可知，转子 1、2 的弯振幅值各自只出现了一个峰值，所对应频率分别是 18Hz 和 9Hz，其中 18Hz 是转子 1 的弯振固有频率，而 9Hz 则是转子 2 的扭振固有频率。

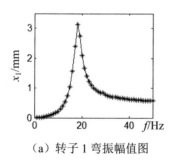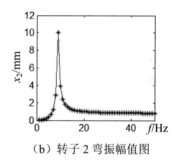

（a）转子 1 弯振幅值图　　　　　　　（b）转子 2 弯振幅值图

图 3-8-6　转速变化时的转子系统弯振幅值图

8.5　本章小结

本章以刚性连接转子系统为研究对象，利用基本形式的拉格朗日方程，建立刚性连接转子系统动力学模型，讨论系统瞬态振动和稳态振动特征。主要结论如下：

（1）刚性连接转子系统耦合振动只是发生在振动初始阶段。系统耦合振动时，工频成分占优。

（2）经过充分衰减后，转子系统开始作稳态振动，此时振动解耦，弯振以轴系转速 Ω 作持续等幅振动，扭振振幅非常小甚至扭振消失。

（3）增大转子系统的抗扭刚度会有效地抑制其振动耦合效应，有利于系统的稳定。

第 9 章 水力发电机组振动故障诊断策略

9.1 引言

作为水电厂关键设备的水力发电机组正向着大型化、复杂化、大功率方向发展，其运行状态直接关系到电厂的安全及其互联电力系统的稳定。水电机组的振动是影响其正常运行和使用寿命的主要故障，由于机组故障会表现出复杂的振动特性，多种故障间还相互耦合，机组故障征兆的成因及其演化规律极其复杂。因此，研究水电机组复杂非线性动力系统的故障模式、故障特点及故障间的多维耦合关系，快速、准确地探明出机组故障的具体原因有着重要意义[229]。

针对水电机组的故障特点，本章将熵权理论、灰色关联分析和信息融合技术有机地结合起来，探寻在水电机组运行的复杂恶劣环境下，如何利用与水电机组运行维护等相关先验知识开展水电机组故障诊断工作。

9.2 水力发电机组振动故障概述

9.2.1 水电机组振动故障的特点

振动故障是水力发电机组最常见、最主要的故障，机组的振动是表征其运行状态的一个重要指标。因此，认识并掌握水电机组振动故障的特点是开展故障诊断研究工作的首要任务。水电机组振动故障主要具有如下特点[278]：

（1）渐变性

水力发电机组的转速明显低于其他旋转机械，一般为 100～200 转/分钟，因此其故障的发展是渐变性的，有摩擦损伤和疲劳特征，较少出现突发性的、恶性的事故，有一个从量变到质变的过程。水力发电机组振动故障的发展具有渐变性，使得能较容易和准确地利用状态监测和趋势分析技术捕捉事故征兆，从而早期预防，防范事故的发生。

（2）复杂性

水电机组是一个非线性的、多维耦合的复杂系统，在运行过程中，除了机械方面的因素，电气因素和水力因素也会对其产生影响。水力发电机组的振动可能是三种影响因素中的一种引起的单一振动，也可能是几种因素耦合作用引起的振动，振动机理非常复杂，难以精确描述与表达。

（3）非一一映射性

水电机组的振动故障特征是多方面的反映，不同故障的特征存在明显交叉，故障和特征之间非一一映射的关系；而且一种故障在特征上可能是多方面的反映。同时，水电机组某一部件的振动超标可能是几种不同故障的叠加；机组某一故障诱发的振动也会不同程度地在几个部位反映出来。

（4）不规则性

水电站的设计、施工受地理位置、地质状况和经济技术等多方面的影响，且水电机组运行时还会受到电网、水文、气候等诸多因素的影响。这些影响因素使不同水电站甚至同一水电站的不同机组运行情况存在很大差别，使得机组的故障情况很不一样。水力发电机组故障的不规则性对研究通用型故障诊断系统带来巨大的挑战。

水力发电机组振动的渐变性、复杂多样性、非一一映射性、不规则性等特点，使得研究人员难以用准确的语言对其振动程度、振动是否存在等进行描述，这是水电机组故障诊断技术发展缓慢的一个重要原因。

9.2.2 引起水电机组振动的原因

水力发电机组除了机组本身转动或固定部分引起的振动外，还需考虑发电机的电磁力，以及作用于水轮机过流部分的流体动压力对机组系统及其部件振动的影响。在机组运转的状态下，流体—机械—电磁三部分是相互影响的。因此，将引起水力发电机组振动的原因大致分为机械、电气、水力三方面来研究[279-280]。

（1）机械因素

引发水力发电机组振动的机械因素指振动中的干扰力来自机组机械部分的惯性力、摩擦力等。为保证水电机组在运行过程中的稳定性，其旋转部件和支承结构都是按轴对称设计和布置；但由于机组机械结构可能存在制造缺陷，或者安装不当，都会使机组在运行过程中产生振动。

引起水力发电机组振动的机械因素包括水轮机转轮、发电机转子质量不平衡，机组转动部件与固定部件之间的摩擦，导轴承瓦间隙大，推力轴承的推力头松动，推力轴瓦不平及大轴弯曲等。

（2）电气因素

水力发电机组振动的电磁因素指机组振动的干扰力来自发电机电气部分的电

磁力，其特征是振动随励磁电流的增大而增大。引起机组振动的电气因素包括转子绕组短路、发电机气隙不均匀、负序电流引起的振动、定子绕组固定不良、定子铁芯组合缝松动、定子铁芯松动等。

（3）水力因素

水力发电机组振动的水力因素指机组振动的干扰力来自水轮机水力部分的动水压力。机组运行时，水流对水轮机过流部件产生的扰动力使机组产生交变的机械应力及振动。当扰动力频率与机组固定频率相近或相同时，机组会产生共振，有可能使机组振动过大进而引发重特大事故。

引起发电机组振动的水力因素包括尾水管内低频涡带、水轮机水封间隙不等产生的水力不平衡、水轮机水封间隙不等产生的水力不平衡、卡门涡列诱发的水轮机叶片和导叶振动等。

9.3　水力发电机组振动故障诊断策略研究

水力发电机组振动故障诊断是现代故障诊断的一个分支，它是随着现代故障诊断技术研究发展起来的一门交叉学科，有很强的工程背景，具有非常重要的实用价值。水力发电机组的结构复杂，诱发故障的因素很多，且各因素之间相互影响。机组故障机理比较复杂，目前还没有精确的理论来描述水力发电机组振动故障机理。由于水电机组故障征兆与故障原因的非一一映射性，工作人员面对大量的现场监测和控制数据信息，难以对机组故障做出迅速而准确的判断。在确保机组诊断精度不变条件下，如何减少故障特征维数和系统不确定性、降低诊断计算量，成为水电机组故障诊断研究要解决的重要课题。

由于水力发电机组结构和振动的复杂性和耦合性，机组故障极其复杂，难以通过理论分析的方法在故障原因与故障征兆之间建立一一对应的关系。因此，智能故障诊断技术被广泛应用到水电机组振动故障诊断中，取得了较好的诊断效果。这些智能故障诊断方法包括支持向量机、人工神经网络、遗传算法、模糊技术、小波包、故障树、粗糙集理论、专家系统等[218-234]。通过对水电机组振动故障诊断研究现状的系统分析，可以看出每种诊断方法都有其优越性和局限性。因此，依靠单一的故障诊断方法无法满足水力发电机组振动故障诊断的任务要求，将多种不同的智能诊断技术结合起来，遵循不同方法互补的原则，从实际对象和方法本身的特点出发，可以提高故障诊断效率，是智能化故障诊断研究的发展趋势。

9.4 基于信息熵和 Parks 聚类的水电机组振动故障诊断

随着水电机组单机容量的增大,为了保障水电厂及其互联电网的安全和稳定,需要对发电机组的维护和管理提出更高的要求。振动值是水电机组重要的质量指标,由于缺乏对实际机组动态水力负荷的可靠计算方法,对机组进行振动可靠性计算是比较困难的,因而对大型水电机组振动问题进行研究具有重要意义。导致机组故障的原因很多,有的故障不一定以振动形式表现出来,但大部分故障可以从振动监视中发现,因此振动诊断是目前应用最普遍和比较有效的方法[218-234]。

近年来,振动故障诊断技术取得了较大的进展。随着人工智能技术的发展,出现了基于专家系统和神经网络等的诊断方法,这些方法各有一定的优点,但也有其局限性,如影响因素较多、因素变量之间的交互作用复杂、实验设计与优化多依赖于人的经验等。本章把信息熵理论和 Parks 聚类分析方法应用到水电机组振动故障诊断中[281-284],通过度量待检样本与各标准故障类的距离来判别待检样本属于哪种故障,实现对机组振动故障的诊断。

9.4.1 Parks 聚类原理

聚类是按照特定的要求和规律对事物进行划分的过程。聚类分析是指依据不同样本间的关联度量标准将样本分成不同的群组,使同一群组内的样本相似,但属于不同群组的样本相异的方法,通过确定用于分类的特征指标对样本进行分类。特征指标分定量指标和定性指标,定性指标一般由标称标度或是顺序标度来计量,定量指标一般可由算数标度来计量。有了 m 个样本和 n 个特征指标,就可建立特征指标矩阵:

$$X = \begin{cases} x_{11} & x_{12} & \cdots & x_{1n} \\ x_{21} & x_{22} & \cdots & x_{2n} \\ \cdots & \cdots & \cdots & \cdots \\ x_{m1} & x_{m2} & \cdots & x_{mn} \end{cases} \tag{3-9-1}$$

利用(3-9-1)所示样本矩阵,计算距离系数 $\alpha^j(k,l)$,Parks 距离算法的优势在于它能够处理各种不同类型的标度[283]。假设 j 是一个标称指标,则

$$\alpha^j(k,l) = \begin{cases} 0, & k \text{与} l \text{属于同一类} \\ 1, & k \text{与} l \text{属于不同类} \end{cases} \tag{3-9-2}$$

式中: $\alpha^j(k,l)$ 是距离系数; k、$l=1,2,\ldots,m$,表示样本号; $j=1,2,\ldots,n$,表示指标号。则有

$$\alpha^j(k,l) = \left| \frac{x_{kj} - \min x_{ij}}{\max x_i - \min x_i} - \frac{x_{lj} - \min x_{ij}}{\max x_i - \min x_i} \right|$$

$$= \left| \frac{x_{kj} - x_{lj}}{\max x_i - \min x_i} \right| \tag{3-9-3}$$

式中：$i=1,2,\dots,m$，表示样本序列号；x_{kj} 是样本 k 在指标 j 上的取值；x_{lj} 是样本 l 在指标 j 上的取值。

从式（3-9-3）可以看出，$\alpha^j(k,l)$ 的取值介于 0 和 1 之间。当两个样本完全相同时，$\alpha^j(k,l)$ 的值取为 0；两个样本完全不同时，$\alpha^j(k,l)$ 的值取为 1。

系数 $\alpha^j(k,l)$ 确定后，按照 Parks 距离算法计算样本间的距离 d_{kl}。

$$d_{kl} = \sqrt{\sum_{j=1}^{n} [\omega_j \cdot \alpha^j(k,l)]^2} \tag{3-9-4}$$

式中：n 是指标总数目；ω_j 是指标 j 对聚类目标的权值。

虽然特征指标矩阵 X 的规范化使样本各个指标对聚类的影响相同，但是规范化也会使变化范围小的因素与变化范围大的指标对聚类的影响等同化。因此需要对变化范围较小的指标的绝对变化量给予较高的权值，而对变化范围大的指标的绝对变化量给予较小的权值。本章采用信息熵理论确定权重，权重的分配完全由样本数据决定，避免了对指标权重的均化。

在实际故障诊断中，特征指标原始矩阵 X 是指覆盖所有故障的样本集合，表示有 m 种故障模式样本和 n 个故障特征参数。按照 Parks 距离算法计算待检样本 Y 与故障样本 X 之间的距离，将 Y 聚到与它距离最近的标准故障类中。

9.4.2　信息熵理论

对于项目评估或者多目标决策，要考虑每个评价指标的相对重要程度。表示重要程度最直接和简便的方法是给各指标赋予权重。按照熵思想，人们在决策中获得信息的多少和质量是决策的精度和可靠性大小的决定因素之一。利用熵值法估算各指标的权重，就是利用指标信息的价值系数来衡量评价指标的重要程度，价值系数越高，对评价的重要性越大[284]。

定义 3.9.1（评价指标的熵）　在有 n 个评价指标，m 个被评价对象的评估问题中，第 i 个评价指标的熵定义为

$$H_i = -k \sum_{j=1}^{m} f_{ij} \ln f_{ij} \qquad i = 1, 2, \cdots, n \tag{3-9-5}$$

式中：$f_{ij} = \dfrac{r_{ij}}{\sum\limits_{j=1}^{m} r_{ij}}$，$k = \dfrac{1}{\ln m}$。假定当 $f_{ij} = 0$ 时，$f_{ij} \ln f_{ij} = 0$。

定义 3.9.2（评价指标的熵权） 在（n,m）评价问题中，第 i 个指标的熵权 ω_i 定义为

$$\omega_i = \frac{1 - H_i}{n - \sum\limits_{i=1}^{n} H_i} \tag{3-9-6}$$

在应用 Parks 聚类理论进行实际的故障诊断过程中，采用熵权法为间隔指标 $d(k,l)$ 附加一个权重 ω_j，这个权重表示故障征兆 j 对判断是否出现第 k 类故障的重要程度，突出敏感征兆的主导作用，抑制其他征兆对诊断的干扰，提高诊断的正确性。如果仅仅简单地将各个故障征兆对故障的贡献均化，会很大程度上忽视水轮发电机组的工作机理。

9.4.3 基于信息熵和 Parks 聚类的水电机组振动故障诊断

把水电机组每种典型故障看作一个标准故障类样本，根据相同故障之属性特征具有很高相似度的思想，采用 Parks 聚类方法对振动故障进行聚类诊断，从而辨识出待检样本最有可能属于哪个故障类。它是一种在自动模式识别中进行模式分类最早应用的概念之一，这一分类技术是解决模式分类问题的一种有效方法。

1. 样本的收集与整理

应用聚类分析方法进行水电机组故障诊断，研究对象（即样本）是各种故障引起的机组振动。选用机组发生故障时，不同类型的故障及其所对应的各种特征参数作为样本。为了使样本特征参数具有很好的性能，便于准确地识别水电机组所发生的故障，所收集的数据应该包括与问题对应的全部模式。

为了能很好地进行聚类分析，对所收集到的样本进行归一化处理。设样本数据为 X_p $(p=1,2,\ldots,m)$，定义 $X_{max} = \max\{X_p\}$，$X_{min} = \min\{X_p\}$，其中 m 为样本个数，则有

$$X = \frac{X_p - X_{min}}{X_{max} - X_{min}} \tag{3-9-7}$$

在使用经过整理后的故障特征集进行故障聚类时，也应将实际数据按照同样的归一化公式转化后再进行聚类分析。

2. 故障类特征参数矩阵的建立

把经过整理的水电机组 m 个典型故障[218]看成 m 个标准故障类，每个标准故

障类和它所对应的代表性的 s 个特征参数构成一个故障类特征向量，建立标准故障类特征参数矩阵，如表 3-9-1 所示。表中 $C_1 \sim C_{15}$ 分别代表机组故障类特征量 $0.18 \sim 0.2$ 倍频、$1/6 \sim 1/2$ 倍频、1 倍频、2 倍频、3 倍频、50Hz 或 100Hz 频率、高频、上导轴承、下导轴承、水导轴承、上机架、振动与转速关系、振动与负荷关系、振动与励磁电流关系和振动与流量关系。

表 3-9-1　水轮发电机组标准故障类特征参数矩阵

特征参数 / 标准故障类	C_1	C_2	C_3	C_4	C_5	C_6	C_7	C_8	C_9	C_{10}	C_{11}	C_{12}	C_{13}	C_{14}	C_{15}
转子不平衡 F_1	0	0	1	0	0	0	0	0	0	0	0	1	0	0	0
转子不对中 F_2	0	0	0.8	1	0.8	0	0	0	0	0	0	1	1	0	0.5
转子弓形弯曲 F_3	0	0	1	0.8	0	0	0	0	0	0	0	1	0	0	0
轴承间隙过大 F_4	0	0	0	0	0	0	0	1	1	0	0	1	0	0	0
转子动静不平衡 F_5	0	0	0	0	0	1	0	0	0	0	0	0	0	0	0
动静碰摩 F_6	0	0	1	0.5	0.5	0	0	0	0	0	0	1	1	0	0
磁力不平衡 F_7	0	0	0	0	0	0	0	0	0	0	0	0	0	1	0
三相负荷不平衡 F_8	0	0	1	1	1	0	0	0	0	0	0	0	0	0	0
定子铁芯铁片松动 F_9	0	0	0	0	0	1	0	0	0	0	0	0	0	0	0
转子绕组匝间松动 F_{10}	0	0	1	0	0	0	0	0	0	0	0	0	0	1	0
磁极不均匀 F_{11}	0	0	0	0	0	0	0	0	0	0	0	0	0	1	0
尾水管偏心涡带 F_{12}	0	1	0	0	0	0	0	0	0	1	0	0	1	0	0
水封间隙不等 F_{13}	0	0	1	0	0	0	0	0	0	0	0	0	0	0	0
水力不平衡 F_{14}	0	0	0	0	0	0	0	0	0	0	0	0	0	0	1
梳齿相对间隙大 F_{15}	0	0	1	0	0	0	0	0	0	0	0	0	0	0	1
卡门涡 F_{16}	1	0	0	0	0	0	0	0	0	0	0	0	0	0	0
气蚀 F_{17}	0	0	0	0	0	0	1	0	0	0	0	0	1	0	0
转轮叶片断裂 F_{18}	0	0	0	0	0	0	0	0.8	0	0	0	0	0	0	0
小负荷振动 F_{19}	0	0.5	0.8	0.5	0	0	0	0	0	0	0	1	0	0	0

3. 应用实例

某电厂 1 号机组自 1992 年 12 月投入运行以来，一直存在振动较大的问题，影响机组安全稳定运行。为了查明振动原因，对其进行稳定性试验，测试机组在各工况下的振动摆度转频幅值[277]。

对稳定性试验所测数据进行归一化处理后，得到机组故障特征输入数据如表

3-9-2 所示，表中故障特征量的表示同表 3-9-1。表 3-9-3 是应用熵权法计算出的水电机组振动的不同故障征兆所对应的权值。

表 3-9-2　机组故障特征输入数据

故障特征参数	C_1	C_2	C_3	C_4	C_5	C_6	C_7	C_8	C_9	C_{10}	C_{11}	C_{12}	C_{13}	C_{14}	C_{15}
待检故障数据	0.3	1	0.12	0.05	0.02	0	0	0.45	0	1	0.4	0.41	1	0	0

表 3-9-3　振动参数权值分配

故障特征	1	2	3	4	5	6	7	8
权值	0.076	0.022	0.075	0.062	0.062	0.029	0.085	0.096
	9	**10**	**11**	**12**	**13**	**14**	**15**	
	0.096	0.085	0.052	0.054	0.085	0.073	0.049	

由表 3-9-1 可知共有 19 个标准故障类，每个标准故障类对应 15 个具有代表性的特征参数。把表 3-9-2 中的故障特征输入数据代入公式（3-9-4）可以得到如表 3-9-4 所示的分析结果。

表 3-9-4　聚类分析结果

故障类	F_1	F_2	F_3	F_4	F_5	F_6	F_7	F_8	F_9	F_{10}
d	0.152	0.143	0.159	0.145	0.138	0.162	0.154	0.172	0.156	0.167
	F_{11}	F_{12}	F_{13}	F_{14}	F_{15}	F_{16}	F_{17}	F_{18}	F_{19}	
	0.169	0.058	0.150	0.144	0.158	0.165	0.135	0.125	0.147	

由表 3-9-4 可以看出，待检模式和第 12 个标准故障类的距离最近，所以它们应该被聚为一类，即待检模式被划归到第 12 个标准故障类。所以在现场应首先检查是否是第 12 类故障，即"尾水管涡带偏心"引起机组振动过大。

由现场检查记录来看，引起机组振动的原因是尾水管涡带偏心，这与本章所提出的诊断策略判别出的第 12 类故障相符。可以看出，基于信息熵和 Parks 聚类的故障诊断法用于水电机组振动故障的识别有一定的可行性和可靠性。

9.5　本章小结

本章在分析水力发电机组振动故障的特点、引起机组振动的原因、机组振动故障的特征，研究国内外旋转机械故障诊断理论与技术的基础上，建立了基于信息熵和 Parks 聚类相结合的水电机组振动故障诊断模型。主要研究内容及结论如下：

　　应用信息熵理论和 Parks 聚类分析方法对水轮发电机组进行故障诊断，其中信息熵理论可以从水电机组样本数据中提取出能反映机组故障特性的权重系数，以有效地消除权重计算中的人为干扰；Parks 聚类方法能很好地处理样本数据的聚类问题；它们联合使用适合于故障诊断的自动模式识别。通过实例验证，该方法对机组进行故障诊断是可行的，并且是比较可靠的。当然，任何一种科学方法都有其自身特色及应用范围，尤其是在与专业相结合时都会有所限制。在故障诊断技术中，若综合应用不同方法和诊断技术，挖掘其内在联系，可以使诊断结果更具有实用价值。

参考文献

[1]   Mallat S. A Wavelet Tour of Signal Processing (Second Edition). New York: Academic Press, 1999.

[2]   王文圣，丁晶，李跃清. 水文小波分析. 北京：化学工业出版社，2005.

[3]   彭玉华. 小波变换与工程应用. 北京：科学出版社，2002.

[4]   王文圣，丁晶，向红莲. 小波分析在水文中的应用研究与展望. 水科学进展，2002，13(4)：515~520.

[5]   张贤达，保铮. 非平稳信号分析与处理. 北京：国防工业出版社，1998.

[6]   杨福生. 小波变换的工程分析与应用. 北京：科学出版社，2003.

[7]   Grassberger P, Pocaccia I. Measuring the strangeness of strange attractors. Physica D, 1983, 9: 189~208.

[8]   Wolf A, Swift J B, Swinney H L, et al.Determining Lyapunov exponents from a time series.Physica D, 1985, 16: 285~317.

[9]   Vapnik V N. Statistical Learning Theory.New York: Wiley-Interscience, 1998.

[10]   Vapnik V N. Estimation of Dependences Based on Empirical Data.New York: Springer-Verlag, 1982.

[11]   胡昌华，张军波，夏军，张伟. 基于 MATLAB 的系统分析与设计——小波分析. 西安：西安电子科技大学出版社，2000.

[12]   王红瑞，叶乐天，刘昌明等. 水文序列小波周期分析中存在的问题及改进方式. 自然科学进展，2006，16(8)：1002~1008.

[13]   Daubechies I.Ten Lectures on Wavelets.Philadelphia, PA: Society for Industrial and Applied Mathematics (SIAM), 1992.

[14]   孙延奎. 小波分析及其应用. 北京：机械工业出版社，2005.

[15]   Percival D B, Andrew T W. Wavelet methods for time series analysis. Cambridge: Press of the University of Cambridge, 2000.

[16]   冯象初，甘小冰，宋国乡. 数值泛函与小波理论. 西安：西安电子科技大学出版社，2003.

[17]   Charles K C, Montefusco L, Puccio L.Wavelets: theory, algorithms, and applications. San Diego: Academic Press, 1994.

[18] 刘素一，权先璋，张勇传. 不同小波函数对径流分析结果的影响. 水电能源科学，2003，21(1)：29~31.

[19] Bradshaw G A, Mcintosh B A.Detecting climate-induced patterns using wavelet analysis.Environmental Pollution, 1994, 83: 135~142.

[20] 吕金虎，陆君安，陈士华. 混沌时间序列分析及其应用. 武汉：武汉大学出版社，2002.

[21] 盛昭瀚，马军海. 非线性动力系统分析引论. 北京：科学出版社，2001.

[22] Takens F.Determining strange attractors in turbulence, Lecture notes in Math, 1981, 898: 361~381.

[23] Abarbanel H D I, Kennel M B.Local false nearest neighbors and dynamical dimensions from observed chaotic data. Physical Review E, 1993, 47: 3057~3068.

[24] 王海燕，盛昭瀚. 混沌时间序列相空间重构参数的选取方法. 东南大学学报（自然科学版），2000，30(5)：113~117.

[25] Cao L.Practical method for determining the minimum embedding Dimension of a scalar time series.Physica D, 1997, 110: 43~50.

[26] Rosenstein M T, Collins J J and Luca C J De.A practical method for calculating largest Lyapunov exponents from small data sets.Physica D, 1993, 65: 117~134.

[27] Vapnik V N.An Overview of Statistical Learning Theory.IEEE trans.Neural Networks, 1999, 10(5): 988~999.

[28] 边肇祺，张学工等. 模式识别（第 2 版）. 北京：清华大学出版社，2000.

[29] Vapnik V N.The Nature of Statistical Learning Theory (Second Edition).New York: Springer-Verlag, 2000.

[30] 张学工. 关于统计学习理论和支持向量机. 自动化学报，2000，26(1)：32~34.

[31] 高隽. 人工神经网络原理及仿真实例（第 1 版）. 北京：机械工业出版社，2003.

[32] Smola A J, Schölkopf B. A tutorial on support vector regression. Statistics and Computing, 2004, 14:199~222.

[33] Tay F E H, Cao L J. Application of Support Vector Machines in Financial Time Series Forecasting. Omega, 2001, 29: 309~317.

[34] 占勇，丁屹峰，程浩忠等. 电力系统谐波分析的稳健支持向量机方法研究. 中国电机工程学报，2004，24(12)：43-47.

[35] Mangasarian O L, Musicant, D R. Lagrangian support vector machine. Journal of Machine Learning Research, 2001, 1(1): 161~177.

[36] 张芬，陶亮. 一种改进的 SVM 回归估计算法. 计算机技术与发展，2008，18(9)：57-59，63.

[37] 周志华. 神经网络的学习方法. 北京：清华大学出版社，2000.

[38] Storn R, Price K.Differential evolution-a simple and efficient adaptive scheme for global optimization over continuous spaces.Technical report international Computer Science Institute, Berkley, 1995.

[39] Storn R, Price K.Differential evolution–a simple and efficient heuristic for global optimization over Continuous Spaces.Journal of Global optimization, 1997, 11(4): 341~359.

[40] Onwubolu G C, Babu B V.New Optimization Techniques in Engineering.Berlin, Germany: Springer-Verlag, 2004.

[41] 杨启文，蒋静坪，曲朝霞等. 应用逻辑操作改善遗传算法性能. 控制与决策，2000，15(4)：510~512.

[42] Lopez Cruz I L, Van Willigenburg L G, Van Straten G.Efficient differential evolution algorithm for multimodal optimal control problem.Application Soft Computing Journal, 2003, 3(2): 97~122.

[43] Abbasss H A.The self-adaptive pareto differential evolution algorithm[C]// Proceedings of the IEEE 2002 Congress on Evolutionary Computation. Honolulu. Hawaii: IEEE Press, 2002: 831~836.

[44] Kenneth P,Rainer M,Jouni A L.Differential evolution: A practical approach to global optimization (Natural Computing Series).Berlin: Springer, 2004.

[45] Wang W J, Xu Z B, Lu W Z.Determination of the spread parameter in the Gaussian kernel for classification and regression.Neurocomputing, 2003, 55(6): 643~663.

[46] Kwok J T,Tsang I W.Linear dependency between and the input noise in support vector regression.IEEE Transaction on Neural Networks, 2003, 14(3): 544~553.

[47] Lall U, Sangoyomi T, Abarbanel H D I.Nonlinear dynamics of the Great Salt Lake: nonparametric short-term forecasting.Water Resources Research, 1996, 32(4): 975~985.

[48] Sivakumar B, Jayawardena A W, Fernando T.River flow forecasting: use of phase-space reconstruction and artificial neural networks approaches.Journal of Hydrology, 2002, (265): 225~245.

[49] Islam M N, Sivakumar B.Characterization and prediction of runoff dynamics: a

nonlinear dynamical view.Advances in water resources, 2002, (25): 179~190.

[50] Jayawardena A W, Li W K, Xu P.Neighbourhood selection for local modelling and prediction of hydrological time series.Journal of Hydrology, 2002, (258): 40~57.

[51] 叶中行，龙如军. 混沌时间序列的区间预测. 上海交通大学学报，1997，31(2)：7~12.

[52] 丁涛，周惠成，黄健辉. 混沌水文时间序列区间预测研究. 水利学报，2004，(12)：15~20.

[53] 韩敏. 混沌时间序列预测理论与方法. 北京：中国水利水电出版社，2007.

[54] 毛国君，段立娟，王实等. 数据挖掘原理与算法. 北京：清华大学出版社，2005.

[55] 蒋传文，袁智强，侯志俭等. 高嵌入维混沌负荷序列预测方法研究. 电网技术，2004，28（3）：25~28.

[56] Wang W N, Zhang Y J.On fuzzy cluster validity indices.Fuzzy Sets and Systems, 2007, 158(19): 2095~2117.

[57] Kim D W, Lee K H, Lee D.On cluster validity index for estimation of the optimal number of fuzzy clusters.Pattern Recognition, 2004, 37(10): 2009~2025.

[58] Wu K L, Yang M S.A cluster validity index for fuzzy clustering.Pattern Recognition Letters, 2005, 26(9): l275~1291.

[59] Pakhira M K, Bandyopadhyay S, Maulik U.Validity index for crisp and fuzzy clusters.Pattern Recognition, 2004, 37(3): 487~501.

[60] Pakhira M K, Bandyopadhyay S, Maulik U.A study of some fuzzy cluster validity indices, genetic clustering and application to pixel classification.Fuzzy Sets and Systems, 2005, 155(2): 191~214.

[61] Pal N R, Bezdek J C.On cluster validity for the fuzzy c-means model.IEEE Transaction on Fuzzy Systems, l995, 3(3): 370~379.

[62] Chiu S L.Fuzzy Model Identification Based on Cluster Estimation.Journal of Intelligent and Fuzzy Systems, 1994, 2(3): 267~278.

[63] 宋清昆，郝敏. 一种改进的模糊 C 均值聚类算法. 哈尔滨理工大学学报，2007，12(4)：8~10.

[64] 张高峰. 梯级水电系统短期优化调度与自动发电控制研究：[博士学位论文]. 华中科技大学：华中科技大学图书馆，2005：2-7.

[65] 喻菁，周建中，杨俊杰. 基于多 Agent 的现代电力系统机组组合问题研究. 水

电能源科学，2004，22（04）：72-75.

[66] Yu J,Zhou J Z,Yang J J.Agent-Based Retail Electricity Market:Modeling and Analysis.Proceedings of International Conference on Machine Learning and Cybernetics (ICMLC 2004).2004:95-100.

[67] Yang J J, Zhou J Z.A hybrid intelligent messy genetic algorithm for daily generation scheduling in power system.Proceedings of International Conference on Machine Learning and Cybernetics,2004,(1):2217-2222.

[68] 杨俊杰，周建中，吴玮. 改进粒子群优化算法在负荷经济分配中的应用. 电网技术，2005，29（2）：1-4.

[69] 杨俊杰，周建中，喻菁. 基于混沌搜索的粒子群优化算法. 计算机工程与应用，2005，（19）：69-71.

[70] 杨俊杰，周建中，喻菁，刘芳. 一种求解大规模机组组合问题的混合智能遗传算法. 电网技术，2004，28(19)：47-50.

[71] Yang J J,Zhou J Z,Wu W,Liu F.A Chaos Optimization Algorithm Based on Progressive Optimality and Tabu Search Algorithm.International Conference on Machine Learning and Cybernetics(ICMLC 2005),2005(5):2977-2982.

[72] Hu G Q,He R,Ma R.Multiobjective Optimization Scheduling Based on Fuzzy Genetic Algorithm in Cascaded Hydroelectric Stations.Transmission and Distribution Conference and Exhibition:Asia and Pacific,2005,(15-18):1-4.

[73] Aguirre A H,Rionda S B,Coello C A C.PASSSS:an implementation of a novel diversity strategy for handling constraints.Congress on Evolutionary Computation,2004,1(19-23)403-410.

[74] Fieldsend J E,Everson R M,Singh S.Using unconstrained elite archives for multiobjective optimization.IEEE Transactions on Evolutionary Computation,2003,7(3):305-323.

[75] Villasanti C M,Lucken C.Baran B.Dispatch of hydroelectric generating units using multiobjective evolutionary algorithms.Transmission and Distribution Conference and Exposition.2004,1(8-11):929-934.

[76] 陈守煜，刘金禄，伏广涛. 模糊优选逆命题的解法及在防洪调度决策中的应用. 水利学报，2002，（3）：59-62.

[77] 邹进，张勇传. 一种多目标决策问题的模糊解法及在洪水调度中的应用. 水利学报，2003，（1）：119-122.

[78] 刘学海，练继建，马超，万毅. 基于市场竞价的梯级水电站群的实时优化运

行研究. 水利水电技术，2005，36（10）：53-57.

[79] 丁军威，夏清，康重庆等. 竞价上网中的水电优化运行. 电力系统自动化，2002，（3）：19-23.

[80] 张玉山. 市场环境下水电经济运行理论与应用研究：[博士学位论文]. 武汉大学图书馆，2004，10-12.

[81] 吴玮，周建中，杨俊杰，朱承军. 分时电价下三峡梯级电站在日前电力市场中的优化运营. 电网技术，2005，29(13)：10-14.

[82] 张斌. 多目标系统决策的模糊集对分析方法. 系统工程理论与实践，1997，（12）：108-114.

[83] 岳超源. 决策理论与方法. 北京：科技出版社，2003.

[84] 李登峰. 模糊多目标多人决策与对策. 北京：国防工业出版社，2003.

[85] Mostaghim S, Teich J.The Role of e-dominance in Multi Objective Particle Swarm Optimization Methods.Proceedings of the 2003 Congress on Evolutionary Computation, 2003, 3:1764-1771.

[86] Coello C A C, Pulido G T, Lechuga M S.Handling Multiple Objectives With Particle Swarm Optimization.IEEE Transactions on Evolutionary Computation, 2004, 8(3):256-279.

[87] Milano F, Canizares C A, Invernizzi M.Multiobjective optimization for pricing system security in electricity markets.IEEE Transactions on Power Systems, 2003, 18(2):596-604.

[88] Hu G Q, He R, Ma R, et al.Multiobjective Optimization Scheduling Based on Fuzzy Genetic Algorithm in Cascaded Hydroelectric Stations.Transmission and Distribution Conference and Exhibition, 2005, 15-18:1-4.

[89] Deb K, Mohan M, Mishra S.A Fast Multi-Objective Evolutionary Algorithm for Finding Well-Spread Pareto-Optimal Solutions.KanGAL (Kanpur Generatic Algorithm Laboratory)Report Number 2003002.

[90] Srinivas X, Deb K.Multiobjective optimization using nondominated sorting genetic algorithms.Evolutionary Computation, 1995, 2(3):221-248.

[91] Zitzler E, Laumanns M, Thiele L.SPEA2:Improving the Strength Pareto Evolutionary Algorithm.International Center for Numerical Methods in Engineering (CIMME), 2006:19-26.

92] Knowles J D, Corn D W.Approximating the nondominated fron using the Pareto archived evolution strategies.Evolutionary Computation, 2000, 8(2), 149-172.

[93] Knowles J, Corne D W.The Pareto archived evolutionary strategy: A new baseline algorithm for Pareto multiobjective optimization.Congress on Evolutionary Computation, 1999, 1:98-105.

[94] Corne D, Knowles J, Oates M.The Pareto envelope-based selection algorithm for multiobjective optimization.Proceeding of sixth International Conference on Parallel Problem Solving from Nature, 2000:839-848.

[95] Everson J E, Fieldsend J E, Singh S.Using Unconstrainted Elite Archives for Multi-Objective Optimization.IEEE Transaction on Evolutionary Computation, 7(3):305-323, 2003.

[96] Mumford C L. A hierarchical evolutionary approach to multi-objective optimization. Congress on Evolutionary Computation, 2004, 2(19-23):1944-1951.

[97] Zhu Z Y, Leung K S.Asynchronous self-adjustable island genetic algorithm for multi-objective optimization problems.Proceedings of the 2002 Congress on Evolutionary Computation, 2002, 1(12-17):837-842.

[98] Deb K, Pratap A, garwal S.A Fast and Elitist Multiobjective genetic algorithms NSG-II.IEEE Transaction on Evolutionary Compuation, 2002, 6(2):182-197.

[99] Zitzler E, Laumanns M.A Tutorial on Evolutionary Multiobjective Optimization. Metaheuristics for Multiobjective Optimization, Springer-Verlag, Berlin, Germany, 2004:3-38.

[100] Zitzler E, Deb K, Thiele L.Comparison of Multiobjective Evolutionary Algorithms:Empirical Results.Evolutionary Computation, 2000, 8(2):173-195.

[101] Knowles J, Corne D W.Properties of an adaptive archiving algorithm for storing nondominated vectors.IEEE Transactions on Evolutionary Computation, 2003, 7(2):100-116.

[102] 黄宪成. 模糊多目标决策理论、方法及其应用研究，大连理工大学博士学位论文，2003.

[103] Tahvildari L, Kontogiannis K.Developing a multi-objective decision approach to select source-code improving transformations.Proceedings of 20th IEEE International Conference on Software Maintenance, 2004, 11-14:427-431.

[104] Sanchez G, Jimenez F, Gomez-Skarmeta A F.Multi-objective Evolutionary Algorithms based fuzzy optimization.IEEE International Conference on Systems, Man and Cybernetics, 2003, 1(5-8):1-7.

[105] Sanchez G, Jimenez F, Gomez-Skarmeta A F.Multi-objective Evolutionary

Algorithms based fuzzy optimization.IEEE International Conference on Systems, Man and Cybernetics, 2003, 1(5-8):1-7.

[106] Chen S J, Hwang C L.Fuzzy Multiple Attribute Decision Making:methods and applications.Berlin:Springer-Verlag, 1992.

[107] Siskos J.A Multi-criteria decision-making methodology under fuzziness.TIMS / Studies in the Management Science, 1984, 20:261-283.

[108] 汪培庄，模糊集合理论及其应用．上海：上海科学技术出版社，1983.

[109] 赵克勤．集对分析及其初步应用．杭州：浙江科学技术出版社，2000.

[110] 张斌．集对分析与多属性决策．农业系统科学与综合研究，2004，20（2）：123-125.

[111] 金华征，程浩忠，杨秀梅等．模糊集对分析法应用于计及ATC的多目标电网规划，电力系统自动化．2005，29（21）：45-49.

[112] 李凡修，陈武．应用模糊集对分析法优化大气环境监测布点．环境保护科，2001，27（107）：30-32.

[113] 李凡修，陈武．模糊集对分析在城市绿地景观生态综合评价中的应用．新疆环境保护，2002，24（2）：32-34.

[114] 申初联，康文星，何介南，邓湘文．基于集对分析的方案优选新方法及其应用．长沙电力学院学报（自然科学版），2004，19（3）：5-7.

[115] 徐鼎甲，张玉山．混联水电站群实时联合优化调度．水力发电学报，2001（3）：68-74.

[116] 刘玉珍．中型水电站经济评价．西北水电，2002（2）：1-4.

[117] 伊民万，戴江．三峡梯级水电站群调峰作用优化．中国三峡建设，1999（7）：19-21.

[118] Shi Y, Eberhart R C.Empirical study of particle swarm optimization.Proceedings of the 1999 Congress on Evolutionary Computation, 1999, 3(6-9):1945-1950.

[119] Mostaghim S, Teich J.Strategies for finding good local guides in multi-objective particle swarm optimization (MOPSO). IEEE 2003 Swarm Intelligence Symposium, 2003:26-33.

[120] Gies D, Samii Y R.Vector Evaluated Particle Swarm Optimization (VEPOS): Optimization of a Radiometer Array Antenna.Antennas and Propagation Society Symposium, 2004, 3(20-25):2297-2300.

[121] Zhang L B, Zhou C G, Liu X H.Solving multi objective optimization problems using particle swarm optimization.The 2003 Congress on Evolutionary

Computation, 2003, 4(8-12):2400-2405.

[122] Jimenez F, Gomez-Skarmeta A F, Sanchez G.An evolutionary algorithm for constrained multi-objective optimization.Proceedings of the 2002 Congress on Evolutionary Computation, 2002, 2(12-17):1133-1138.

[123] Tan K C, Goh C K, Lee T H.Yang.Enhanced distribution and exploration for multiobjective evolutionary algorithms.The 2003 Congress on Evolutionary Computation(CEC '03), 2003, 4(8-12):2521-2528.

[124] 赵波, 曹一家. 电力系统机组组合问题的改进粒子群优化算法. 电网技术, 2004, 28 (21): 6-10.

[125] URL: http://www.tik.ee.ethz.ch/-zitzler/testdata.html.

[126] 陈洋波, 王先甲, 冯尚友. 考虑发电量与保证出力的水库多目标优化方法. 系统工程与实践, 1998, (4): 95-101.

[127] 彭杨, 李义天, 张红斌. 三峡水库汛末蓄水时间于目标决策研究. 水科学进展, 2003, 14 (6): 682-689.

[128] 黄志中, 周之豪. 水库群防洪调度的大系统多目标决策模型研究. 水电能源科学, 1994, 12 (4): 237-245.

[129] 仲志余. 长江三峡工程防洪规划与防洪作用. 人民长江, 2003, 34 (8): 37-40

[130] 赵克勤, 宣爱理. 集对论——一种新的不确定性理论方法与应用. 系统工程, 1996: 14 (1): 18-23.

[131] 张清河. 基于联系数的预先危险性分析技术与应用, 数学的实践与认识, 2005, 35 (3): 165-171.

[132] 张鹏, 王光远. 新集对论. 哈尔滨建筑大学学报, 2000, 33 (3): 1-5.

[133] 张东风, 黄数林, 李凡. 一种计算 Vague 集之间相似程度的新方法, 华中科技大学学报, 2004, 32 (5): 59-60.

[134] 张诚一, 党平安. 关于 Vague 集之间的相似度量. 计算机工程与应用, 2003, (17): 92-94.

[135] 覃杰, 周生明. 基于联系数的态势排序方法. 广西师范大学学报（自然科学版）, 2003, 21 (3): 41-44.

[136] 王珏, 刘三阳, 张杰. 基于 vague 集的模糊多目标决策方法. 系统工程理论与实践, 2005, (2): 119-122.

[137] 林晓辉. 关于集对分析联系度的乘法和除法运算. 绍兴文理学院学报, 2001, 21 (4): 84-87.

[138] 阮本清等. 流域水资源管理. 北京: 科学出版社, 2001.

[139] 许新宜，王浩，甘泓. 华北地区宏观经济水资源规划理论与方法. 黄河水利出版社，1997.

[140] 虞烈，刘恒. 轴承－转子系统动力学. 西安：西安交通大学出版社，2001.

[141] 闻邦椿，顾家柳，夏松波等. 高等转子动力学：理论、技术及应用. 北京：机械工业出版社，2000.

[142] Al-Hussain K. M. Dynamic stability of two rigid rotors connected by a flexible coupling with angular misalignment. Journal of Sound and Vibration, 2003, 266: 217-234.

[143] Al-Hussain K. M., Redmond I. Dynamic response of two rotors connected by rigid mechanical coupling with parallel misalignment. Journal of Sound and Vibration, 2002, 249(3): 483-498.

[144] 韩捷，石来德. 转子系统齿式联接不对中故障的运动学机理研究. 振动工程学报，2004，17（4）：416-420.

[145] 付波，周建中，彭兵等. 固定式刚性联轴器不对中弯扭耦合振动特性. 华中科技大学学报（自然科学版），2007，35（4）：96-99.

[146] 黄典贵，蒋滋康. 平行不对中和交角不对中轴系的扭振特征比较. 汽轮机技术，1996，38（2）：114-118.

[147] Al-Bedoor B. O. Transient torsional and lateral vibrations of unbalanced rotors with rotor-to-stator rubbing. Journal of Sound and Vibration, 2000, 229(3): 627-645.

[148] 褚福磊，汤晓瑛，唐云. 碰摩转子系统的稳定性. 清华大学学报（自然科学版），2000，40（4）：119-123.

[149] 刘占生，鲁建，吕伟剑等. 转子-电磁轴承系统动静件碰摩动力特性研究. 航空动力学报，2004，19（1）：38-45.

[150] 李永强，刘杰，刘宇等. 碰摩转子弯扭摆耦合振动非线性动力学特性. 机械工程学报，2007，43（2）：44-49.

[151] 王宗勇，吴敬东，闻邦椿. 质量慢变转子系统的松动与碰摩故障研究. 振动工程学报，2005，18（2）：167-171.

[152] 刘长利，姚红良，罗跃纲等. 松动碰摩转子轴承系统周期运动稳定性研究. 振动工程学报，2004，17（3）：336-340.

[153] 罗跃纲，曾海泉，李振平等. 基础松动-碰摩转子系统的混沌特性研究. 振动工程学报，2003，16（2）：184-188.

[154] 吴敬东，刘长春，王宗勇等. 非对称转子系统的碰摩运动研究. 振动工程学

报，2006，19（1）：37-41.

[155] 刘占生，黄森林，苏杰先等. 非对称转子－轴承系统的稳定性分析. 热能动力工程，2001，16（1）：70-72.

[156] 沈松，郑兆昌，应怀樵. 非对称转子－轴承－基础系统的非线性振动. 振动与冲击，2004，23（4）：31-33.

[157] 肖锡武，杨正茂，肖光华等. 不对称转子系统的非线性振动. 华中科技大学学报（自然科学版），2002，30（5）：81-84.

[158] 冯国全，朱梓根. 具有初始弯曲的转子系统的振动特性. 航空发动机，2003，29（1）：20-22.

[159] 林富生，孟光. 具有初始弯曲转子振动峰值的控制方法. 振动与冲击，2002，21（3）：46-48.

[160] 邹剑，陈进，董广明. 含初始弯曲裂纹转子振动特性. 上海交通大学学报，2004，38（7）：1218-1221.

[161] 张韬，孟光. 具有初始弯曲和刚度不对称的转子碰摩现象分析. 上海交通大学学报，2002，36（6）：844-848.

[162] 沈小要，贾九红，赵玫. 具有初始弯曲的不平衡转子碰摩条件的研究. 振动与冲击，2007，26（9）：11-13.

[163] 罗跃纲，李振平，曾海泉等，非线性刚度转子系统碰摩的混沌行为. 东北大学学报（自然科学版），2002，23（9）：895-898.

[164] 吴敬东，侯秀丽，刘长春等. 非线性刚度转子系统主共振解析分析. 中国机械工程，2006，17（5）：539-541.

[165] 汪慰军，吴昭同，陈进. 转子－轴承系统不平衡响应的非线性动力学特性分析. 上海交通大学学报，2001，35（5）：771-773.

[166] 陈照波，焦映厚，陈明等. 非线性转子－轴承系统动力学分叉及稳定性分析. 哈尔滨工业大学学报，2002，34（5）：587-590.

[167] 武新华，张新江，薛小平等. 弹性转子-轴承系统的非线性动力学研究. 中国机械工程，2001，12（11）：1221-1224.

[168] 李振平，闻邦椿. 刚性转子－轴承系统的复杂非线性动力学行为研究. 振动与冲击，2005，24（3）：36-39.

[169] 成玫，荆建平，孟光. 转子－轴承－密封系统的非线性动力学研究. 振动与冲击，2006，25（5）：171-174.

[170] 林言丽，褚福磊，郝如江. 开斜裂纹转子的动力特性. 振动与冲击，2008，27（1）：25-29.

[171] 李舜酪，高德平．裂纹转子非线性振动特征的谐波小波与分形识别．航空动力学报，2004，19（5）：581-586．

[172] 蒲亚鹏，陈进，邹剑等．裂纹转子振动的非线性特性分析．上海交通大学学报，2002，36（6）：849-852．

[173] 秦卫阳，孟光．裂纹转子系统响应的阵发性混沌与时域分叉现象．上海交通大学学报，2002，36（6）：824-828．

[174] 张靖，闻邦椿．带有两端支座松动故障的转子系统的振动分析．应用力学学报，2004，21（3）：67-71．

[175] 刘献栋，何田，李其汉．支承松动的转子系统动力学模型及其故障诊断方法．航空动力学报，2005，20（1）：54-59．

[176] 罗跃纲，杜元虎，刘晓东等．双跨转子系统支承松动的动态特性及故障特征研究．机械强度，2006，28（3）：327-331．

[177] 姚红良，刘长利，张晓伟等．支承松动故障转子系统共振区动态特性分析．东北大学学报（自然科学版），2003，24（8）：798-801．

[178] 韩清凯，任云鹏，刘柯等．转子系统油膜失稳故障的振动实验分析．东北大学学报（自然科学版），2003，24（10）：959-961．

[179] 孟庆丰，李树成，焦李成．旋转机械油膜涡动稳定性特征提取与监测方法．振动工程学报，2006，19（4）：446-451．

[180] 唐贵基，向玲，朱永利．基于HHT的旋转机械油膜涡动和油膜振荡故障特征分析．中国电机工程学报，2008，28（2）：77-81．

[181] 马辉，陈雪莲，王凯等．油膜失稳引起的轴承碰摩故障研究．东北大学学报（自然科学版），2007，28（9）：1313-1316．

[182] 侯佑平，陈果．利用转子故障耦合动力学系统模型识别油膜涡动下的碰摩故障．机械科学与技术，2007，26（11）：1447-1453．

[183] 郭平英，李明，徐洁等．汶川地震对运行中汽轮发电机组振动影响分析．汽轮机技术，2008，50（6）：465-467．

[184] 祝长生，陈拥军，朱位秋．不平衡线性转子—轴承系统的非平稳地震激励响应分析．计算力学学报，2006，23（3）：285-289．

[185] 赵岩，林家浩，曹建华．转子系统的平稳-非平稳随机地震响应分析．计算力学学报，2002，19（1）：7-11．

[186] 刘男杰,方之楚．转子—轴承系统对具有转动分量的地震激励的瞬态响应.上海交通大学学报，2002，36（3）：363-366．

[187] 陈拥军，祝长生．地震激励下基于LMI的转子系统振动主动控制．浙江大

学学报（工学版），2008，42（4）：656-660.

[188] 李德忠，冯正翔，丁仁山等. 二滩水电厂各机组运行稳定性综合分析. 水电能源科学，2007，25（4）：79-84.

[189] 韩国明，张信志，刘保国. 大型水轮发电机组振动稳定性分析与设计准则. 中国机械工程，2002，13（8）：634-636.

[190] 姚大坤，邹经湘，赵树山. 刚度对三峡水轮发电机组轴系稳定性的影响. 电站系统工程，2005，21（3）：51-53.

[191] 杨晓明，马震岳. 水轮发电机组轴系稳定性分析及抗振设计. 水电能源科学，2005，23（4）：70-72.

[192] 孙建平，杨为民，郑莉媛. 天生桥一级水电厂机组稳定性分析. 水力发电学报，2008，27（6）：163-167.

[193] 王海，李启章，郑莉媛. 水轮发电机转子动平衡方法及应用研究. 大电机技术，2002，（2）：12-16.

[194] 王四季，廖明夫. 转子现场动平衡技术研究. 机械科学与技术，2005，24（12）：1510-1514.

[195] 刘保生，姚大坤，胡建文. 动平衡消除水轮发电机振动故障. 大电机技术，2005，（3）：5-8.

[196] 邱家俊，段文会. 水轮发电机转子轴向位移与轴向电磁力. 机械强度，2003，25（3）：285-289.

[197] 徐进友，刘建平，宋轶民等. 考虑电磁激励的水轮发电机组扭转振动分析. 天津大学学报，2008，41（12）：1411-1416.

[198] 姚大坤，邹经湘，黄文虎等. 水轮发电机转子偏心引起的非线性电磁振动. 应用力学学报，2006，23（3）：334-337.

[199] 郑小波，罗兴琦，邬海军. 轴流式叶片的流固耦合振动特性分析. 西安理工大学学报，2005，21（4）：342-346.

[200] 党小建，梁武科，廖伟丽. 水力机组流固耦合的数学模型. 机械强度，2005，27（6）：864-866.

[201] 谷朝红，姚熊亮，陈起富. 水轮机部件流固耦合振动特性研究. 大电机技术，2001，（6）：47-52.

[202] 肖若富，韦彩新，韩凤琴等. 液固耦合对水轮机固定导叶振频振型的影响. 华中科技大学学报，2001，29（4）：85-52.

[203] 桂中华，唐澍，潘罗平. 混流式水轮机尾水管非定常流动模拟及不规则压力脉动预测. 中国水利水电科学研究院学报，2006，4（1）：68-73.

[204] 吴玉林，吴晓晶，刘树红．水轮机内部涡流与尾水管压力脉动相关性分析．水力发电学报，2007，26（5）：122-127．

[205] 孙建平，付建平，薛福文．三峡水电厂左岸 ALSTOM 机组尾水管压力脉动分析．大电机技术，2006，（2）：42-45．

[206] 汪宝罗，郑源，屈波．大型混流式水轮机组尾水管压力脉动模型试验研究．水力发电，2008，34（3）：83-87．

[207] 韩凤琴，陈林刚，桂中华．基于小波包提取尾水管水压脉动特征的研究．水电能源科学，2005，23（1）：31-33．

[208] 王者昌，陈怀宁．水轮机叶片裂纹的产生及对策．大电机技术，2003，（6）：51-57．

[209] 覃大清，刘光宁，陶星明．混流式水轮机转轮叶片裂纹问题．大电机技术，2005，（4）：39-44．

[210] 杜焕章，田力．三峡电站水轮机转轮裂纹缺陷处理工艺初探．水电站机电技术，2008，31（5）：10-11．

[211] 占梁梁，张勇传，周建中等．轴流转桨式水轮机空化振动监测的试验研究．水力发电学报，2008，27（5）：142-146．

[212] 廖伟丽，刘胜柱，张乐福．轴流转桨式水轮机轮缘间隙空蚀的试验研究．水力发电学报，2005，24（4）：67-72．

[213] 张俊华，张伟，蒲中奇等．轴流转桨式水轮机空化程度声信号辨识研究．中国电机工程学报，2006，26（8）：72-76．

[214] 陈进．机械设备振动监测与故障诊断．上海：上海交通大学出版社，1999．

[215] 唐拥军，潘罗平．水电机组故障诊断系统信号预处理．中国水利水电科学研究院学报，2005，3（3）：173-178．

[216] 赵道利，梁武科，罗兴锜等．水电机组振动信号的子带能量特征提取方法研究．水力发电学报，2004，23（6）：116-119．

[217] 刘忠，周建中，张勇传等．基于水电机组复合特征提取的 RBFNN 故障诊断．电力系统自动化，2007，31（11）：87-91．

[218] 陈铁华，陈启卷．模糊聚类分析在水电机组振动故障诊断中的应用．中国电机工程学报，2002，22(3)：43-47．

[219] 刘晓波，黄其柏．基于动态核聚类分析的水轮机组故障模式识别．华中科技大学学报（自然科学版），2005，33（9）：47-52．

[220] 洪治，李国宏，蔡维由等．基于小波包分析的水轮发电机组振动的故障诊断．武汉大学学报（工学版），2002，35(1)：65-68．

[221] 彭文季, 罗兴锜. 基于小波包分析和支持向量机的水电机组振动故障诊断研究. 中国电机工程学报, 2006, 26(24): 164-168.

[222] 杨晓萍, 南海鹏, 张江滨. 信息融合技术在水轮发电机组故障诊断中的应用. 水发电学报, 2004, 23 (6): 111-115.

[223] 赵道利, 马薇, 罗兴锜等. 水电机组振动故障的信息融合诊断与仿真研究. 中国电机工程学报, 2005, 25 (20): 137-142.

[224] 贺建军, 赵蕊. 基于信息融合技术的大型水轮发电机故障诊断. 中南大学学报 (自然科学版), 2007, 38 (2): 333-338.

[225] 彭文季, 郭鹏程, 罗兴锜. 基于最小二乘支持向量机和信息融合技术的水电机组振动故障诊断研究. 水力发电学报, 2007, 26 (6): 137-142.

[226] 刘立峰, 李郁侠, 王伟. 基于遗传神经网络和证据理论融合的水电机组振动故障诊断研究. 水力发电学报, 2008, 27 (5): 163-167.

[227] 李郁侠, 刘立峰, 陈继尧. 基于神经网络和证据理论融合的水电机组振动故障诊断研究. 西北农林科技大学学报(自然科学版), 2005, 33(10): 115-119.

[228] 安学利, 周建中, 刘力等. 基于熵权理论和信息融合技术的水电机组振动故障诊断. 电力系统自动化, 2008, 32 (20): 78-82.

[229] 彭文季, 罗兴锜, 赵道利. 基于频谱法与径向基函数网络的水电机组振动故障诊断. 中国电机工程学报, 2006, 26 (9): 155-158.

[230] 贾嵘, 白亮, 罗兴锜. 基于神经网络的水轮发电机组振动故障诊断专家系统. 水力发电学报, 2004, 23(6): 120-123.

[231] 梁武科, 彭文季, 罗兴锜等. 水电机组振动故障诊断的人工神经网络选择研究. 仪器仪表学报, 2006, 27 (12): 1711-1714.

[232] 彭文季, 罗兴锜. 基于粗糙集和支持向量机的水电机组振动故障诊断. 电工技术学报, 2006, 21 (10): 117-122.

[233] 梁武科, 赵道利, 王荣荣等. 水电机组振动故障的粗糙集-神经网络诊断方法. 西北农林科技大学学报 (自然科学版), 2007, 35 (7): 223-226.

[234] Keogh P. S., Cole M. O. T. Contact dynamic response with misalignment in a flexible rotor magnetic bearing system. J. Eng. Gas Turbines Power, 2006, 128: 362-369.

[235] Lees A.W. Misalignment in rigidly coupled rotors. Journal of Sound and Vibration, 2007, 305: 261-271.

[236] Sekhar A. S., Prabhu B. S. Effects of coupling misalignment on vibrations of rotating machinery. Journal of Sound and Vibration, 1995, 185(4): 655-671.

[237] Lee Y. S., Lee C. W. Modelling and Vibration Analysis of Misaligned Rotor-Ball Bearing Systems. Journal of Sound and Vibration, 1999, 224(1): 17-32.

[238] 安学利，周建中，向秀桥等. 刚性联接平行不对中转子系统振动特性，中国电机工程学报，2008，28（11）：77-81.

[239] 韩玉峰. 汽轮发电机组轴向振动的分析和处理[J]. 汽轮机技术，2005，47(1)：59-60.

[240] 杨成明. 轴向振动——一个不应忽视的转动设备监测指标[J]. 贵州化工，2004，29(6)：45-46.

[241] 张思青，沈东，王晓萍等. 水力机组轴向振动机理分析研究[J]. 水利水电科技进展，2004，24(1)：40-43.

[242] 刘德有，游光华，王丰等. 混流可逆式水轮机转轮轴向水推力计算分析[J]. 河海大学学报（自然科学版），2004，32(5)：557-561.

[243] 董玉培. 大型汽轮发电机组发电机后轴承轴向振动产生的原因及消除对策[J]. 汽轮机技术，2005，47(3)：206-207.

[244] 崔叔存. 汽轮机级的结构设计与轴向推力计算[J]. 发电设备，2003，(2)：45-51.

[245] 蔡国樑. 汽轮发电机轴承轴向振动超标的原因与综合治理[J]. 节能技术，2004，22(4)：61-62.

[246] 王海军，练继建，杨敏等. 混流式水轮机轴向动荷载识别[J]. 振动与冲击，2007，26(4)：123-125.

[247] 李人丰，李小平，钱晓等. 混流式水轮机转轮倒置安装轴向水推力的计算[J]. 水力发电，2001，(5)：50-52.

[248] 伍奎，李润方. 不平衡转子系统弯扭耦合振动的特征信息提取与应用[J]. 振动与冲击，2006，25(1)：73-76.

[249] 韩清凯，于涛，俞建成等. 单跨双圆盘不平衡转子-轴承系统的非线性动力学分析[J]. 机械工程学报，2004，40(4)：16-20.

[250] 何成兵，杨昆，顾煜炯. 质量偏心对碰摩转子弯振和扭振特性的影响[J]. 中国电机工程学报，2002，22(7)：105-110.

[251] 林富生，孟光. 重力对具有初弯和不对称刚度机动转子特性的影响[J]. 机械强度，2002，24(3)：320-326.

[252] 沈光琰，肖忠会，郑铁生等. 油叶型轴承-不平衡转子系统的非线性动力学分析[J]. 航空动力学报，2004，19(5)：604-609.

[253] 袁惠群，闻邦椿，王德友. 非线性碰摩力对碰摩转子分叉与混沌行为的影响

[J]. 应用力学学报，2001，18(4)：16-20.

[254] 王立刚，曹登庆，胡超等. 叶片振动对转子－轴承系统动力学行为的影响[J]. 哈尔滨工程大学学报，2007，28(3)：320-324.

[255] 杨建刚，高璗. 大型旋转机械叶片－轴弯扭耦合振动问题的研究[J]. 动力工程，2003，23(4)：2569-2573.

[256] 秦飞，陈立明. 失调叶片－轮盘系统耦合振动分析[J]. 北京工业大学学报，2007，33(2)：126-128.

[257] 商大中，曹承佳，李宏亮. 考虑刚体运动与弹性运动耦合影响的旋转叶片振动有限元分析[J]. 计算力学学报，2000，17(3)：332-338.

[258] 晏水平，黄树红，韩守木. 汽轮发电机组叶片振动对轴系扭转振动的影响[J]. 华中理工大学学报，2000，28(11)：17-19.

[259] Al-Nassar Y. N., Al-Bedoor B. O.On the vibration of a rotating blade on a torsionally flexible shaft. Journal of Sound and Vibration, 2003, 259(5): 1237-1242.

[260] 王江洪，齐琰，苏辉等. 电站汽轮机叶片疲劳断裂失效综述. 汽轮机技术，1999，41(6)：330-333.

[261] 袁吉斌，孙涛. CC25汽轮机的异常叶片断裂事故分析. 汽轮机技术，2005，47(3)：227-229.

[262] 秦卫阳，孟光，任兴民. 双盘裂纹转子的非线性动态响应与混沌. 西北工业大学学报，2002，20(3)：378-382.

[263] 陈宏，李鹤，张晓伟等. 双盘悬臂裂纹转子－轴承系统的动力学分析. 振动工程学报，2005，18(1)：113-117.

[264] 于涛，韩清凯，李善达等. 双悬臂转子系统动力学特性及不平衡响应分析. 振动测试与诊断，2007，27(3)：186-189.

[265] 任朝晖，陈宏，李鹤等. 双盘悬臂转子轴承系统碰摩故障数值仿真与实验分析. 中国机械工程，2006，17(17)：1829-1833.

[266] 傅忠广，杨昆，宋之平. 弯曲和质量失衡对转子弯扭耦合振动影响的探讨. 汽轮机技术，1999，41（4）：197-202.

[267] 李舜酩，李香莲. 不平衡转子弯扭耦合振动分析. 山东工程学院学报，2000，14（2）：5-10.

[268] 傅忠广，任福春，杨昆等. 弯扭耦合振动模型及重力影响因素初探. 华北电力大学学报，1998，25（1）：67-72.

[269] 张勇，蒋滋康. 旋转轴系弯－扭振动耦合的数值分析[J]. 汽轮机技术，1999，

41（5）：280-283．

[270] 任福春，杨昆，颜素敏等．不平衡转子振动的动力学耦合分析．汽轮机技术，1997，39（1）：33-37．

[271] YIGI A.S., CHRISTOFOROU A.P. Coupled torsional and bending vibrations of actively controlled drillstrings. Journal of Sound and vibration, 2000, 234(1):67-83.

[272] Al-Bedoor B.O. Modeling the coupled torsional and lateral vibration of unbalanced rotors. Comput. Methods Appl. Mech. Engrg. 2001, 190: 5999-6008.

[273] Hussain K, Redmond I.Dynamic response of two rotors connected by rigid mechanical coupling with parallel misalignment.Journal of Sound and Vibration, 2002, 249(3):483-498.

[274] Kim Wonsuk, Lee Dong-Jin, Chung Jintai.Three-dimensional modellingand dynamic analysis of anautomatic ball balancer in an optical disk drive.Journal of Sound and Vibration, 2005, 285:547-569.

[275] Darpe A.K., Gupta K., Chawla A.Coupled bending, longitudinal and torsional vibrations of a cracked rotor.Journal of Sound and Vibration, 2004, 269:33-60.

[276] 刘书振，陈书勤，罗绍凯．分析力学．开封：河南大学出版社，1992．

[277] 刘峰，杨晓萍，刘晓黎等．基于神经网络的水轮发电机组振动故障诊断专家系统的研究．西安理工大学学报，2003，19（4）：372-376．

[278] 王海．水轮发电机组状态监测、诊断及综合试验分析系统研究：[博士学位论文].华中科技大学图书馆，2001．

[279] 董毓新．水轮发电机组振动．大连：大连理工大学出版社，1989．

[280] 彭文季．水电机组振动故障的智能诊断方法研究：[博士学位论文]．西安理工大学图书馆，2007，6．

[281] 乔瑞中．基于信息熵法与灰色关联度评价法的行业经营效益评价模型．山东理工大学学报（自然科学版），2004，18（1）：29-33．

[282] 李国良，付强，孙勇等．基于熵权的灰色关联分析模型及其应用．水资源与水工程学报，2006，17（6）：15-18．

[283] 刘滨，蒋祖华．改进的 Parks 聚类分析距离算法．华东船舶工业学院学报（自然科学版），2004，18（4）：51-57．

[284] 邱菀华．管理决策与应用熵学．北京：机械工业出版社，2002．